中国工程院咨询研究项目

我国金属矿山安全与环境科技发展前瞻研究

古德生　吴　超　等编著

北京

冶金工业出版社

2011

内 容 提 要

金属矿山安全与环境科技发展前瞻研究对科学规划和部署我国金属矿资源安全、绿色开发具有重要的基础性和战略性意义,对我国金属矿山安全与环境科技发展具有一定的指导作用。本书共15章,包括我国金属矿山安全与环境的前瞻研究及其问题、我国金属矿资源开发概况、金属矿山发展现状和安全与环境问题、我国高校采矿与安全环境学科的博士生导师和重点实验室的研究方向调查、国外高校采矿与安全研究生导师和研究院所的研究方向调查、深部金属矿开采中地层能量致灾与控制的前瞻研究、超深矿井高温环境控制的前瞻研究、金属矿山硫化矿石自燃火灾与探测的前瞻研究、金属矿山地下水灾预防的前瞻研究、金属矿山环境工程的前瞻研究、金属矿山尾矿库安全与环境的前瞻研究、物联网与矿山安全的前瞻研究、金属矿山职业卫生的前瞻研究、海洋采矿安全与环境的前瞻研究、金属矿山安全与环境科技发展前瞻研究课题及其评价。

本书可供矿山研究和设计单位的研究设计人员、矿山企业领导和工程技术人员以及国家矿山管理机构的领导干部参考,也可以供高等院校采矿工程专业的教师和研究生参阅。

图书在版编目(CIP)数据

我国金属矿山安全与环境科技发展前瞻研究/古德生等编著.
—北京:冶金工业出版社,2011.9
中国工程院咨询研究项目
ISBN 978-7-5024-5582-8

Ⅰ.① 我… Ⅱ.① 古… Ⅲ.① 金属矿—矿山安全—研究
—中国 ② 金属矿—矿区环境保护—研究—中国 Ⅳ.① TD7
② X322.2

中国版本图书馆 CIP 数据核字(2011)第 077098 号

出 版 人 曹胜利
地　　址　北京北河沿大街嵩祝院北巷 39 号,邮编 100009
电　　话　(010)64027926　电子信箱　yjcbs@cnmip.com.cn
责任编辑　马文欢　美术编辑　李　新　版式设计　孙跃红
责任校对　卿文春　责任印制　牛晓波
ISBN 978-7-5024-5582-8
北京兴华印刷厂印刷;冶金工业出版社发行;各地新华书店经销
2011 年 9 月第 1 版,2011 年 9 月第 1 次印刷
787mm×1092mm　1/16;14 印张;326 千字;208 页
45.00 元

冶金工业出版社发行部　电话:(010)64044283　传真:(010)64027893
冶金书店　地址:北京东四西大街 46 号(100010)　电话:(010)65289081(兼传真)
(本书如有印装质量问题,本社发行部负责退换)

《我国金属矿山安全与环境科技发展前瞻研究》
咨询研究项目组

组　长　古德生

副组长　吴　超

成　员　古德生　吴　超　王从陆　黄　锐

　　　　胡汉华　陈沅江　周科平　李　明

　　　　阳富强　李孜军　刘　辉　廖慧敏

　　　　张超兰

本 书 导 读

```
┌────────────────────────────────────────┐
│ 我国金属矿山安全与环境科技发展前瞻研究 │
└────────────────────────────────────────┘
```

我国金属矿山安全与环境的前瞻研究及其问题 → 总论

➤有的放矢瞄准前沿课题
➤切合实际和满足我国需要
➤迅速和准确进入前瞻领域
➤快速把握国际研究动态

我国金属矿资源开发概况

金属矿山的科技发展现状和安全与环境问题

我国高校采矿与安全环境学科的博士生导师和重点实验室的研究方向调查

国外高校采矿与安全研究生导师和研究院所的研究方向调查

国内外调查研究

金属矿安全与环境典型专题的前瞻研究

深部金属矿开采中能量致灾与控制的前瞻研究

超深矿井高温环境控制的前瞻研究

金属矿山硫化矿石自燃火灾与探测的前瞻研究

金属矿山地下水灾预防的前瞻研究

金属矿山环境工程的前瞻研究

金属矿山尾矿库安全与环境的前瞻研究

物联网与矿山安全的前瞻研究

金属矿山职业卫生的前瞻研究

海洋采矿的安全与环境的前瞻研究

探索性研究实践

➤结合国家重大科研计划项目统计

```
┌────────────────────────────────────────┐
│ 金属矿山安全与环境科技发展前瞻研究课题提出 │
└────────────────────────────────────────┘
```

```
┌────────────────────────────────────────┐
│ 金属矿山安全与环境科技发展前瞻研究       │
│         课题"三性"评价                   │
└────────────────────────────────────────┘
```

```
┌──────────┐
│   成果   │
└──────────┘
```

前　言

　　资源与环境是人类赖以生存、繁衍和发展的基本条件,人类现实生活的衣、食、住、行、日用品、医疗保健等各方面都离不开矿物资源;矿业是人类文明进步、国民经济发展和科学技术革命的基础。鉴于资源开发的重要性以及资源开发带来的环境污染和生态恶化的问题,资源开发已引起世人的普遍关注和重视。保护人类的生存环境,实施可持续发展战略,是当前各国追求的目标。

　　2004 年美国国家职业安全健康研究院经过大量调查研究后,提出了一个未来采矿安全与健康研究课题的一揽子研究规划,该规划通过了由美国科学院国家研究委员会和美国国家医学院专家组的评估和认可。之后,该规划由美国科学院出版社正式出版,用以指导美国未来的采矿安全与健康的科学技术研究工作。从该规划看出,即使是工业非常发达的美国,也很重视采矿安全与健康的科技规划和前瞻研究。实际上,世界各国正致力于寻求一条人口、资源、环境、经济、安全和社会相互协调,既能满足当代人的需求、又不对后代人造成危害的可持续发展的道路,这是 21 世纪国际社会的唯一选择。

　　金属和非金属矿产资源开发是国民经济的基础产业。我国约有80%的工业原材料、70%的农业生产资料都取自于矿物资源。在我国,矿产资源开发已成为 150 多个城市的支柱产业,直接解决数百万人就业,带动就业人数几千万,年产值高达数千亿元。随着矿产资源大规模的持续开发,资源储量逐年减少,我国大型金属露天矿已经所剩无几,地下矿山大批转入深部开采,有的已面临关闭状态;未来 10～15 年内,我国将有1/3 的大中型有色金属矿山的开采深度达到或超过 1000 m。深部开采和海洋开采是矿业发展的必然趋势,它是世界矿业发展的前沿,对于这一新的特殊环境下的矿床开采,有许许多多新的安全与环境科学技术难题,例如:

　　(1) 伴随深部开采而来的是原岩温度不断升高,致使开采与掘进工作面的温度逐步升高,热害日益严重。国外在 20 世纪 50～60 年代,部分深部开采矿山就已经显现出较为严重的热害问题,现已从局部发展成为普遍现象,我国大部分矿井将进入一、二级热害区,对于这种高温矿井,井下无法作业。在高温环境下作业的工人,体能迅速下降,工作效率低,易出现中暑、热晕现象,还可能诱发神经中枢系统失调等疾病,致使事故频发。

　　(2) 深部矿岩体开挖后,原岩应力平衡遭到破坏,应力重新分布,巷道或采场周围的岩石发生变形、破坏,甚至出现岩爆等多种动力灾害。由于开采范围和采掘空间状态随生产推进而不断变化,矿岩重复受到工程扰动,岩层发生变形、移动和破坏,其发生机理难以认识,灾害的发生难以预测,所以,安全条件严重恶化,事故频发。

(3) 金属矿山开采行业是高风险行业,地下矿山由冒顶、爆破、振动、中毒、突水、火灾、矿石自燃等原因引起的重大伤亡事故时有发生。金属矿山不但时有事故发生,开采过程伴随的噪声、粉尘、辐射和光等多种污染,还会导致多种职业病的发生,而且发病率高,发病周期短,致死致残率高,危害人数众多。

(4) 金属矿床开采引起地表破坏、岩石裸露、水土流失、河流淤塞,严重破坏矿区生态环境。金属矿地下开采常常破坏地下水系;在采矿、选矿过程中,大量废水排入河流,造成河流、湖泊严重污染;在开采、装卸、运输的过程中,产生大量矿尘,危害人体健康;矿山排出的大量废石和尾矿,不仅占地面积大,而且往往使矿区成为不毛之地。

(5) 我国的金属矿山开采活动产生大量污染物,包括废气、粉尘、酸性水(矿坑水、选矿及尾矿池水等)和重金属有害元素。大量重金属及有毒、有害元素(如铜、铅、锌、砷、镉、六价铬、汞、氰化物)以及悬浮物等,是矿产资源开发引起环境问题的重要原因,基于其污染的危害性和广泛性,重金属超过一定标准的尾矿等废弃物,已列入国家危险废物名录。

(6) 海洋资源开发,甚至月球资源开发,带来的安全与环境问题更是难以想象,需要有极为超前的科学研究储备。

由上可知,开展金属矿山安全与环境科技发展的前瞻性研究,具有重大的理论和实际意义。其研究成果对实现我国金属矿业安全、高效、绿色、可持续发展,建立具有我国金属矿产资源特点的资源安全开发创新体系,具有重大的现实意义;同时,其研究成果对部署金属资源安全、绿色开采的基础性、战略性、前瞻性和系统性研究与开发,研发、掌握矿业安全与环境的核心科学技术和先进设备研发的集成能力,使我国金属资源安全环保开采进入世界前列,具有重大的战略意义。

本书由古德生院士和吴超教授担任主编。各章内容编写人员如下:古德生(第1章),王从陆(第2章、第3章、第11章),阳富强(第4章),吴超(第5章部分、第8章部分、第9章部分、第15章),陈沅江(第6章),胡汉华(第7章),黄锐(第10章、第14章),李明(第13章),周科平(第12章部分),张超兰(第5章部分、第12章部分),刘辉(第8章部分),廖慧敏(第9章部分)。全书由吴超统稿。

本项目的研究和本书的出版得到了中国工程院的资助,在此表示衷心感谢。最后,还要衷心感谢本书所引用的参考资料的所有作者们所付出的辛勤劳动。

编著者
2011年5月

目　录

1 我国金属矿山安全与环境的前瞻研究及其问题

1.1 关于金属矿资源开发前瞻研究的思考

创新的一般性内涵是:创造性的、突破性的、据理性的思维活动和实践活动。矿产资源开发创新工程不仅指科学技术上的发明创造,也可以是把已发明的科学技术引入企业之中,形成一种新的生产能力。创新包括:采用新的生产方法(工艺创新)、获取新的供给来源(资源开发利用创新)、实行新的组织形式(体制和管理的创新)。矿产资源开发的工程技术创新,涉及创新构思、研究开发、技术管理与组织、工程设计与施工等一系列活动。在创新过程中,这些活动相互联系,有时要循环交叉或并行操作。技术创新过程不仅伴随着技术进步,而且伴随着组织与制度创新和管理创新。

开展资源－经济－环境相协调的资源开发发展战略的前瞻研究,首先要把握国家未来经济社会发展的资源需求,把握世界矿产资源开发创新的发展趋势,并把重点放在关系到国家未来发展战略方向和世界资源有可能发生重大突破的领域。创新工程发展战略前瞻要与我国未来发展的大趋势结合起来,与世界政治、经济、社会、军事变革的大趋势结合起来,与世界资源未来发展的大趋势结合起来;要采用当今世界先进的理论和方法,要把握国情,把握资源发展的规律,要关注世界经济、政治、社会、军事变革对资源开发发展的影响,用历史和前瞻的眼光,站得高,望得远,瞄得准。

在当今世界,人口的增长、发展中国家工业化现代化进程的加快,使全球资源消费总量进一步增加,尽管全球性经济危机导致资源价格出现大幅波动,但资源稀缺的态势不会改变。资源开发的前瞻研究,不仅要研究如何高效清洁利用好矿产资源,如何加快开发利用可再生资源,更要把握世界资源生产与消耗的发展趋势,把握世界资源发展的态势。为了实现资源－经济－环境相协调的矿产资源可持续利用,要解决一系列关键的资源问题,包括可再生资源的开发和酝酿新的技术突破等。为了实现我国经济社会的科学发展,必须建立符合我国发展需要和体现我国资源特色的资源开发创新体系,需要前瞻部署资源的基础性、战略性、前瞻性和系统性研究与开发,把握资源发展和资源结构转型的机遇,掌握资源开发关键科学问题、核心技术与先进设备研发制造和系统集成能力,并进入世界资源产业的前列,以支撑我国经济社会持续发展。

要研究我国主要金属矿产资源的供需变化趋势和对外依存度,提出未来我国主要金属矿产资源开发利用科技发展战略。从我国矿业的技术创新体系结构、科技投入、科技人才、科技成果、创新平台建设、创新环境等方面研究分析我国金属矿业现状,并通过借鉴国内外技术创新体系建设的成功经验和相关理论研究成果,提出我国金属矿业技术创新体系建设的总体目标、基本原则、主要任务和具体政策措施。根据科技发展战略所确定的技术发展方向,在全面、深入分析我国金属矿产资源开发利用以及矿业生态环境现状的基础上,本书明确提出了今后 20 年(甚至更远的时期)我国金属矿业资源领域国家重点支持、鼓励发展的重大技术领域和关键技术,明确需要限制并逐步淘汰的落后工艺,为我国金属矿产资源保障趋势的预测、关键技术因素分析与技术政策的制定、技术创新体系的评价等提供强有力的决策支撑。

1.2　我国金属矿产开发的科学技术问题

我国人口众多,大部分地区自然环境先天脆弱,加上经济快速发展且发展方式粗放,致使我国生态退化十分严重,环境污染不断加剧,环境健康问题日益突出,环境公共事件时有发生。对于生态环境问题,不仅需要利用科学技术和政策制度完善解决目前面临的问题,还要开展前瞻研究和部署,并对未来可能出现问题的解决寻求新的技术和新的途径。要研究环境污染的控制与修复手段,推行清洁生产与循环经济;要研究环境污染与健康效应,研究减少温室气体排放的技术;要大力发展先进的生态环境监测与预警、预报技术,构建先进的生态与环境监测网络平台以及基于系统理论、跨学科研究基础上的数据分析与共享网络,对生态与环境数据进行整合与系统模拟。对于生态环境问题,再也不能等问题发生了才研究解决,否则酿成的损失、治理的成本和难度都将会极大地增加。

由于中国人口、资源、环境以及经济、科技等因素的制约,矿产资源及其工业的发展长期以来不能满足经济迅速增长的需要,在未来 30 年,中国仍将依靠大量消费矿产资源来维持经济的快速增长。

我国现有人口 13 亿多,21 世纪期间将超过 15 亿,矿产资源人均占有量远低于世界平均水平。经过长期大规模的开发,埋藏于浅地层的高品位矿产资源大部分已消耗殆尽,矿产资源开发正朝着千米以下深部资源和低品位矿产资源过渡。尽管近 10 年我国加大了矿产资源的勘探力度,并在青海、新疆、西藏等西部地区以及在全国原有矿山基地的深部和周边陆续发现了一批新的矿体,但总的来说,当前我国的矿产储量还无法满足日益增长的社会需求。例如,目前我国每年不得不大量进口铁矿石、粗铜、氧化铝等矿产品原材料。长期以来,我国许多矿山企业对资源的综合利用效率低下,矿产资源大量浪费。同时,传统的矿产资源开发模式对地球环境造成了极大的破坏,很多环境污染与破坏事件都是来自矿业开发。

由于上述问题,未来迫切需要建立一系列新的矿产资源开发及回用理论与技术,以期找到新的矿产资源,并从根本上变革传统矿产资源开发模式和消除开发过程对环境的破坏。由于矿产资源开发活动的地下结构(或水下地下结构)是在地壳上部的岩体内进行的,这个环境受到构造应力场、地下水、地温等很多条件的交互影响,加之矿岩本身的非均质性、各向异性、不稳定性等,使地下开采过程处在一个环境极端恶劣、情况千变万化、工作条件十分复杂的情况,同时也决定了现代数学、物理、力学等理论远远不能满足描述资源开发实际过程的需要。因此,资源开发领域需要更多的符合自身特征的相关理论、方法和技术。例如,为了找到新的矿产资源和实现传统资源开发模式的变革,必须使传统资源探查与开发及利用理论基础有重大突破。其一,必须找到大埋深复杂隐伏状金属矿床探查的新技术,而其突破点在于研究矿岩介质中多频激电的震电效应和磁场效应,发展基于电磁波成像准确探矿的新原理。其二,矿产资源开发及利用的细观矛盾在于破碎岩石和防止岩石破碎,因此,资源开发的理论基础在于力学问题,其中不连续各向异性介质非线性动力学又是关键的基础问题,如岩石损伤与断裂动力学、爆破动力学、岩石冲击动力学、散体动力学、地压冲击动力学、渗流动力学、化学溶浸动力学、矿井空气动力学、矿井热力学等均可归结到力学领域。其三,矿产资源开发的宏观矛盾在于矿产资源的不可再生与人类永续需要,因此,实现无废害开采,保护环境,循环利用,是资源开发可持续发展的客观要求,这就不可避免地涉及低品位资源开发、固体废料的回用、尾砂再利用、矿山水土保持等的重大基础理论研究问题。在实现上述三方面研究的基础上,我国矿业科学将在国际上处于有利地位,将推动我国矿业进入良性循环状态,为国民经济的稳定增长发挥重要作用。矿产资源开发创新要考虑可持续性、环境保护、安全与经济三层彼此相关的重大基础问题。

从资源开发自身的特点和规律出发,立足国情,针对中国矿产资源深、贫、共生等特点,国家要加大资源探查与开发及利用的基础研究投入,突破传统理念和框架,以无废害可持续开发为目标,以地球物理学和非线性介质动力学及矿物回收化学生物学为突破口,研发深埋金属矿床探矿新理论和新技术,创建一套非传统的资源开发及利用理论体系,建立适合自身特点和发展规律的开发模式,使我国矿业实现可持续发展,进而促进我国国民经济和社会的持续发展,使我国矿业科学与技术处于国际前沿,从而也能刺激、带动相关学科的发展。

海洋资源是地球尚存的一块处女地,作为陆地资源的补充,对人类的生活和经济的持续发展具有十分重要的意义。海洋资源已经引起世界各国的高度重视,并成为当代和未来经济与科技竞争的焦点之一。我国是海洋大国,拥有1.8万千米海岸线,近300万平方千米蓝色国土,蕴藏着丰富的海洋资源。但是,与欧美日等发达国家相比,我国的海洋产业和海洋科技还有较大的差距。在海洋矿产资源方面,要利用创新的理论和先进的技术提高海洋矿产资源探测与资源评估能力,深化对大陆架及海底成矿的认识,提高对海洋矿产资源的了解,为海洋矿产资源的勘探、开发和利用提供关键科技支撑。

1.3　我国金属矿山安全生产现状与问题

1.3.1　金属矿山基本情况

金属矿业是对经济社会发展具有重大影响的资源性和基础性产业,是为国民经济增长、人民生活改善和社会文明发展提供原材料的支柱产业。改革开放以来,我国金属采矿业产量持续增长,矿产资源市场需求强劲,重要矿产消费持续增长。

目前全国共有金属矿山近万座,大、中、小型矿山分别占金属矿山总数的0.58%、2.36%、96.9%。我国金属矿山的基本特点有:数量大;小型矿山占金属矿山总数的96.9%;矿种多,金属矿山涉及100多种矿种;分布散,因矿种数量多、成矿构造区别大,全国有30个省(区、市)都有金属矿山;基础差,特别是小型矿山因安全投入不足、技术力量不够等因素,安全基础十分薄弱;人员素质低,金属矿山从业人员中农民工占有一半以上的比例。

而且,金属矿山生产带来了诸多安全与环境问题,仅金属矿尾矿库而言,据国家安全生产监督管理总局组织调查的统计结果,全国尾矿库有危库284座、险库348座、病库1466座,危、险、病库占总库数的19.9%。

1.3.2 金属矿山安全生产状况

"十一五"期间,在经济快速发展的同时,全国金属矿山安全生产形势总体稳定,事故起数和死亡人数逐年下降,金属矿山安全生产工作取得了明显成效。

(1) 各省(区、市)都建立了安全监管机构,基本形成了省、市、县三级安全监管体系,金属矿山重点乡镇建立了安全监管站;

(2) 初步建立了金属矿山安全法规体系,为促进金属矿山安全生产规范化、制度化提供了基本依据;

(3) 充分利用安全许可制度,严把金属矿山安全准入关;

(4) 金属矿山整顿关闭、尾矿库和地下矿山机械通风等专项整治取得了阶段性成果。

据国家安全生产监督管理总局组织调查的统计结果,近年我国金属矿山每年事故死亡人数约为1500~2000人。金属矿山企业重大以上事故也时有发生。其中,2008年山西就发生了2起特别重大事故,共死亡326人;2009年全国发生了4起重大事故,死亡70人。

上述事故呈现的基本特征有:

(1) 中西部地区和矿业大省为事故集中、高发区,"十一五"期间,云南、湖南、河北等7省(区、市)事故起数和死亡人数占全国金属矿山事故起数和死亡人数的50%以上;

(2) 事故的主要类型为物体打击、高处坠落、坍塌与片帮冒顶、放炮及中毒窒息等,该六类事故的起数和死亡人数分别占事故总数的80%以上;

(3) 非法违法生产行为造成的事故比例较高,占总数的50%以上;

(4) 中毒窒息事故死亡人数较多,平均每起死亡2.5人,是其他事故类型的2倍,不少中毒窒息事故都因施救不当造成事故扩大。

事故的主要原因集中表现为:

(1) 金属矿山地质条件复杂,作业环境不良,受到采空区塌陷、透水、地压活动、高温等多种灾害的威胁;

(2) 非法违规生产行为大量存在,如2009年金属矿山的较大事故中涉嫌非法开采的事故有22起,死亡86人,占较大事故总起数的48.9%和死亡总人数的49.7%;

(3) 矿山企业主体责任不落实,安全投入不足,安全保障能力差,特别是小型矿山先天设计不足或无正规设计,开采工艺、技术装备落后,无法保证安全生产;

(4) 缺乏采矿技术支撑力量,盲目生产,隐患排查与治理的技术力量不足;

(5) 员工安全素质和安全意识差,"三违"现象严重,2006~2009年因违反操作规程和劳动纪律发生事故的死亡人数平均占金属矿山总死亡人数的30.89%;

(6) 金属矿山应急救援工作仍是薄弱环节,多起中毒窒息事故都因盲目施救、处置不当造成事故扩大,如河南三门峡2009年"9.8"重大火灾事故,6名作业工人中毒窒息,因盲目施救又造成8人被困井下,事故共造成13人死亡。

1.3.3　安全生产形势与挑战

当前,全社会高度关注安全生产,形成了良好的舆论氛围,促使企业重视安全生产管理,随着经济社会的发展,企业安全生产投入逐年加大,不断改善安全生产条件,等等,这些有利因素为金属矿山安全生产工作带来了难得的发展机遇。但是,金属矿山领域也面临着严峻的形势与挑战。

（1）随着经济社会的发展,以人为本的思想已经深入人心,时代对金属矿山安全生产提出了更高的要求,遏制重特大事故的发生、降低事故总量是社会高度关注的热点问题;

（2）目前仍然是我国经济社会发展的关键时期,矿产资源需求快速增长,但在国际矿业垄断企业的操控下,我国短缺的金属矿产品进口价格受到很大影响,因此,我国将加大短缺矿产资源开发的投入,金属矿山产业增长势头强劲,由此也加大了金属矿山安全生产压力;

（3）当前金属矿山规模小、投入不足致使安全生产保障能力差、安全管理薄弱、企业人员安全素质低、安全生产机制建设落后、法制和标准建设滞后等等,这些问题在短时期内尚难得到根本转变,将继续制约金属矿山的安全生产。

因此,必须充分认识金属矿山安全生产工作的长期性、艰巨性、复杂性和紧迫性,要紧密结合经济结构战略性调整,淘汰落后产能,统筹规划,突出重点,采取行之有效的措施,逐步建立金属矿山安全生产长效机制,推动金属矿山安全发展。

1.4　我国金属矿山的环境现状与问题

资源与环境是人类赖以生存、繁衍和发展的基本条件。随着人口急剧的增长、工农业生产和科学技术的飞速发展,人类正以前所未有的规模和强度开发资源。人类在对矿产资源进行开发与利用时,不可避免地给环境带来许多负面影响和灾害问题。金属矿产资源开采方式主要包括露天开采、地下开采、海洋开采和特殊开采(包括浸出、溶解和汽化等)。在矿产资源开采过程中,岩层必然会产生新裂隙,发生变形、破坏等现象;矿产资源赋存地质条件复杂,开发初期规划设计不合理或设计时没有充分考虑环境治理,几十甚至上百年进行掠夺式开采,不治理开采环境,再加上一些不可抗拒的自然因素,致使一些生产矿井在鼎盛时期就已经开始孕育、潜伏并衍生着环境灾害,导致地面环境、地下水系或地面河流水质污染等水环境问题的产生。

目前我国有矿业城市(镇)400多座。据统计,目前我国80%以上的工业原料来自于地下矿产资源。目前全国共发现矿产171种,已探明资源储量的有159种,在已查明的矿产资源总量中有20多种矿产的查明储量居世界前列。铁主要分布在东北、华北和西南;铜主要分布在西南、西北、华东;铅锌矿遍布全国;锡、钼、锑稀土矿主要分布在华南、华北;金银矿分布在全国;磷矿以华南为主。

矿山环境灾害演化的速度,远大于灾害治理的速度。人类工程活动对环境的影响远超过环境的自然恢复和治理能力,它已成为危及人类生存、阻碍社会进步和稳定、影响经济持续并协调发展的重要因素。随着我国经济的发展,我国资源开发已逐渐由东部向西部转移;西部地区气候干燥寒冷,地貌高低不平,水土流失严重,生态环境脆弱,如果不采取科学、有效的措施，东部地区开采所造成的环境灾害的惨剧肯定会在西部地区重演，并且会比东部地区严重得多，甚至还会波及全国的生态环境。因此，矿产资源开发决不能再走"先污染，后治理"、"先破坏，后恢复"的老路。要实行"在保护中开发，在开发中保护"的方针，重视矿产资源开采的环境响应，实现矿产资源开发与环境保护一体化。因此，要开展资源－经济－环境相协调的矿产资源开发创新工程发展战略的研究，研究与环境协调一致的矿产资源的开采模式，这对促进国民经济可持续发展及建设创新型国家都有重要的意义。

重金属污染是威胁人类健康和国土生态环境的最严重的污染之一，国家和社会必须引起高度重视。所谓重金属污染是指由重金属及其化合物引起的环境污染。重金属污染物在环境中难以降解，能在动物和植物体内积累，通过食物链逐步富集，浓度能成千、成万甚至成百万倍地增加，最后进入人体造成危害，是危害人类最大的污染物之一。在国际上，许多废弃物都因含有重金属元素而被列入国家危险废物名录。一般来说，在常量甚至微量的接触条件下即可对人体产生明显的毒性作用的金属元素，称为有毒金属元素或金属毒物，已发现危害较大的有毒金属元素有 Hg、Cd、Pb、As、Cr、Sn、Mo、Se 等。必须指出的是，有毒金属元素的划分也是相对的，有机体所需要的、在营养上所必需的金属元素如 Fe、Cu、Co、Zn、Mn、Se 等，如摄入量过多，也会产生毒性作用。实际上，重金属污染的严重性不仅表现在中毒和死亡人数，更重要的是表现在大面积的皮肤病、肝病、癌症的发病率显著提高和普遍的儿童免疫系统缺失、新生儿先天畸形等。现今大规模人群暴露于有害金属的现象很少见，但慢性的低水平过量暴露却较常发生于个人及小规模人群。我国江河流域普遍遭到污染，且呈发展趋势，主要污染物中就包括重金属。矿山和冶炼厂周围大量未经充分处理的污水被用于灌溉，已经使数十万公顷的农田受到重金属和合成有机物的污染。全国明显或重度污染的农田有上十万公顷。近年来重金属污染的严重性，已逐渐引起人们的注意，环境科学工作者进行了许多重金属污染方面的深入研究。但是，重金属污染物，特别是土壤中重金属污染物对人体的危害过程是一个长期的渐变的过程，因此，重金属污染是威胁人类身体健康的隐形杀手，人类如果忽视对重金属污染的控制，最终将吞下自酿的苦果。

由于受到技术、管理及人们"末端治理"观念的影响，我国资源开发中的生态环境问题严重。由于有色金属矿石品位低，统计平均估算，每加工 1 t 矿石所产生的尾矿就达 0.92 t 以上，积存的尾砂、废渣已数以亿吨计，占用了大量的农田土地，给当地自然生态环境、社会经济生活带来了较大的负面影响。而尾砂、废渣中的重金属元素又不断向周边环境释放迁移，通过植物、水生生物等食物链长期危害人体健康。在进行矿产资源开采、运输和选冶过程中，都会产生一定的大都含有重金属元素的固体、液体和气体废弃物，这些重金属一旦进入周围的大气、水和土壤环境中去，便对当地乃至大范围环境产生污染和危害。

首先，采矿作业过程就是将矿物破碎并从井下搬运到地面的过程，这样就改变了矿物质的化学形态和存在形式，这是重金属污染环境的关键所在。矿物破碎时，一部分重金属通过井下通风系统随污风排至地表，然后通过大气扩散进入人体呼吸系统，或沉降到土壤和水体中；一部分重金属通过坑道废水进入地下水或地面水环境。矿物质在井下或地面搬运过程中，也因洒落、扬尘进入附近的水体或土壤中，对环境造成危害。

其次,矿石开采出来之后要进行选矿。选矿产生的尾矿通常呈泥浆状,尾矿一般存放在尾矿库,小部分尾矿作为充填材料又回填到井下,绝大部分长期堆存尾矿库。选矿废水以及尾矿沉淀后的废液经简单处理后循环使用或用于周边农田灌溉,部分废液经尾矿坝泄水孔直接外排至周边水体。尾矿库中的重金属通过外排的废液或者通过扬尘进入周边环境,从而对周边环境产生重金属污染和危害。同时,选矿必须加入大量的选矿药剂,如捕收剂、抑制剂、萃取剂,这些药剂多为重金属的络合剂或整合剂,它们络合 Cu、Zn、Hg、Pb、Mn、Cd 等有害重金属,形成复合污染,改变重金属的迁移过程,加大重金属迁移距离。因此,在矿产资源开采过程中,选矿废水和尾矿库的重金属是矿山环境污染的重要来源。

　　总之,矿床资源开采和选冶,将地下一定深度的矿物暴露于地表环境,致使矿物的化学组成和物理状态发生改变,加大了重金属向环境释放通量。矿山废弃物中的重金属,一方面,通过废石和尾矿堆的孔隙下渗进入底垫土壤或通过地表径流进入周围环境土壤,另一方面,通过地表径流进入下游水文系统或下渗到地下水,径流又携带重金属进入流经的土壤,造成整个矿区甚至附近大区域的水体和土壤的污染,并影响整个生态系统。

2 我国金属矿资源开发概况

为了开展我国金属矿山安全与环境科技的前瞻研究,首先需要了解我国金属矿资源开发概况,然后才能有的放矢地瞄准金属矿山安全与环境科技的前沿课题。

2.1 我国金属矿产资源概况

中国金属矿产资源品种齐全,储量丰富,分布广泛。已探明有储量的主要矿产有铁矿、锰矿、铬矿、钛矿、钒矿、铜矿、铅矿、锌矿、铝土矿、镁矿、镍矿、钴矿、钨矿、锡矿、铋矿、钼矿、汞矿、锑矿、铂族金属(铂矿、钯矿、铱矿、铑矿、锇矿、钌矿)、金矿、银矿、铌矿、钽矿、铍矿、锂矿、锆矿、锶矿、铷矿、铯矿、稀土元素(钇矿、钆矿、铽矿、镝矿、铈矿、镧矿、镨矿、钕矿、钐矿、铕矿)、锗矿、镓矿、铟矿、铊矿、铪矿、铼矿、镉矿、钪矿、硒矿、碲矿等等。各种矿产的地质工作程度不一,其资源丰度也不尽相同。有的资源比较丰富,如钨、钼、锡、锑、汞、钒、稀土、铅、锌等;有的资源则明显不足,如铬矿、铁矿等。

近十多年来,中国城市和道路建设的快速发展,消耗了大量的矿产品原材料。因此,过去认为储量非常丰富的一些矿石当前也显得短缺。从另一个角度看,中国人口居世界第一,如果以人均计算,即使储量第一的矿种也不容乐观。

(1)铁矿。中国是铁矿资源总量较丰富、但矿石含铁品位较低的一个国家。目前已探明储量的矿区有约2000处,总保有储量矿石居世界第5位。铁矿在全国各地均有分布,以东北、华北地区资源最为丰富,西南、中南地区次之。就省(区)而言,探明储量辽宁位居榜首,河北、四川、山西、安徽、云南、内蒙古次之。中国铁矿以贫矿为主,富铁矿较少,富矿石保有储量在总储量中约占2.53%,仅见于海南石碌和湖北大冶等地。

(2)锰矿。中国锰矿资源较多,分布广泛,在全国21个省(区)均有产出;有探明储量的矿区200多处,总保有储量矿石居世界第3位。中国富锰矿较少,在保有储量中仅约占6.4%。从地区分布看,以广西、湖南最为丰富,约占全国总储量的55%;贵州、云南、辽宁、四川等地次之。

(3)铬矿。中国铬矿资源比较贫乏,按可满足需求的程度看,属短缺资源。总保有储量矿石1000多万吨,其中富矿约占53.6%。铬矿产地约有56处,分布于西藏、新疆、内蒙古、甘肃等13个省(区),西藏铬矿最多,保有储量约占全国的一半。

(4)钛矿。中国钛矿分布于10多个省区。钛矿主要为钒钛磁铁矿中的钛矿、金红石矿和钛铁矿砂矿等。钒钛磁铁矿中的钛主要产于四川攀枝花地区。金红石矿主要产于湖北、河南、山西等省。钛铁矿砂矿主要产于海南、云南、广东、广西等省(区)。钛铁矿的TiO_2保有储量居世界首位。

(5)钒矿。中国钒矿资源较多,总保有储量V_2O_5居世界第3位。钒矿主要产于岩浆岩型钒钛磁铁矿床之中,作为伴生矿产出。钒矿作为独立矿床主要为寒武纪的黑色页岩型钒矿。钒矿分布较广,在 19 个省(区)有探明储量,四川钒储量居全国之首,约占总储量的 49%;湖南、安徽、广西、湖北、甘肃等省(区)次之。

(6)铜矿。中国是世界上铜矿较多的国家之一。总保有储量居世界第 7 位。已探明储量中富铜矿约占 35%。铜矿分布广泛,包括上海、重庆、台湾在内的全国各省(市、区)皆有产出。已探明储量的矿区有近千处。江西铜储量位居全国榜首,约占 20.8%;西藏次之,约占 15%;再次为云南、甘肃、安徽、内蒙古、山西、湖北等省。

(7)铅锌矿。中国铅锌矿资源比较丰富,全国各省均有,产地有 700 多处,保有铅锌总储量居世界第 4 位。从省际比较来看,云南铅储量约占全国总储量的 17%,位居全国榜首;广东、内蒙古、甘肃、江西、湖南、四川等省(区)次之。全国锌储量以云南为最多,约占全国总储量的 21.8%;内蒙古次之,约占 13.5%;其他如甘肃、广东、广西、湖南等省(区)的锌矿资源也较丰富。铅锌矿主要分布在滇西兰坪地区、滇川地区、南岭地区、秦岭—祁连山地区以及内蒙古狼山—渣尔泰地区。

(8)铝土矿。中国铝土矿资源丰度属中等水平,产地 300 多处,分布于 19 个省(区)。总保有储量居世界第 6 位。山西铝资源最多,保有储量约占全国总储量的 41%;贵州、广西、河南次之,各约占 17%。

(9)镍矿。中国镍矿资源不能满足需要。总保有储量居世界第 9 位。镍矿产地有近 100 处,分布于 18 个省(区)。其中以甘肃省为最多,保有储量约占全国总储量的 61.9%,新疆、吉林、四川等省(区)次之。甘肃金川镍矿规模仅次于加拿大的萨德伯里镍矿,为世界第二大镍矿。

(10)钴矿。中国钴矿资源不多,独立钴矿床尤少,主要作为伴生矿产与铁、镍、铜等其他矿产一道产出。已知钴矿产地 150 多处,分布于 24 个省(区),以甘肃省储量最多,约占全国总储量的 30%。

(11)钨矿。中国是世界上钨矿资源最丰富的国家。已探明矿产地有 250 多处,分布于 23 个省(区)。总保有储量居世界第 1 位。产量也居世界首位,是我国传统出口的矿产品。就省(区)来看,以湖南(白钨矿为主)、江西(黑钨矿为主)为多,储量分别约占全国总储量的 33.8% 和 20.7%;河南、广西、福建、广东等省(区)次之。主要钨矿区有湖南柿竹园钨矿,江西西华山、大吉山、盘古山、归美山、漂塘等钨矿,广东莲花山钨矿,福建行洛坑钨矿,甘肃塔儿沟钨矿,河南三道庄铝钨矿等。

(12)锡矿。中国是世界上锡矿资源丰富的国家之一。探明矿产地近 300 处,总保有储量居世界第 2 位。矿产地分布于 15 个省(区),以广西、云南两省(区)储量最多,分别约占全国总储量的 32.9% 和 31.4%,湖南、广东、内蒙古、江西次之,以上 6 省(区)的储量共约占全国总储量的 93%。

(13)钼矿。中国钼矿资源丰富,总保有储量居世界第 2 位。探明储量的矿区有 220 多处,分布于 28 个省(区、市)。以河南省钼矿资源为最丰富,钼储量约占全国总储量的 30.1%,陕西、吉林次之,以上 3 省钼储量占全国总储量的 56.5% 以上。钼矿大型矿床多,是一个重要特点,如陕西金堆城、河南栾川、辽宁杨家杖子、吉林大黑山钼矿均属世界级规模的大矿。

(14)汞矿。中国是世界上汞矿资源比较丰富的国家之一。汞总保有储量居世界第 3 位。现已探明储量的矿区 100 多处,分布于 13 个省(区),以贵州省为最多,其储量约为全国汞储量的40%,其次为陕西和四川,以上3省汞储量约占全国的74%。著名汞矿有贵州万山汞矿、务川汞矿、丹寨汞矿、铜仁汞矿以及湖南的新晃汞矿等。

(15)锑矿。中国是世界上锑矿资源最为丰富的国家,总保有储量居世界第1位。已探明储量的矿区有110多处,分布于全国18个省(区),以广西锑储量为最多,约占全国的41.3%;其次为湖南、云南、贵州、甘肃、广东等省。

(16)铂族元素。中国铂族金属矿产资源比较贫乏。我国已探明铂族金属的矿区有30多处,分布于全国10个省(区),其中以甘肃为最多,约占全国总储量的57%;其次为云南、四川、黑龙江等省。

(17)金矿。中国金矿资源比较丰富,总保有储量居世界第7位。我国金矿分布广泛,在全国各省(区、市)都有金矿产出。已探明储量的矿区有1200多处。就省区论,以山东金矿床最多,金矿储量约占总储量的14.37%;江西伴生金矿最多,约占总储量12.6%;黑龙江、河南、湖北、陕西、四川等省金矿资源也较丰富。

(18)银矿。中国是银矿资源中等丰度的国家,总保有储量约处世界第6位。我国银矿分布较广,在全国绝大多数省(区)均有产出,已探明储量的矿区有500多处,以江西银储量为最多,约占全国的15.5%;其次为云南、内蒙古、广西、湖北、甘肃等省(区),其银资源亦较丰富。银矿成矿的一个重要特点,就是约80%的银与其他金属特别是与铜、铅、锌等金属矿产共生或伴生在一起。我国重要的银矿区有江西贵溪冷水坑、广东凡口、湖北竹山、辽宁凤城、吉林四平、陕西柞水、甘肃白银、河南桐柏银矿等。

(19)稀土元素矿产。稀土是门捷列夫化学元素周期表中镧系(镧、铈、镨、钕、钷、钐、铕、钆、铽、镝、钬、铒、铥、镱、镥)15个元素和39号元素钇的总称。中国是世界上稀土资源最丰富的国家,素有"稀土王国"之称,居世界第1位。全国稀土矿已探明储量的矿区有60多处,分布于16个省(区),以内蒙古为最多,约占全国总储量的95%,湖北、贵州、江西、广东等省次之。我国稀土矿产不仅储量大,而且品种多、质量好,矿床类型独特,如内蒙古白云鄂博沉积变质－热液交代型铌－稀土矿床和南岭地区的风化壳型矿床,在世界上均居独特地位。我国稀土矿产多与其他矿产共生,南方以重稀土为主,北方以轻稀土为主。

(20)锶矿。中国锶矿资源丰富。总保有储量居世界第2位。但锶矿分布不广,仅6个省(区)有锶矿产出。已探明储量的矿区有13处,以青海为多,约占全国锶储量的48.3%;陕西、湖北、重庆次之。

(21)铌、钽、锂、铍矿。中国是世界上铌、钽、锂、铍等稀有金属矿产资源丰富的国家。

2.2 我国金属矿产资源特点

我国金属矿产资源具有如下特点:

(1)资源总量丰富,重点资源相对短缺,人均占有量少。我国金属资源总量丰富。已查明的金属储量约占世界的12%,其潜在的价值居世界第3位,仅次于美国和俄罗斯。其中,铜储量居世界第7位;铝储量居世界第6位;镍居世界第9位;铅居世界第4位;锌居世界第1位;锡居世界第2位。另外,我国钨、锑、铼、钛、铂、锡、钒、锌、稀土等矿床规模大,矿石品位佳,储量及生产量在世界上占有重要地位,是我国具有比较优势的矿种。其中,我国钨储量占世界总储量的62.1%,人均储量约为世界人均的2.8倍;锑储量约占世界总储量的46.5%,人均储量约为世界人均的1.3倍。我国铼矿产量约占世界总产量的97.6%,钨矿产量约占世界的87.0%。

但是,我国金属资源的结构性矛盾较为突出。例如,我国钨、锡、锑、稀土等储量在世界上名列前茅,而且富矿多、质量好,但人类的生产生活对这些矿种的需求量比较有限,而国民经济建设需要的重点矿种如铜、铝、镍等,相对于其巨大的需求量来说,我国储量却明显不足(铜、铝、镍储量分别约占世界的5.4%、2.8%和1.7%),且人均约占有量低(铜、铝、镍人均储量分别约占世界的18.7%、11.7%和20.61%),供需缺口大,对外依存度高,属于我国短缺或急缺矿产。另外,我国金属资源储量总量虽大,但由于人口众多,人均占有资源量仅约为世界占有量的52%,居世界第53位。

(2)富矿优质矿少,贫矿较多。中国金属矿床数量很多,但从总体上讲贫矿多,富矿少。我国铜矿的平均品位约为0.87%,远低于世界其他主要产铜国家;我国品位大于2%的铜矿仅约占总资源储量的6.4%,品位大于1%的铜矿约占总资源储量的25.9%,但其中大型的铜矿资源仅约占总资源的13.2%。我国品位在8%~10%的铅锌富矿储量约占总储量的17.2%。我国96%以上的铝土矿属水硬铝石型矿石,具高铝、高硅、低铁、低铝硅比特点,铝硅比值大于7的矿石储量约占总储量的30.6%,而铝硅比在10以上的高铝富矿储量仅占总储量的9%左右。我国铜原矿和锡原矿的选矿品位约为0.65%,锑原矿约为1.02%,汞原矿约为0.42%,钨原矿约为0.38%,而钼原矿甚至仅约为0.13%。这些特点增大了矿山的开发利用难度,也极大地增加了矿山建设的投资和生产经营成本。

(3)中小型矿床多,大型矿床较少。我国已发现的铜矿产地有900多个,其中大型矿床仅约占2.9%,中型矿床约占8.7%,小型矿床约占88.4%。我国储量在2000万吨以上的大型铝土矿床只占矿产地总数的10%左右,迄今尚未发现达亿吨以上的铝土矿床。其他金属矿产矿山更是以小型地下矿开采居多,大型露天开采少。

(4)单一矿少,共伴生矿多。我国80%左右的有色矿床中都有共伴生元素,其中尤以铝、铜、铅、锌矿产居多。例如,在铜矿资源中,单一型铜矿只约占27.1%,而综合型的共伴生铜矿约占了72.8%;在铅矿资源中,单一铅矿床约占4.5%,以铅为主的矿床约占27.7%;在锌矿产资源中,以锌为主和单一锌矿床所占比例相对较大,占总资源储量的60.45%,但矿石类型复杂,而且不少矿石嵌布粒度细,结构构造复杂。

资源贫、细、杂的特点加大了选冶加工的难度。关于我国选矿回收率,铜矿约为87.5%,铅矿约为86.52%,锌矿约为87.89%,镍矿约为84.06%,锡矿约为66.01%,锑矿约为83.58%,比国际水平低10%左右;已进行综合利用的矿山平均资源综合利用率仅约为20%,2/3具有共生、伴生有用组分的矿山,尚未开展综合利用;尾矿利用才刚刚开始,仅达10%左右,而国外先进水平都在50%以上。

(5)分布范围广,区域不均衡。中国金属资源分布范围很广,各省、市、自治区均有产出,但区域间不均衡。分品种看,我国铜矿主要集中在长江中下游、赣东北、西北和西南地区;铝土矿主要分布在山西、河南、广西、贵州地区;铅锌矿主要分布在华南的广西、湖南、广东、江西和西部的云南、内蒙古、甘肃、陕西、青海等地区;钨矿大多分布在江西、湖南、广西、云南和广东等地区;锡矿和锑矿主要分布在湖南、云南、广西等地区。分地区看,我国东部地区的铜储量只约占全国总量的7.7%,铝土矿约占19.7%;中部地区拥有丰富的金属矿产资源:铝土矿保有储量约占全国的 61%,铜矿保有储量约占全国的 47%,稀土矿保有储量约占全国的 98%;中部地区还拥有一批重要的原材料工业基地:包头、武汉、马鞍山、太原等钢铁基地,山西铝基地,江西、湖南、安徽铜基地等;西部地区的金属储量丰富,铬铁矿储量约占全国的 73%,钢、铅约占 41%,锌约占 44%,镍约占 88%。我国新探明的资源大都在开发条件差或边远地区,因而,我国金属资源开发正逐步从东北、中部地区向中西部地区以及内蒙古自治区转移。

2.3 我国金属资源生产和消费

2.3.1 金属资源生产

我国是世界金属生产大国,近年我国产量常年位列世界首位。按金属品种分类,我国电解铝产量约占世界产量的 24.5%,连续 5 年位列世界第 1;铅产量约占世界产量的 32.7%,连续 5 年位列世界第 1;锌产量约占世界产量的 27.0%,连续 10 年位列世界第 1;锡产量约占世界产量的 34.42%,位列世界第 1;锑产量约占世界产量的 86.8%,位列世界第 1;镁产量约占世界产量的 69.49%,连续 6 年位列世界第 1;矿山钨产量约占世界产量的 79.7%,值列世界第 1;稀土产量约占世界产量的 85%,位列世界第 1;铜产量约占世界产量的 15.6%,仅次于智利,连续 5 年位列世界第 2;钢产量近年达到世界第 1。

可以说,中国金属工业的生产支撑了我国国民经济及其相关部门的发展,形成了我国金属产品的供应系统,为新中国的经济建设做出了巨大贡献。

2.3.2 金属资源消费

作为全球经济增长最快的国家之一,我国已经成为世界多种金属商品的主要消费国,钢、铜、铝、铅、锌、锡等常用金属的消费量常年居世界第 1 位。未来几年,我国对金属的需求将继续保持增长趋势,成为全球需求增长的主要推动力。随着工业化高速发展,国内金属市场中长期需求缺口将有所增加,金属已经成为我国继能源、铁矿石之后紧缺的基础原材料。

2.3.3 供需平衡情况

近年来,我国对矿产资源的需求正处在急速的、跳跃式的增长阶段,但部分重要品种的可持续供给储量严重不足,保证程度差,其中,钢、铝、铜等尤为突出,产量均小于消费量,供需矛盾严重,展露出需求危机。铅、锌、锡的产量大于消费量,特别是铅和锡供应过剩情形严重。

2.4 金属资源开发利用面临的问题

我国许多学者都对金属资源的供给现状做出了评价,并对目前我国金属资源开发和利用面临的主要问题做出了分析。归纳起来,目前面临的主要问题集中在探明储量增长缓慢、资源需求增长加速,资源开发利用粗放和矿山环境日趋恶化这三点上。

（1）探明储量增长缓慢、资源需求增长加速。随着经济社会的持续快速发展，在金属消费量日益剧增的同时，金属探明储量却没有得到相应幅度的提高，究其原因，主要有：

1）我国金属资源经过数百年的探寻和开发，地表及浅部资源多已被发现和利用，矿产资源的新发现向地下深部和海域延伸，利用的难度和风险性越来越大，前期投入成本越来越高；

2）长期以来实际投入矿产资源勘察开发的资金不足；

3）一些尚未开发利用的大型、超大型矿区，主要分布于西部边远地区，资源分布与国民经济生产力布局互不匹配。

在找矿难度加大和地质勘察资金投入不够的情况下，地质勘探工作不尽如人意，新增矿产资源储量缓慢，矿产品供应矛盾日益突出。由于矿产储量的年增长率缓慢，与世界矿产资源生产与消费状况相比，我国金属资源普遍存在资源消耗速度快、可用资源比例明显下降的趋势，铜、金、银、铅、锌、锡等探明储量静态可供年限较短。

但是，我国对金属资源的需求却呈快速增长趋势，我国大多数矿产品的需求量将名列世界第一。目前，我国一些矿产资源已经不能满足国内的需求，这些矿产主要是：

1）探明储量较少、国内生产量低的矿产；

2）贫矿多或难选矿多，开发利用条件较差，经济可采量较少，必须进口优质资源进行补足的矿产；

3）关系国计民生的一些用量大的支柱性重要矿产，如铜、铅、锌、铝、硫等。

这些矿产必须从国外大量进口，使得我国对国外矿产品的依存度呈显著上升趋势。

（2）资源开发利用粗放。我国对金属资源的开发利用比较粗放，主要体现在以下几点：

1）我国有色金属行业准入门槛偏低，企业规模普遍偏小，生产较粗放。我国现有大中型矿山企业仅占全国矿山企业总数的10%左右。由于企业规模小，经营过程中不变费用支出比例大，技术改造投入不足，我国金属行业普遍呈现生产粗放、生产工艺低、设备落后、产业链短的特点。同时，行业内缺乏有效的监督管理，乱采滥挖、采厚弃薄、采易弃难、共伴生矿单一开采的现象非常普遍，资源流失严重。

2）产品技术含量低。由于我国专业的高水平研发团队数量少，对产品生产工艺和加工技术缺乏创新能力，我国金属产品技术含量普遍偏低。在我国常规金属产品生产方面，无论是质量还是品种均能基本满足国民经济发展的需要，但是对于现代高技术产业或国防军工所需的高、精、尖产品，目前技术尚未过关，还需大量引进国外产品。我国富有的有色金属资源集中在小矿种上，如稀土、钴、镁、钨、钼、镓、锗、铋等等，这些矿种与当今高新技术发展紧密相连，但是由于技术限制，我们只能将其大部分加工成初级矿产品或初级冶炼产品，产品附加值极低，除少量国内市场需求外，大部分出口国外，资源优势尚未变成经济优势。以钼产品为例，我国是钼精矿、氧化钼和钼铁等初级钼冶炼产品的出口大国，但由于产品附加值低兼大量出口，其价格一度低廉到令欧盟针对我国出口钼铁开征倾销税，与此同时，钼化工、钼电极、钼坩埚等钼品深加工产品的品种和质量与国外相比差距较大，要靠进口满足高端需求。

3）在产业结构上，采选、冶炼和加工结构明显失调，结构性矛盾突出。多数金属品种都面临加工能力大于冶炼能力、冶炼能力大于精矿保障能力的难题。与此同时，不顾资源和外部条件,很多冶炼和加工企业还在盲目扩建,使未来资源难以保证的矛盾更加突出。

4)资源综合利用水平低,循环利用力度弱。由于我国矿产共伴生矿产多、低品位贫矿丰富的特点,企业只针对矿石中的主要矿种进行开采的现象普遍存在。我国金属行业废水、废气、废渣和余热的利用率低,大量具有回收利用价值的宝贵资源被浪费。

(3)矿山环境日趋恶化。矿产资源的开发利用一方面带来巨大经济效益,另一方面又加重了对矿区周围生态环境的污染和破坏。金属工业作为高能耗、高污染行业,在采、选、冶、加工各工序均产生较多的生态环境问题。

生产污染对生态环境造成的破坏要花费大量人力、物力、财力与时间才能恢复,而且很难回到原有的水平。我国多年来重开发、轻治理,导致资源开发与生态环境保护之间的矛盾日趋尖锐。

2.5 金属矿山行业影响因素分析

2.5.1 金属矿山行业发展受宏观经济的影响

金属行业是国民经济发展的基础产业,航空、航天、汽车、机械、电力、通信、建筑、家电等绝大部分行业都以金属材料为生产基础,金属行业的发展与国民经济的发展密切相关,因此金属消费受国民经济景气程度的影响,其行业的发展情况随宏观经济波动呈现出相应的周期性变动规律。

近几年来,全球经济增长在影响金属相关行业发展的同时,也加大了对金属行业的需求,从而有力地推动了行业的增长;同时,随着我国工业化、城市化进程的加快和我国日益成为世界制造业重要基地,金属市场需求得到增加。在可以预见的未来,我国金属工业将在较长一段时间内保持快速发展。

2.5.2 金属矿山行业受相关法律、政策的影响

作为高耗能和资源型行业,金属行业近年来成为国家宏观调控的重点,不但有各种法律来约束企业,各种规章制度也时有出台,对金属投资、开采、生产、消费、贸易等各方面产生了深远影响。

(1)产业政策。最近几年,国家陆续出台了一系列对金属工业发展具有重要指导意义的政策,主要目的是为了规定行业准入条件,规范行业秩序,遏制高耗能行业的盲目扩张,推进产业结构调整,淘汰落后产能以及鼓励企业节能减排,发展循环经济等。目前,国家政策逐步趋向于对金属的节约型开发利用,近年来连续制定有关政策,全方位对金属工业的发展采取宏观调控,在一定程度上保障了金属持续、健康发展,同时推动了全球金属价格上涨和我国金属工业企业效益好转,并促进了国内金属工业的产业结构调整。

(2)进出口政策。进出口政策主要是通过政策的变化来影响进出口商品的价格,从而影响企业的生产经营,进而达到控制行业发展方向或调节国内外供需平衡的目的。近几年来,对金属产品出口从鼓励转变为严格控制,即原来的出口退税率逐渐降低,最后取消,有些品种加收出口关税,其目的主要是为了减少相关产品的出口,增加资源的进口,从而实现节能降耗和污染减排。

（3）环保政策。金属行业从矿石采选到冶炼都是高污染行业,环保政策对金属行业的投资、生产和消费都会产生直接影响。目前大多数行业准入条件都规定了项目投资必须符合环保等方面的法律、法规。特别是随着近两年节能减排的工作力度加大,企业环保费用支出将进一步增加。

（4）利率和汇率政策。电、煤以及焦炭价格利率政策对金属行业投资影响较大,利率变化会影响行业的融资难度,进而影响投资成本以及行业利润空间。汇率政策的变化对金属进出口企业的影响较大,人民币汇率的变化会影响进口原材料的费用和出口产品的竞争力。近两年人民币的大幅升值,对金属行业产生了深远的影响,虽然减少了国内金属的短期出口,但对金属产业升级和集中度提升长期利好。

2.5.3 成本因素

对于行业来说,成本是影响行业利润及行业发展的重要因素,一般来说,降低成本是保证行业竞争力的关键。对于金属行业,原料价格、能源价格以及劳动力成本是影响产品成本的重要因素。

（1）原料价格。对于金属的生产来说,原材料都是生产成本中的重要组成部分。近年来,金属的上游原材料价格的上涨,给中游的冶炼及加工行业带来了成本增长的压力,使得其在行业定价方面缺乏话语权,行业成本不能得到有效控制。在此背景下,金属企业只有延伸产业链,获取矿产资源才能有效地控制成本,提高企业的风险抵抗能力,确保企业的稳定发展。

（2）能源价格。作为高能耗行业,能源价格对金属行业的影响也非常显著。金属矿采选、冶炼及压延加工阶段都需要消耗大量能源,特别是对冶炼企业,能源价格是影响金属生产成本的重要因素。而电力供应不足以及能源价格上涨成为金属生产开工率不足和成本上升的重要原因之一。

（3）劳动力成本。和大多数行业一样,劳动力成本也是影响金属行业成本的重要因素。近年来,国内的工资水平明显上涨,不仅仅是管理人员的工资水平大幅上涨,一般的工人工资水平也显著上涨,劳动力成本的提高使得我国竞争优势在一定程度上有所降低。

2.6 我国金属行业发展中存在的问题

近年来,我国金属行业面临着较好的市场环境,保持着良好的发展态势,产量、投资、收入持续增长。但是,在行业快速发展的背景下,也存在一些问题值得探讨和研究。

（1）产能过剩,供需严重失衡。由于金属价格出现上涨趋势,受利益驱动,加之进入门槛较低,铜、铝、铅、锌等冶炼能力急速扩张,在建和拟建项目规模已经大大超出了实际需求。

（2）产业集中度低,企业生产经营秩序混乱。由于矿产资源勘察开发和监管中存在着一些深层次的问题未得到根本解决,我国重要战略原材料的生产经营秩序日渐混乱,一些单位、个人、地方为了局部利益,乱采滥挖侵占金属资源,企业呈现"小、散、乱"的特点。小型企业由于规模小、装备落后、用人多、作业条件差、劳动强度大、分散在各个角落、管理难度大,不利于当地综合治理,而且小型企业"三废"治理不完善,对周围环境造成危害。

金属行业属于规模效益比较明显的行业,我国虽然有中国铝业、中国五矿等一些大型企业,但从总体上看,铅锌等行业产业集中度比较低,企业规模仍然偏小,使得企业抗风险能力相对较弱,无法发挥生产规模、资金实力、科技开发投入、市场控制能力等方面的优势,造成企业整体竞争能力不强。国内虽然有数量众多的金属企业,但其很难发展成具有国际竞争力的金属企业。

(3)行业投资不断增加,投资结构有待优化。随着金属价格的不断攀升,金属工业效益大为好转,金属工业再度成为投资的热点,追求投资的高回报吸引众多其他行业的资金进入金属工业领域。尽管国家持续的宏观管理措施已经使金属固定资产投资增长速度减慢,但是投资规模总体来说还是居高不下。

金属深加工业一直是我国金属工业的薄弱环节,由于加工技术水准不高和消费应用领域较少,我国钨、锡、锑等产品的高科技含量和附加值相对较低,行业生产的产品仍以初级产品为主,深加工产品少。以钨产品为例,我国钨深加工产品在品种规格、质量、档次、应用方面都难与国外先进国家抗衡,我国每年生产的钨冶炼产品除大量出口外,有相当一部分用于硬质合金生产,精深加工产品很少。我国锑产品以精炼锑为主,深加工产品比重不到15%,出口产品仍然绝大部分是初级产品。近年来金属工业投资的重点仍以冶炼业为主,进一步加大了产业结构调整的难度。所以,促进产业结构升级,生产更多的高附加值产品,努力改善产品结构还任重道远。

(4)部分商品进口依存度较高,行业风险加大。受地理条件所限,没有任何一个国家可以建立完全封闭、自给自足的金属矿产生产和供应体系。对于部分金属品种如铜、镍、铅、锌等中国资源可供性差,但世界范围内这些资源的供应相对充足,通过进口补足部分国内供应缺口是有效途径。但是随着我国需求的不断增加,部分商品的供需缺口不断增大,对外依存度不断提高。同时由于冶炼能力大大超过矿山保障能力,矿产的供应远远不能满足冶炼生产的需要。尽管国家提高了勘探、找矿的重视程度,现有矿山加大产量,但潜力有限,产量增长速度仍落后于冶炼工业的增长速度。从目前我国铅锌工业现状和发展以及进口原料增长趋势来分析,原料短缺的矛盾不可能在短期内得到解决,矿山原料的对外依存度还会进一步上升。

为了解决原材料的供应问题,我国每年都要进口大量的原材料,使得国际金属价格的变动对我国经济的影响也不断加大。从这些年的贸易现实看,我国进出口贸易中的"高买低卖"给国民经济造成了重大损失,加大了经济增长的成本,给经济安全运行带来了隐患,加大了行业的风险,并因此成为值得关注的重要问题。因为金属是重要的战略资源,是发展高新技术和信息产业的基础材料,发达国家纷纷制定相应政策对该类资源进行保护,这也加大了我国行业运行的风险。

(5)出口贸易秩序混乱,行业议价能力较弱。出口贸易秩序混乱最直接的表现之一是低价竞销问题,金属行业企业出口低价竞销可以说和其他行业有着相似的原因,既有市场经济发展不充分的问题,也有出口产品国际竞争力不强等问题。过去一段时间以来,随着出口规模的迅速扩大,部分初级产品也出现了"增量不增价"的现象。

由于我国很多产品在出口贸易中长期以来存在多头对外的情况,行业议价能力较弱,国外进口商往往具有较强的买方垄断势力,其对价格的影响力较之我国出口企业更强,这也是我国金属产品的出口价格长期得不到提升的重要原因。目前,大多数国家在法律框架内对出口价格实施管理和协调,并进一步强化有关行业协会的监督职能,以实现营造公平竞争环境和维护市场秩序的目的。

(6)金属矿山发展面临的现实问题。具体来说,表现在如下几个方面:

1)一大批金属矿山,经过长期大规模开发,已探明的浅部矿产逐渐枯竭,开采条件大大恶化。大型露天矿在逐年减少,不少矿山已开采到临界深度,面临关闭或转向地下开采;约占矿山总数90%的地下矿山,有2/5～3/5正陆续向深部开采过渡。

2)开采品位下降,采掘工程量急剧上升,废弃物处理量大幅度增加。

3)机械化装备水平及配套程度不高,严重制约矿山生产规模和劳动生产率的提高。

4)安全与环保压力增大,主要体现在:回采过程中的顶板安全控制措施不足;大水矿山超前探水工作缺乏,存在突水隐患;尾矿库维护不当,隐患较大;大量采空区未进行处理;露天坑复垦力度较小等。

5)资源综合利用率不高。我国大多数金属矿山除主产元素外,还伴生和共生许多有用元素,受选矿技术水平限制,不能得到充分回收。

2.7 金属矿山安全与环境前瞻性研究的意义

金属作为一种不可再生的基础材料,其生产与供应直接关系到国民经济的正常运行和人民群众的日常生活。同时,作为一种重要的战略物资,金属在国防安全和经济安全方面有着特殊的意义。因此,金属行业的持续健康发展直接影响到一个国家的经济增长速度和质量,对经济安全、国防安全和社会稳定发展有着十分重大的影响。

(1)对我国经济发展具有重要的战略意义。金属用途广泛,是国民经济发展和国防建设中必不可少的原材料。金属行业与其他行业的产业关联度高,在国民经济中发挥着重要作用。金属行业不仅是工业化国家快速发展的支柱性产业,也是处于工业化进程中的国家大力发展的行业。金属行业对国民经济的直接和间接贡献是巨大的,也是多种多样的,有些贡献难以用具体数量表示。一般将金属行业的经济效益分为两类,一类是作为工业经营活动而直接产生的一次效应,包括收入和利润、外汇、就业、地区性发展和基础设施建设;另一类是由金属行业与其他行业的联系而产生的二次效应,它是由金属行业的直接经济贡献,通过国民经济进行循环,在整个经济体系中进行联动所产生的。这种联动效应将金属行业对国民经济和社会稳定所做的贡献在影响范围、影响深度和影响规模上进一步扩大。

随着我国全面建设小康社会步伐的加快,工业化与城市化进程的不断加速,社会消费结构水平逐渐升级,我国对铜、铝等许多大宗金属商品的消费需求也加速增长,因此金属资源的可持续供应问题和金属行业的可持续发展问题已经成为严重制约我国经济可持续发展的瓶颈,是我国亟须进一步研究和加以解决的战略问题,金属行业发展战略研究对我国经济可持续发展具有重要的战略意义。

(2)对我国社会稳定具有一定的现实意义。金属行业不仅是我国经济稳定快速发展的坚实基础,也是人民生活水平不断提高、实现全面小康社会的重要基石。首先,我国金属行业的快速发展为解决劳动力就业和社会稳定做出了重要贡献,这突出表现在:金属资源开发和产品加工与深加工在增强国家和地方政府基础设施建设的同时,还能提供更多的就业岗位;金属资源开发可为国民经济发展和社会稳定带来多种联动效益,并创造更多的就业机会和间接社会贡献。其次,金属行业的可持续发展为国家增添了总体经济实力,并增强了国家安全,是维护国防安全、资源安全、环境安全等国家安全层面的战略性产业,成为社会主义社会和谐发展的基本保证。因此,研究如何促进金属行业的可持续健康发展,以保障经济持续发展和社会持续稳定,具有重大的社会现实意义。

(3)对我国政府制定金属行业发展规划具有重要的参考价值。目前,我国已进入工业化中期,工业化、城市化建设速度大大加快。在全球经济一体化的大潮之下,国际分工发生着迅速的变化。发达国家一部分制造业向我国转移,我国的能源和金属资源消费迅速增长,价格不断攀升,这些因素推动着金属工业的快速发展。其间,一部分投资者对金属的资源状况和能源状况估计不足,对金属行业上、中、下游的发展趋势和利润分布情况缺少分析,出现了重冶炼、加工,轻能源、资源的倾向。因此,在现阶段,如何推动金属行业的产业结构调整,促进产业升级,限制高耗能、高污染物排放以及资源类产品的盲目发展和出口,抑制金属产能盲目扩张,兼用经济、法律、行政的手段引导金属行业持续、稳定、协调、健康地发展成为我国相关管理部门的工作重点。

对我国金属资源利用状况和金属行业发展状况进行了系统、科学的研究,并将其纳入资源与经济全球化背景,结合国内金属市场和国际金属市场的分析,运用多种理论与方法,揭示目前我国金属行业发展中存在的问题,并从金属综合利用、金属战略储备、金属企业海外投资和提升金属商品国际市场定价权能力四个角度出发,提出我国金属行业可持续发展的政策建议,对于我国政府制定金属行业的可持续发展战略规划具有重要的参考价值。

(4)对金属矿山企业发展具有一定的指导意义。在经济全球化和产业国际化的推动下,随着海外金属企业境内投资和我国金属企业海外投资活动的不断深入,我国金属行业在资源配置、技术升级和市场拓展方面均面临着巨大的挑战和机遇,我国金属企业将会面临风险加大、竞争加剧、环境与社会成本增加等诸多问题。面对国际金属行业激烈的市场竞争以及日益严格的环境保护要求,我国金属企业必须在战略发展和竞争战略方面进行重新定位。因此,我国金属企业如何发展,成为企业管理部门以及政府机构关注的重要问题。

对金属行业的系统研究提出合理的产业发展战略,对金属企业的发展和相关投资者的决策具有一定指导意义,有利于金属企业尽快利用自身优势,从全球获取加快自身发展所需的生产要素和战略资源,降低自身面临的风险,从而有利于提高企业竞争力。

3 金属矿山发展现状和安全与环境问题

第 2 章综述了我国金属矿资源开发概况。本章进一步综合分析我国过去一段时期内金属矿山的科技发展和安全与环境的问题,这样开展我国金属矿山安全与环境科技的前瞻研究,才更加切合实际和满足我国金属矿山安全与环境科技发展的需要。

3.1 金属矿山科技发展现状

3.1.1 近年我国采矿科技取得的一些典型进展

近年我国金属矿山科技发展主要体现在:

(1) 露天铁矿山推广应用了一大批已为实践证明行之有效的先进技术,加快了装备大型化进程,使重点露天矿山的工人劳动生产率达到平均 1.8 万吨/(人·a)。

(2) 坑采铁矿山,大力推广加大无底柱分段崩落采矿法采场结构参数新工艺,开发复杂难采矿体开采工艺技术装备、露天地下联合开采技术,完善配套主体采掘设备和辅助设备,使重点地下矿山企业的工人劳动生产率平均超过 1800 t/(人·a)。

(3) 坑采锰矿等矿山,坚持使用和掌握了已经试验证明有效的采矿新工艺、新技术,在保证安全生产的前提下使采矿强度、回采率和企业效益有较大提高,开采技术水平在总体上有明显提高。

(4) 在工业富水矿床、松软破碎等复杂矿床、露天矿床及矿转地下的安全高效开采、联合运输工艺系统完善优化和大倾角运输机工业样机的研制等方面取得了显著成果。

(5) 装备大型化、自动化水平有较大提高。

(6) 海洋开采设备研究取得了一些进展。

(7) 采矿技术明显实现高效化和实用化。

(8) 无(低)废开采技术最大限度地降低了废物采出量或是采出的废物得到了充分利用。

(9) 矿山的数字化和智能化采矿在一些矿山初步得以实现。

中国采矿技术在许多方面已经接近或达到了国际先进水平,差距主要体现在资源效率低、资源损失严重、设备大型化、自动化程度不够和软科学技术在矿山的应用不够等方面。这是制约中国采矿进步的关键技术因素。仅靠引进不能从根本上解决中国矿山现存的问题,只有加大科技投入,着眼于自主创新和自身实力的增强,充分利用后发优势,才能实现矿山行业跨越式发展。

3.1.2 我国采矿技术的发展方向和趋势

随着我国基础设施及国民经济的全面发展,国民经济对矿产资源的需求日趋增长,近年来,矿产资源的消耗迅猛增长。在国内,开采条件好、品位较高的矿床都在开采之中并进入后期,而矿石品位低、水文条件复杂、上部有水源(流沙层)、建筑物、主要运输干线("三下"矿床)、主矿体开采后的残留体(包括民采后空区间矿体)以及无底柱采矿法的顶板崩落控制技术等复杂难采矿床的开采逐步得到重视,但这类矿山的开采成本及资源利用效果很不理想,造成原本紧张的资源被乱采乱挖,并造成各种事故的经常发生。

纵观我国地下采矿技术现状,结合我国的采矿技术条件,今后一段时间内以下方面的科学研究将显得非常重要:

(1)厚大第四系流沙含水层和大水矿床开采综合技术研究。据不完全统计,我国厚大第四系岩层、流沙含水层和大水矿床等类型的铁矿资源量有数十亿吨。该类矿床的开采,需要通过系统研究解决岩层变形与控制、岩层塌陷对地表建(构)筑物的破坏、采矿方法和地下水治理等问题。在不破坏开采环境的前提下,实现该类矿床的安全、高效的开采。

(2)松软破碎矿床综合开采技术研究。属于矿岩松软破碎及其他工程地质环境复杂矿体的铁矿资源量有十多亿吨。该类矿床在开采过程中所产生的地压灾害、岩层控制、巷道维护、采矿方法、采空区处理及地表设施保护等均是有待解决的技术问题。所以需要通过开展技术研究,寻求合适的矿床开采方法和工艺,最终实现安全开采的目标。

(3)地下残留矿体开采综合技术研究。由于民采企业的大量进入,无序开采的情况相当严重,不仅抢占大量的国家矿产资源,而且严重破坏和浪费矿产资源,遗留了大量的残留矿体;属于残髓矿体(民采残留和境界外矿体等)的铁矿资源量有数亿吨,该类矿床在开采过程中存在地压灾害、岩层控制、巷道维护、采矿方法、采空区处理等技术问题,需要通过系统的研究加以解决,充分回收有限的矿产资源。

(4)深部矿床综合开采技术研究。深部矿床开采在一些矿山已经开展了部分试验研究工作,并在采矿方法、充填工艺、地压监测与控制等方面取得了阶段性成果,但与之相配套的深部矿床综合开采技术尚需进一步通过研究加以形成。

(5)继续开展地下金属矿山无废(少废)开采技术研究。随着国内地下金属矿山进入无废(少废)开采的增多,其他类型的开采条件都会不断出现,新的问题还会不断涌现,所以要在已经取得的地下金属矿山无废(少废)开采经验的基础上,加大科研力度,最终形成适合国情的地下金属矿山无废(少废)开采配套技术。

(6)地下空间改建尾矿库技术研究。开展地下空间改建尾矿库技术研究,将地下采空区、地表塌陷坑等场所改建尾矿库,可节约大量的尾矿建库经费,为矿山实现无尾排放创造条件,同时根除采空区、塌陷坑给矿山开采带来的隐患。开展"空区的稳定性评价"、"空区改建尾矿库后对周围环境的影响"、"尾矿输送浓度与井下排水经营费用"、"井下空区封闭技术"等课题的研究,最终消除由于空区存在而引发的各种地质灾害,同时也在一定程度上解决尾矿地面堆放、建库经营费用巨大、占用大量农田或山坡地的问题。

(7)数字矿山综合技术研究。数字矿山是数字地球在矿山开发中的应用。通过整合已有的矿山信息资源,建立数字化矿山。开展数字矿山综合技术研究的主要研究内容包括:

1)以三维坐标为主线,将矿山信息构建成一个矿山信息模型;

2)使矿山经营者、设计和管理人员可以快速、准确充分和完整地了解及利用矿山的

各方面信息;

3）以矿山信息为基础,利用虚拟现实技术建立虚拟矿山,预测矿山未来,利用GPS、传感技术、数字通信技术,实现对设备的实时控制和调度,利用数字化矿山中的人事、财务和营销管理信息,实现对矿山人流、物流和资金流的控制和优化,最终实现我国的数字矿山综合技术。

（8）极贫矿体安全开采综合技术研究。国内金属矿山存在相当数量的极贫矿体尚未开发利用,随着国内采矿与选矿技术的不断进步,以及对原材料资源的需求不断增加,势必涉及极贫矿体的开采问题。通过分析选矿入选边界品位,结合极贫矿体开采特点(包括境界外和深部),以国内技术现状调研、计算机模拟分析、经济技术评价分析和现场工业试验的研究方法开展研究。

（9）矿山开采装备和技术经济指标有待全面达到21世纪国际先进水平。

（10）矿山生态环境保护及金属矿山地质灾害控制技术有待达到国际先进水平。

（11）深海区域蕴藏着丰富的矿产资源,包括多金属结核、热液多金属硫化物和富钴结壳的开发。我国深水海域油气和矿产资源勘探研究尚处于初级阶段,关键是缺乏具有自主知识产权的资源评价体系及勘探和开发技术。

3.1.3 金属矿山科技发展的一般策略

落实科学发展观,坚持走新型工业化道路,保证战略储备,实现资源－经济－环境协调发展,分层次建立不同水平的发展目标,为实现矿业可持续发展提供技术支撑,是我国金属矿山科技发展应遵循的基本原则。按照资源增效理论,资源在经济活动中的增效是科技进步的中心环节。要依靠科技进步和市场调节实现合理利用资源,降低生产成本,保护生态环境,同时对不同类型的矿山采用不同的科技战略。大中型骨干矿山应在以高新技术改造传统产业上有所突破。主要表现在扩大生产规模,缩小综合差距;依靠机械化、自动化、信息化提高劳动生产率,特别是井下工人的劳动生产率,使之接近国际水平;克服无效和错位管理,实现科学管理,进一步提高企业经济效益。例如,对服务年限较长的一般矿山,可逐步扩大无轨和液压设备的应用范围;推广高效率采矿方法和先进的工艺技术,降低成本,与下游企业联合、合并,提高竞争力,以达到国际水平为目标,推动矿山科技进步。对于资源危机型矿山,可按照优惠政策吸引资金,加强周边及深部勘探,争取延长矿山寿命。大量小型矿山在相当长的时期内仍不可避免地要肩负劳动就业和扶持贫困地区脱贫致富的重任,对这些矿山科技进步应以安全生产、提高资源回采率为主要目标。同时鼓励走股份制联合办矿的道路,以利于发挥科技对生产的推动作用。

3.1.4 金属矿山科技发展重点领域

金属矿山科技发展重点领域有:

（1）低品位矿床的经济开采技术。对于地下矿,因地制宜地创造不同采矿方法的变形方案,永远是科研工作的重要课题。鉴于我国大宗金属矿产资源都属于紧缺或劣质资源,还保有大量的铜铁边际经济储量和大量的低品位一水硬铝石资源量未能利用,因此对低成本自然崩落采矿法和低成本充填采矿法的研究和推广应用,原地溶浸采矿技术的探索,规模化露天开采与下游湿法冶金工艺的集成等课题开展研究将具有更为重要的意义。

（2）复杂难采矿床的综合开采技术。主要指深井采矿和大水矿床的开采。深井采矿除地热问题外，还有高应力区岩爆、高应力区岩石软弱破碎以及高提升成本等问题；开采这类矿床的采矿方法和巷道支护有很大的不同。对于大水矿床能否采用水力提升，甚至是否适于将选矿厂也设在地下，这些都是值得研究的理论和工程相结合的重要课题。

（3）无废开采技术。重点是指消除尾矿库和废石场的综合技术，包括强化有用矿物（含非金属矿物）的综合利用技术、固体废料资源化技术、固体废料充填技术、原地溶浸采矿也属于无废开采技术、矿山废气废水达标治理技术等。

（4）矿山生态和环境控制技术。并不是所有矿山都能实现无废开采，对于不能实现无废开采的矿山，应当重点研究其生态和环境的保护和恢复技术，包括尾矿库、废石场适时复垦技术，防止地表塌陷的保护性开采技术，露天坑生态恢复技术，以及尾矿干堆技术等重要课题。

（5）金属矿山数字化和矿井无人化技术。矿山的高度自动化、智能化、信息化有利于实现矿井无人的远程遥控采矿。数字化技术是用信息技术改造传统矿业产业的最高体现，是一个发展方向，是采矿工作者追求的最理想境界。根据我国的现实情况，这需要不同领域、不同学科的专家、学者和技术工人经过很长时间的努力才有可能实现。但目前仍然可以而且也应当分阶段开展许多基础性的研究工作。为满足众多一般性矿山实现无轨化和液压化的需求，应当集中优势资源创立主体采掘设备品牌产品，攻克这些设备的远程遥控技术、矿山信息采集及智能化处理技术、井下多媒体无线传输及通信技术、突发事故预警技术支持等，以及进行数字矿山和物联网示范工程的建设研究。

（6）矿山安全技术研究。重视矿山安全是落实以人为本的理念的重要体现，是技术科学与管理科学相结合的产物。这方面需要研究的重点课题包括矿山数字化动态实时安全监控系统研究、安全预警系统研究、重大灾害防治技术研究等。

（7）矿山生态和环境状况评价。有色矿山对生态和环境的影响主要表现在废石、尾矿等固体废料的堆放占用大量土地；露天坑和地下开采的塌陷区破坏地表植被和景观。我国已有一些尾矿库进行了复垦，有少量矿山在废料资源化方面也做了卓有成效的工作。但是从整体上看，矿山开采仍然使生态和环境状况日趋恶化，特别是一些小型矿山的乱采滥挖和尾矿的任意排放，与矿业发达国家相比存在着很大的差距。

（8）海洋开采。近年来，中国等国家经济的快速发展加大了全球对矿产资源的需求，另外，深海石油开采、大洋钻探及相关技术也得到了长足的发展，这些都使得深海矿产资源的开发再度成为被关注的热点。

目前，美国已完成多金属结核海上系统试验，已经完全掌握了多金属开采所需的系统技术、装备制造技术和大项目组织管理的经验。我国目前主要是跟踪新技术在海洋开采中的应用，以及按照国际金属价格市场的变化和新技术的应用评价海洋开采的技术经济性，在系统技术和关键技术方面以及对开展海洋开采技术认识方面都有所创新，充分认识到了深海采矿的复杂性和存在的困难，现阶段主要加强实验室的建设和研究工作。

（9）太空开采。地质学家长期以来一直推测，岩石中所含的稀有金属不可能来自于地球内部的任何自然过程。研究中，他们推测大量来自外空的物质，是目前地球表壳中含有的各种稀有金属的来源。科学家表示，这种外太空学说还可解释为何目前在地球上有氢、碳、磷等产生生命的必需物质，这些物质在地球最初形成的极端环境中肯定不可能存在下来。科学家暗示,这些物质可能也是地球形成后的天外来客。为获得更多的稀有金属,人类可能需要从外太空获得。不过,太空采矿可能还要从月球上获得有用矿物的梦想开始。

3.2　金属矿山装备发展现状

3.2.1　发展金属矿山采矿装备的意义

近年来发达国家的采矿设备发展迅猛,新产品、新技术不断涌现。回顾采矿历史,生产率的快速增长主要是由设备的进步而产生的。在过去的30多年里,采矿机械化程度得到快速发展,极大地改变了采矿方法和工艺,推动了采矿技术的发展。在地下开采矿山,依靠大孔径的潜孔钻机、牙轮钻机和凿岩台车、铲运机和装载机、井下矿用汽车、装药机械和锚杆台车等辅助采矿机械,使VCR采矿法、高分段崩落采矿法、自然崩落采矿法、水平和缓倾斜厚大矿体的房柱法等高效采矿方法及工艺相继诞生。采矿装备进步还极大地改变了充填采矿方法和工艺的面貌,大幅度提高了充填采矿法的生产效率,扩大了应用范围,也创造了许多充填采矿方法的变形方法,例如块石胶结充填采矿方法、膏体胶结充填采矿方法和高浓度全尾砂胶结充填采矿方法等。与此同时,采矿装备的进步还使一些以前无法开采或难以开采的复杂难采矿体得到有效开采和利用。近30年来,地下矿山依靠装备进步,使生产效率提高了3～5倍或更高。目前,人们又在努力研制和开发适合连续开采的采矿装备,以期进一步提高采矿效率。革新采矿装备是企业保证质量、降低成本、提高效益的关键。

3.2.2　我国地下金属矿山采矿装备发展现状

我国地下金属矿山采矿装备发展现状如下:

(1)大部分有色金属地下矿山采矿装备水平偏低。据调查,我国矿山中采矿装备水平都普遍偏低,而且大多数矿山的采矿装备远远落后于世界先进水平。有色金属产量大省——辽宁的许多地下矿山基本上还是20世纪50～60年代的设备。占全国钨产量2/3的地方钨矿山所用的设备几乎是国内落后或一般水平的设备。广西有色矿山效益、产量比较突出,但其装备水平仍然很低,国内先进水平的设备还不足20%,大量的设备都是国内一般水平的设备,还有30%属于被淘汰的设备。中央直属矿山的装备水平大多也比较低。但金川镍矿、凡口铅锌矿、安庆铜矿等矿山的装备水平远远领先于其他地下矿山,甚至在凿岩和铲装方面有些已经接近甚至达到世界先进水平。

(2)地下金属矿山装备国产化水平低。从20世纪70年代开始,特别是改革开放以来,我国陆续从国外引进铲运机以及其他无轨采矿设备,并将其主要应用在国内少数大型骨干金属矿山,形成了以铲运机为核心的地下无轨采矿方法,它们的装备与国外先进矿山基本相同,很多已接近国际20世纪90年代的先进水平。这些设备在生产中发挥了很大的作用,但是这些设备已经使用了很多年,而且又没有国产化的备件、整机补充。另外,完全依靠进口设备实现机械化开采,因其进口设备价格昂贵,是国产设备价格的3倍,而且备件价格高,大幅度增加了矿山建设投资和生产成本,致使采矿成本居高不下,已对矿山的发展构成一大障碍。采矿装备的国产化问题已经非常突出,必须引起高度重视,否则将会使我国地下采矿装备水平与世界发达国家之间的距离进一步拉大。

（3）地下金属矿山装备生产效率低,制约采矿工艺的发展。大多数矿山采用的仍然是气动凿岩机凿岩、电耙出矿、风动或电动铲斗式装岩机装岩、普通矿车运输。在天井掘进机械方面,仍然以常规的吊罐法较为普遍,劳动强度大的普通法也占较大比重。我国地下矿山装备无论在采矿还是掘进各个方面都比较落后,直接影响就是:大多数地下矿山依然是小巷道、小采场、多分段分散作业、没有摆脱小生产的模式,繁重的体力劳动充斥井下各个生产环节;矿山生产效率低;采矿成本高,采矿环境恶劣、岩爆、塌方现象频繁,开采损失率高、部分矿山资源损失率高达 50%;井巷工程推进速度慢,在采矿过程中滞后于采矿,造成采掘失调。

3.2.3 国外地下金属矿山采矿装备发展现状

在过去 30 多年的时间里,采矿设备的遥控自动化作业技术可以说是层出不穷,相关的报道文献很多。各采矿发达国家、世界知名的采矿设备制造公司、矿山软件开发公司和矿业公司都进行或参与过这方面的研究和实践。近年来,发达国家的采矿装备发展迅猛,新产品、新技术不断涌现,地下采矿装备发展尤其迅速。

（1）装备成龙配套、高度机械化、技术成熟、可靠性高。国外先进的地下采矿装备从凿岩装药到装运,井下全部实现了机械化配套作业,各道工序无手工体力操作,无繁重体力劳动。各种类型的液压钻车、液压凿岩机、柴油或电动及遥控铲运机是极普通的基本装备,装备大型化、微型化、系列化、标准化、通用化程度高。

对于露天采矿装备,1995 年小松公司就推出了 272 t 的 930E 矿用汽车,1998 年卡特彼勒公司推出了 CAT797 型 327 t 矿用汽车。为了与大型矿用汽车配套,P&H4100 型电铲斗容已达 35 m³,4 铲就可装满一辆 327 t 级矿用汽车。59R、61R 牙轮钻机钻孔孔径已达 445 mm,轴压力达 1.8 MN(184 t)和 1.5 MN(152 t),扭矩达 20 kN·m 大于 30 kN·m。20 世纪 90 年代以来,国外露天矿大型设备单机载计算机实时监控已有了成功的应用。近年来,美国模块采矿系统公司、卡特彼勒公司借助于全球定位系统(GPS)和高性能的数据通信网络技术,先后开发了有关计算机软件,对各种设备进行自动化智能化控制管理。

国外矿山企业往往选用全球知名采矿设备专业厂家产品,如采用世界有名的采矿设备厂家阿特拉斯公司、瓦格纳公司、GHH 公司、艾姆科公司产品。这些全球知名厂家产品技术性能成熟,可靠性高,技术服务周到。

（2）装备高度无轨化、液压化、自动化。国外目前先进的采矿装备已经完全无轨化、液压化。在自动化方面已经成功引进无人驾驶、机器人作业新技术。如加拿大斯托比镍矿就一直致力于提高机械化和自动化水平,该矿矿石产量自 1990 年起,以年平均 8.7% 的速度递增,仅用 381 名矿工和 100 名维修工就使全矿每天生产出 1.5 万余吨的矿石,近年该公司又组建了由 2 台 RoboScoop 机器人铲运机和 1 台 MTT-44 型 44 t 遥控汽车组成的新型自动化运输系统。

（3）自动化智能化控制管理。采矿设备的遥控和自动控制技术提高了生产效率,降低了成本,增加了安全性,还减轻了操作人员的听力损伤,对有危险的作业具有更大优越性。现在借助于庞大完善的矿山计算机管理信息系统和各种先进的传感器、微型测距雷达、摄像导向仪器等装置,可以实现采矿设备工况和性能的监控,达到一定程度的智能化和自动化作业。加拿大许多现代矿山的绝大部分日常生产都是依靠遥控铲运机。如国际镍公司(INCO)斯托比(Stobie)矿的破碎与提升系统已经全部实现自动化作业,2 台 Wigner ST8B 铲运机、3 台 Tamrock Datasolo 1000 sixty 生产钻车、1 台 Wigner 40 t 已实现井下无人驾驶自动作业,工人在地表即可遥控操纵这些设备。此外,该国已制定出一项拟在 2050 年实现的远景规划,即将加拿大北部边远地区的一个矿山变为无人矿井,从萨得伯里通过卫星操纵矿山的所有设备。

3.2.4　我国地下金属矿山采矿装备的发展方向

我国具有悠久的采矿历史,但是一直到新中国成立初期,我国的地下矿山大多还处于人工开采阶段,采矿装备非常简陋。新中国成立以来,通过对重大采矿装备的技术攻关和对国外先进技术装备的引进改造,我国采矿装备得到了很大发展。国家将矿山的开发建设放在重要地位,并配套建设矿山设备制造厂和采矿科研、设计院所与大专院校,创立了发展我国现代采矿装备的基础。我国在采掘装备的研究开发及国产化方面做了大量的工作,取得了一定的进展,完成了一些地下矿山设备的研制。在很多设备方面,国产率得到了明显的提高。但是由于技术政策、组织管理、设计制造质量等方面的原因,采掘设备的发展受到一定影响。设备不配套难以形成生产力,国产设备质量差难以进行推广。采矿装备的发展关系着国家采矿事业的现代化,必须引起高度的重视,以缩小与世界发达国家的差距。

我国地下金属矿山采矿装备的发展方向有:

(1)加快地下采矿装备国产化步伐。针对我国采矿装备国产化率低的现实情况,必须在引进国外先进采矿装备的同时,引进他们最先进的技术和产品,在我国矿山装备现有技术的基础上,进一步实现重要设备的国产化,并对重大设备进行技术重点攻关。从世界采矿的发展方向可以看出,连续和半连续采矿设备的国产化必将成为矿山装备国产化的一个主攻方向。另外,在地下无轨采矿设备的开发研制方面,我国已经研制成功了地下铲运机系列产品和辅助车辆,今后的主要发展方向为提高这类产品的国产化率,技术性能达到国外同类产品的水平,同时提高设备可靠性和国内市场占有率。

(2)大力发展无轨地下采矿装备,提高生产效率。发展适合我国国情的地下开采百万吨级的高效大孔穿爆设备、中深孔全液压凿岩台车、铲运机、自卸汽车等地下无轨和辅助配套设备是提高矿山劳动生产率、降低成本的核心。向发达国家学习,建立以铲运机为中心,配以各种辅助车辆的无轨采矿设备及其工艺,并且将这些设备在国内地下矿山中普遍推广并加以应用。

(3)加强矿山装备的研制和开发。我国矿业目前的装备水平远远落后于技术和工艺发展的要求,面对日趋复杂的资源开采技术条件和深井开采、露天转地下开采、低品位矿床大规模采矿和无废清洁生产等技术难题,还需要通过创新装备,寻求有效的解决办法,以提高矿山采矿的效率,减少矿山采矿的经济风险。此外,矿山企业在采矿装备创新方面也有强烈的愿望和要求,迫切希望利用新设备降低成本、增强竞争能力,希望掌握先进装备的制造技术在开发国外资源上与发达国家直接竞争。因此,应该针对目前矿山企业创新系统不健全、创新能力弱、技术创新活动与经济发展不相适应的局面,采取切实可行的积极措施,充分发挥企业、研究机构和政府的积极性,加强矿山装备的研究开发,积极开展深部采矿装备的配套与自动化、"远程采矿"、"智能矿山"、无人驾驶自卸卡车和高精度GPS钻机定位和挖掘机定位系统等创新研究,以满足矿山企业提高采矿装备水平的愿望。

(4)借助信息化技术发展采矿装备。借助于信息技术的发展和全球化网络系统的形成,就能够利用更加便利的条件,以更快的速度和更低的成本利用发达国家的知识和技术,在我国一些领域进行大胆的有把握的跨越式发展。在 21 世纪,地下回采工作面将从采用铲运机和汽车这一传统间歇式矿石运输系统向采用破碎机大块物料振动运送机配套,直接向井筒运输的连续和半连续工艺系统方向发展。这种采矿工艺的变革,将给矿山企业更新采矿装备提供一条新的途径。另外,一些采矿发达国家正在极力利用遥控、无线电通信、仿真、计算机管理信息系统、实时监控等先进技术来控制采矿设备和系统。已相继研制出遥控深孔凿岩、遥控装运、遥控装药和爆破及遥控喷锚支护等设备。我们必须抓住机遇,充分借鉴国外成功经验并建立自己的信息化采矿装备产业,赶超发达国家。

3.3　金属矿山突出的安全问题

金属矿山安全问题一直是金属矿山行业关注的重点。目前,我国金属矿山突出的安全问题包括:

(1)地表塌陷。随着矿业经济的发展,矿产资源开发规模和开发强度的增大,矿山地面塌(沉)陷问题越发突出,成为主要的矿山地质灾害。

矿山地面塌(沉)陷地质灾害按成因和塌(沉)陷特征分为采空地面塌(沉)陷和岩溶地面塌陷。采空塌(沉)陷是最主要的矿山地质灾害,涉及煤矿、金属矿和非金属矿等所有地下开采矿山,伴随采空塌(沉)陷出现的往往还有地裂缝、山体开裂等。采空塌(沉)陷主要分布于煤矿采空区,其次是金、铁矿及石膏、滑石矿等采空区。从突发性和对人民的生命财产安全方面来讲,又以金、铁、石膏、滑石矿最为严重。矿山岩溶地面塌陷是以开发排水(包括矿坑突水)为主导因素引发的岩溶塌陷,主要发生在具备岩溶塌陷条件的矿区。相对于采空塌(沉)陷,岩溶塌陷面积较小。

随着采空面积的逐渐扩大,在地面出现缓慢、连续的盆状塌(沉)陷坑,严重破坏了地质地貌景观,对农田、村庄等破坏严重,给矿山建设和矿区农业生产、生活造成重大影响,也为矿山带来沉重经济负担。

(2)采场冒顶。在采矿作业中,最常见的事故是冒顶片帮,约占采矿作业事故的40%以上,因此,冒顶事故对矿井安全生产危害极大。

矿山的顶板岩体冒落事故,依其冒顶片帮的范围和伤亡人数,一般可分为大冒顶、局部冒顶、松石冒落三种。冒顶一般多发生在顶板比较破碎的工作面,在岩层层理、节理、断层比较发育的工作面;在深矿井、超深矿井、爆破通风后排除工作不当的工作面。冒顶事故的发生,一般与矿山地质条件、生产技术和组织管理等多方面因素有关。按事故分类统计资料,属于生产组织管理方面的原因约占 45.6%,属于物质技术方面的原因约占44.2%,属于冒险作业等因素引起的事故仅约占 10.2%。生产组织管理方面因素包括:采矿方法选择不合理,顶板支护方法不合理,浮石处理不当,防护用品使用不当和人员管理跟不上;物质技术方面原因包括:松石检测技术落后,顶板处理技术不完善,采矿工艺不合理,冒险作业方面。

(3)深部岩爆及矿震。岩爆与矿山地震是世界范围内地下矿与露天矿中软岩及硬岩的共同特征。在经济快速发展的中国,对矿产资源的需求迅速增加,矿物的开采强度和开采深度将越来越大,且大范围的操作已深入到地下 1000~1300m。在此深度下,尤其当矿体出现断层、岩脉及地下水时,更易引发岩爆。21 世纪,我国将有更多的金属矿山进入深部开采,随着矿山开采深度的不断增大岩爆危害必将凸现出来,成为深井采矿的技术难题。

(4)地下水灾害。地下水灾害主要表现为突水淹井、海水入侵、破坏水资源、产生井下泥石流、引起地面塌陷等,给采矿安全带来危害,甚至危及矿山生存。如莱芜铁矿的顾家台矿区,由于顶板突水一次造成 29 人死亡;又如南丹拉甲坡锡矿,由于老窿突水一次造成 80 余人死亡。

(5)尾矿坝废石场崩塌、滑坡、泥石流。我国矿山历年废石的堆存量已达一百多亿吨,其中金属矿尾矿累计存量已达 50 余亿吨,许多废石、尾矿堆场因处置不当或受地形、气候条件及人为因素的影响,易于发生崩塌、滑坡、泥石流等事故,给人民生命财产和环境带来重大损失。如 2000 年 10 月 18 日,广西南丹县鸿图选矿厂尾砂库突然塌坝,共造成下游 28 人死亡,沿途民房、土地被冲毁或淹埋。

(6)露天矿边坡滑坡。随着露天矿山开采深度的增加,其边坡高度也在加大,滑坡等失稳现象逐年增多。根据我国大中型露天矿山的不完全统计,不稳定边坡或具有潜在滑坡危险的边坡占矿山边坡总量的 15%~20%左右,个别矿山高达 30%。

(7)露天转地下开采的灾害。根据我国金属矿床赋存的特征和规模,以及国内外露天转地下开采所取得的实践经验,对于露天转地下开采的矿山应主要考虑技术和安全两方面的问题。开采的技术问题包括:确定合理的露天开采极限深度、露天转地下开采过渡时期的采矿方法和产量衔接等。安全问题包括:地下开采对岩体及边坡的破坏规律、地下开采的通风系统与防洪排水措施、露天挂帮矿的安全回采、露天与地下联合开采的地下空间问题等。

3.4　金属矿山突出的环境和生态问题

矿山环境问题的综合环境效应是指在勘查、开采、选矿加工和闭坑等矿产资源开发过程中对矿山环境造成的不良影响和破坏。通常说的矿山环境污染是指矿山开采过程中,多种因素对环境造成的影响和危害。其中主要是矿坑排水、矿石及废石堆所产生的淋滤水、矿山工业和生活废水、矿石粉尘、排放的 SO_2 以及放射性物质的辐射等,其中含大量有害物质,严重危害矿山环境和人体健康。自改革开放以来,中国颁布实施了《环境保护法》和一系列政策法规,贯彻执行"防治结合,以防为主"、"综合利用,化害为利"的方针,对新建和改造项目的矿山环境保护实行"三同时"的规定。

在众多矿山环境问题分类中,针对环境问题的性质及其环境影响进行的分类是各种分类中较适用的一种,该分类将矿山环境问题分为"三废"问题、地面变形问题、矿山排(突)水、供水与生态环保的矛盾问题、水土流失和沙漠化等五大类。为了达到矿山规划与管理部门对矿山环境研究之目的,需要分析掌握各类矿山环境问题所诱发的直接和间接环境效应。

根据系统的理论分析和大量典型事例研究,各类矿山环境问题所诱发的综合环境效应可划分为四大类,即占用与破坏土地资源、水资源损毁、矿山次生地质灾害以及自然景观与生态破坏。构成矿山环境的主体是地壳表层的岩土和以各种形式赋存于其中的地表水和地下水。矿山开采引起的各类矿山环境问题对于矿山环境的影响首先体现为对岩、土和水的原始状态与性质的改造。

3.4.1 占用与破坏土地资源

土地资源损毁反映为土地资源数量的减少和质量的下降。土地资源数量损失主要是采矿(矿业开发活动)占用土地;土地资源质量损毁有机械破坏和化学污染两方面。土地资源损毁效应以影响范围衡量,其中化学污染以有毒有害成分进一步衡量。

(1)土地资源数量损失。引起土地资源量减少的主要环境问题是固体废弃物堆积,反映为矿山开采活动过程中占用土地。采矿占用土地包括:采矿活动所占土地、交通设施占地、采矿产生固体废弃物占地。据十多年前的不完全统计,因采矿及各类废渣、废石堆置等,全国累计占用土地达 $5.86 \times 10^4 \, km^2$,破坏森林 $1.06 \times 10^4 \, km^2$,破坏草地 $2360 \, km^2$,并以每年 $200 \sim 300 \, km^2$ 的速度增加。

(2)土地资源质量损毁。导致土地资源质量下降的主要环境问题有固体废弃物堆载淋滤、地面变形、水土流失、沙漠化及闭坑矿山问题等。主要包含机械破坏与化学污染两方面效应:机械破坏指矿山开采导致地裂缝、地面塌陷等造成土地破坏;化学污染主要源于固体和液体废弃物的淋滤污染。采矿产生的各种废水未经达标处理任意排放,致使地表岩土体严重污染。矿山井下开采常使地面发生大面积塌陷(沉陷),致使大量良田废弃、村庄搬迁、地貌景观改变。露天开采过程破坏了植被和坡体,产生的废渣等松散物质极易引发矿区水土流失和土地荒漠化。

3.4.2 水资源损毁

水环境系统具有地表水和地下水的赋存、补给、径流、排泄等功能。地壳表层岩土体构成地下水的赋存空间,地表的河湖库塘则提供了地表水的载体。矿山开采过程中产生的各类矿山环境问题直接或间接地影响和改造了水环境系统,打破了其天然平衡状态,导致水资源量的减少与水质恶化。

水环境系统破坏以疏排(突)水造成降落漏斗的面积和水体污染范围与污染严重程度衡量,污染严重程度以水中所含重金属及有毒、有害成分的多少(种类、数量)来衡量。

(1)水资源量损失。导致水资源量减少的主要环境问题有矿山疏排(突)水、水土流失、沙漠化等。严格地讲,开采沉陷等地面变形问题均对地表及地下水系统平衡有一定的影响和改造作用,因此也会引起水资源数量损失,而开采疏降水又可能导致或加剧地面变形问题,两者之间有相互消长的关系。

疏干排水使水环境发生变化,地表、地下水系统失衡,形成大面积疏干漏斗、泉水干枯、水资源逐步枯竭、河水断流、地表水入渗或经塌陷灌入地下,影响了矿区的生态环境。

(2)水资源质量损毁。水资源质量损毁首先与矿山"三废"问题相关,主要是固体和液体废弃物直接或间接造成水质恶化;其次,水资源数量的减少和环境自净能力的下降也会加剧水资源质量损毁的程度。水资源质量损毁程度不仅体现在地表水或地下水遭受污染的面积,还应该根据污染水质成分确定。污染成分越多,往往污染程度严重,治理难度也大。

我国的选矿废水年排放总量数亿吨,含多种有害金属离子,固体悬浮物的浓度远远超标。其中煤矿及各种金属、非金属矿业的废水以酸性为主,并含大量重金属及有毒、有害元素(如铜、铅、锌、砷、镉、六价铬、汞、氰化物)以及 COD、BOD、悬浮物等;石油、石化业的废水中也含挥发性酚、石油类、苯类、多环芳烃等物质。

矿山附近地表水体常被作为废水、废渣的排放场所,水质遭受污染。废水及废渣、尾矿堆经淋滤下渗或被污染的地表水下渗又导致地下水的污染。沿海地区一些矿山因疏干排水导致海水入侵,破坏了当地淡水资源。

3.4.3 矿山次生地质灾害

诸多矿山环境问题发展到一定程度,构成不可逆转的环境效应并且伴有人员伤亡和重大财产损失,便产生矿山次生地质灾害。换言之,矿山开采缺乏科学性,轻则产生环境问题,重则导致地质灾害。矿山次生地质灾害的致灾主因素或诱发因素必然是矿山开采中的某一个环境问题,各类矿山环境问题导致次生地质灾害。矿山次生地质灾害的灾害后果以人员伤亡和财产损失衡量;其环境效应以灾害影响范围和地形地貌景观破坏程度衡量。

(1)突发型地质灾害。突发型地质灾害主要指崩塌、滑坡、泥石流。固体废弃物不合理堆载往往是突发型地质灾害的成因之一。矿山开采过程中露天开采形成的高边坡、固体废弃物堆载形成的陡坡都可能诱发崩塌、滑坡;废渣、矸石不合理堆放以及尾矿坝溃决则成为泥石流形成的主要诱发因素。

我国许多露天矿在开采过程中经常发生边坡失稳。矿山排出大量矿渣及尾矿,其堆放经常引发崩塌、滑坡、泥石流。如矿山排放的废渣常堆积在坡缘或沟谷内,这些松散物质在暴雨诱发下,极易发生滑坡、泥石流,尾矿、矸石等被冲入江河,造成河道库塘淤塞、行洪排泄不畅,甚至冲毁公路铁路,阻断交通。

(2)缓变型地质灾害。缓变型地质灾害主要包括采空区沉陷、岩溶地面塌陷、地裂缝、水土流失、沙漠化等。其主要诱发因素可概括为环境地质问题加剧。作为矿山环境问题的地面变形问题包括了开采沉陷、岩溶地面塌陷、地裂缝、边坡稳定、崩塌、泥石流等。

3.4.4 自然景观与生态破坏

在露采矿区,山岩裸露、局部崩塌、废矿渣松散堆积体随处可见,矿坑及其周边地表细粒松散,沉积物厚达10余厘米,风起尘飞,矿区景观和生态环境堪忧;而地下开采矿区,地面变形尤其是地面塌陷对矿区景观和生态环境的影响同样不容忽视。

引起矿区自然景观与生态破坏的诱因几乎涵盖了所有矿山环境问题,也就是说,矿山环境问题的综合效应最终会体现在自然景观与生态破坏方面。各种地面变形的结果和固体废弃物堆载都不同程度地破坏了地貌景观;矿山开采形成的裸露山岩和废弃矿坑、尾矿库更是成为矿区景观的"疤痕";水土流失和沙漠化的发展则对矿区生态环境退化起到潜移默化的作用。

3 金属矿山发展现状和安全与环境问题

德兴铜矿是我国特大型多金属矿床,随着采矿业不断发展,铜矿周围已有3个大型废石场、4个尾矿库,矿山环境与生态问题突出。类似情况不在少数。人类已成为改变地球外貌的重要因素,速度甚至超过所有自然侵蚀源。从太空,我们可以清楚地看到人类活动在地球上留下的最明显的"疤痕"——露天矿。宇航员和卫星从太空拍到了最大、最壮观、最令人感兴趣的露天矿。

3.4.5 环境效应叠加

在矿产资源开发过程中,采矿活动会引起矿山环境的变化,随着开采的进行,环境变化的积累可能引发若干环境问题,这些环境问题的积累又会导致次生地质灾害;另外,不合理的矿山开采活动会直接诱发地质灾害。无论是环境问题还是地质灾害都具有明显的环境效应。在这种经过改造的环境背景下继续矿山开采活动会加剧环境问题并使地质灾害发生的频度和灾害程度升级。

各种环境问题相互叠加也会产生明显的环境效应。如矿山排水供水与生态环保间的矛盾叠加于地面变形问题之上,会使开采沉陷、岩溶地面塌陷加剧,甚至成灾。

4 我国高校采矿与安全环境学科的博士生导师和重点实验室的研究方向调查

采矿工程是一个传统学科专业,矿山的安全与环境问题的研究在很多高校中都附属于采矿领域。在我国高等院校有一大批高水平的采矿与安全环境学科的科研人员,高校采矿工程学科的博士生导师们就是这支队伍的优秀人才的代表,他们的研究方向和研究水平也代表着我国在这些领域的研究方向和水平。另外,我国采矿工程学科专业的各级重点实验室也充分体现了我国采矿安全与环境的科研条件和研究方向及科研水平。因此,开展我国高校采矿工程学科博士生导师的研究方向和重点实验室的研究方向的调查❶,有利于迅速和准确地进入我国金属矿山安全与环境科技的前瞻研究领域。

4.1 国内以非煤采矿研究为主的高校和博士生导师研究方向调查

4.1.1 开办采矿工程专业和以非煤采矿研究为主的高校统计

要建立金属矿山科技人才队伍,就必须完善人才培养和激励机制,加强人才的培养和优秀安全科技人才的支持,努力创造优秀人才健康成长的环境。高校一直承担着为全国金属矿山输送大批科技人才的重任,加大对高校采矿工程以及安全工程和环境工程等专业的支持力度,对实现社会经济与环境协调发展具有重要意义。

目前,国内开办采矿工程专业和以非煤矿山采矿研究为主的高校有 12 所,这些高校的采矿人才培养的基本信息见表 4-1。

表 4-1 国内开办采矿工程专业和以非煤矿山采矿研究为主的部分高校信息统计

编 号	高 校 名 称	院 系 名 称	学 位 层 次
1	中南大学	资源与安全工程学院	学士、硕士、工程硕士、博士
2	东北大学	资源与土木工程学院	学士、硕士、工程硕士、博士
3	北京科技大学	土木建筑与环境工程学院	学士、硕士、工程硕士、博士
4	武汉理工大学	资源与环境学院	学士、硕士、工程硕士、博士
5	南华大学	核资源与核燃料工程学院	学士、硕士、工程硕士、博士
6	昆明理工大学	国土资源工程学院	学士、硕士、工程硕士
7	江西理工大学	资源与环境工程学院	学士、硕士、工程硕士

---

❶ 本章资料来源于各高等院校的研究生招生网站和各研究院所重点实验室的网站。

编　号	高 校 名 称	院 系 名 称	学 位 层 次
8	广西大学	资源与冶金学院	学士、硕士、工程硕士
9	内蒙古科技大学	资源与安全工程学院	学士、硕士、工程硕士
10	武汉科技大学	资源与环境工程学院	学士、硕士、工程硕士
11	福州大学	紫金矿业学院	学 士

4.1.2　以非煤采矿研究为主的高校博士生导师研究方向统计

在国内开办采矿工程专业和以非煤矿山采矿研究为主的高校中，已形成了一支以两院院士为学科带头人，以长江学者、国家杰出青年基金获得者、国务院政府特殊津贴专家、学者为研究骨干，以博士、硕士等高层次人才为主力的研究队伍。在这些高校中，部分博士生导师的研究方向见表4-2。

表4-2　以非煤矿山采矿研究为主的部分博士生导师主要研究方向

姓　名	出生年份	高校名称	主 要 研 究 方 向
古德生	1937	中南大学	金属矿开采理论与技术、采矿新工艺、连续开采技术与装备
李夕兵	1962	中南大学	岩石动力学与岩土工程灾害控制、金属矿开采理论与技术、矿岩破碎
陈寿如	1943	中南大学	爆破理论、工程爆破
吴　超	1957	中南大学	矿井通风与空调、矿山火灾防治、粉尘控制理论与技术、矿山安全管理
曹　平	1959	中南大学	深部开采岩石力学基础与应用、计算岩石力学
戴兴国	1958	中南大学	金属矿床连续开采技术与装备、矿岩散体动力学理论与应用、矿业经济
罗周全	1966	中南大学	金属矿深井开采与灾害控制、安全数字化理论与技术、矿山管理信息化发展战略与信息系统
陈建宏	1963	中南大学	矿山生产过程监控、数字矿山、安全预警预报、矿业经济、资源评估及环境信息系统
王李管	1964	中南大学	岩层控制、数字矿山理论与技术
周科平	1964	中南大学	金属矿安全高效采矿、深部岩石力学与工程、矿山系统工程
陈　枫	1947	中南大学	岩石及其结构的静、动态强度与可靠性分析，岩石损伤与断裂，地基沉降数值模拟与控制技术
邓　建	1972	中南大学	工程结构可靠性研究、计算力学与岩土工程、岩石力学与采矿工程
王新民	1957	中南大学	采矿方法、无废害采矿工艺与充填材料
唐礼忠	1963	中南大学	岩石力学、岩土工程稳定性分析、灾害控制与安全预警的理论与技术
徐纪成	1951	中南大学	岩石力学、测试技术
刘爱华	1963	中南大学	岩石力学、计算岩石力学、特殊采矿工艺
张钦礼	1964	中南大学	采矿工艺、充填理论与技术、资源经济学
刘敦文	1971	中南大学	安全检测技术、岩土灾害防治
吴爱祥	1963	北京科技大学	矿岩散体动力学、深井采矿与金属矿连续开采技术、溶浸采矿
蔡美峰	1943	北京科技大学	岩石力学、采矿工程
高　谦	1956	北京科技大学	采矿工程和岩土工程的地压控制、锚固支护以及数值分析

姓　名	出生年份	高校名称	主　要　研　究　方　向
李长洪	1962	北京科技大学	岩土工程、采矿工程、工程力学
杨鹏	1964	北京科技大学	采矿工程、系统工程
乔兰	1963	北京科技大学	采矿工程、岩石力学与工程、工程地质灾害分析预测与防治
璩世杰	1956	北京科技大学	采矿工程、岩土工程、工程力学应用
谭卓英	1965	北京科技大学	岩土工程、采矿工程及防灾减灾
王金安	1958	北京科技大学	采矿工程与岩土工程稳定性、耦合问题数值分析、工程地质灾害防治
谢谟文	1965	北京科技大学	岩土防灾及地质灾害、防灾减灾及 GIS 信息系统开发、数字矿山、安全监测及信息管理系统
李仲学	1957	北京科技大学	系统建模、仿真及可视化、资源经济与管理
姜福兴	1962	北京科技大学	微地震监测、矿山压力和岩层控制
高永涛	1962	北京科技大学	岩土工程加固理论与稳定性分析、地质灾害预测与防治、矿床开采理论与工艺、地压控制理论与技术
蔡嗣经	1952	北京科技大学	矿床开采理论与技术、采矿工程计算机模拟及应用研究、矿山安全技术工程研究
宋卫东	1966	北京科技大学	矿床开采理论与工艺、地压控制理论与技术、地质灾害预测与防治、岩土工程安全评价与控制
蒋仲安	1963	北京科技大学	职业危害与粉尘控制技术、安全(灾害)信息管理与评价、大气污染控制技术
金龙哲	1963	北京科技大学	矿山安全、矿山环境保护
唐春安	1958	东北大学	岩石破裂过程失稳和脆性材料的破坏机制、地下工程和边坡稳定、岩层移动、岩爆、地震机制
冯夏庭	1964	东北大学	岩土工程、智能岩石力学、计算岩土力学
孙豁然	1944	东北大学	矿山开采先进技术、系统工程与计算机在矿山应用方面的研究
任凤玉	1956	东北大学	采矿方法、放矿理论、矿山岩石力学、放矿计算机仿真
王青	1962	东北大学	矿产资源开发、资源经济
徐曾和	1953	东北大学	岩体结构稳定性和岩爆、渗流耦合问题和化学流体力学
杨天鸿	1968	东北大学	矿山采动岩体渗流力学、岩石力学
屠晓利	1957	东北大学	采矿工程、爆破安全
朱万成	1974	东北大学	岩石和混凝土类准脆性材料损伤断裂、岩体工程中的多物理场耦合
许开立	1965	东北大学	系统安全理论与安全技术、应急救援与疏散、危险源辨识控制与评价、系统可靠性
陈宝智	1943	东北大学	安全科学理论、系统安全工程
胡筱敏	1958	东北大学	微生物絮凝剂、污水处理生物菌剂、固液分离、污泥脱水
吴立新	1966	东北大学	数字矿山、GIS 算法与空间建模、灾变遥感、矿山开采沉陷控制技术、矿区环境与可持续发展
刘善军	1965	东北大学	水处理技术、大气污染控制、噪声控制、环境监测技术、安全系统工程、工业通风与除尘技术

注：资料来源于各高校博士生招生简章。

4.1.3　国内高校非煤采矿研究方向的部分博士生导师结构分析

对表 4-2 中这些高校博士生导师的年龄层次、研究领域分别进行统计，结果见

4 我国高校采矿与安全环境学科的博士生导师和重点实验室的研究方向调查

图4-1、图4-2。由图4-1可知,这些高校博士生导师的年龄层次主要集中在41~55岁之间,40岁以下的青年骨干博士生导师偏少。因此,需要加大对青年教师的支持力度,鼓励其出国从事博士后研究、作为访问学者进行学术交流等,加强国际间的合作交流,培养大批具有前瞻性目光的青年博士生导师。图4-2表明这些高校博士生导师的研究领域主要侧重于岩石力学、岩土工程以及采矿工艺,而在矿井通风、矿山火灾、粉尘控制、矿山环境治理、矿山安全管理以及尾矿库维护等方面的研究较少。因此,需要加大在矿山安全与环境领域的科研项目支撑力度,鼓励部分博士生导师在该方向进行深入研究。

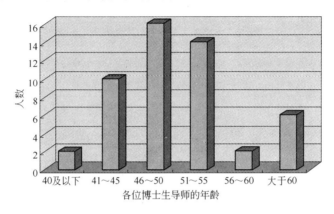

图4-1 高校非煤采矿研究方向部分博士生导师不同年龄段的人数分布

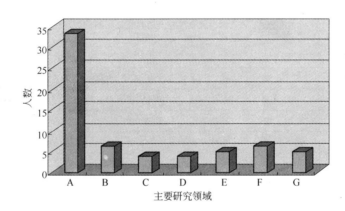

图4-2 高校非煤采矿研究方向部分博士生导师主要研究领域分布
A—岩石力学、岩土工程及采矿工艺;B—矿井通风、矿山火灾及粉尘控制技术;
C—矿业经济;D—矿山爆破技术;E—矿山环境治理;F—矿山安全管理;G—数字矿山

4.2 国内以采煤研究为主的高校和博士生导师研究方向调查

煤矿采矿与金属矿采矿有很多相似之处。我国煤矿的采矿工程学科专业比金属矿的更加庞大。我国煤矿高等院校有一批高水平的科研人员,其中的博士生导师们就是这支队伍的优秀人才的代表,他们的研究方向和研究水平也代表着我国在这些领域的研究方向和水平。

4.2.1 开办采矿工程专业和以采煤研究为主的高校统计

目前,开办采矿工程专业和以煤矿开采研究为主的国内高校有 22 所,见表 4-3。

表 4-3　国内开办采矿工程专业和以采煤研究为主的部分高校信息统计

编号	高校名称	院系名称	学位层次
1	中国矿业大学	矿业学院、安全学院	学士、硕士、工程硕士、博士
2	中国矿业大学(北京)	资源与安全工程学院	学士、硕士、工程硕士、博士
2	重庆大学	资源及环境科学学院	学士、硕士、工程硕士、博士
3	辽宁工程技术大学	资源与环境工程学院、安全科学与工程学院	学士、硕士、工程硕士、博士
4	太原理工大学	矿业工程学院	学士、硕士、工程硕士、博士
5	西安科技大学	能源学院	学士、硕士、工程硕士、博士
6	山东科技大学	资源与环境工程学院	学士、硕士、工程硕士、博士
7	河南理工大学	能源科学与工程学院、资源环境学院、安全科学与工程学院	学士、硕士、工程硕士、博士
8	安徽理工大学	能源与安全工程学院	学士、硕士、工程硕士、博士
9	贵州大学	矿业学院	学士、硕士、工程硕士
10	河北理工大学	资源与环境学院	学士、硕士、工程硕士
11	河北工程大学	资源学院	学士、硕士、工程硕士
12	湖南科技大学	能源与安全工程学院	学士、硕士、工程硕士
13	黑龙江科技学院	资源与环境工程学院、安全工程学院	学士、硕士、工程硕士
14	内蒙古科技大学	资源与安全工程学院	学士、硕士、工程硕士
15	西南科技大学	环境与资源学院	学士
16	新疆大学	资源与环境科学学院	学士
17	湘潭大学	能源工程学院	学士
18	龙岩学院	资源工程学院	学士
19	华北科技学院	安全工程学院	学士
20	呼伦贝尔学院	工程技术学院	学士
21	山西大同大学	工学院	学士
22	中国矿业大学银川学院	矿业工程系	学士

4.2.2　以采煤研究为主的高校博士生导师研究方向统计

国内开办采矿工程专业和以采煤研究为主的高校中的科研队伍实力雄厚,已形成以两院院士为学科带头人,以长江学者、国家杰出青年基金获得者、国务院政府特殊津贴专家、学者为研究骨干,以博士、硕士等高层次人才为主力的研究队伍。在这些高校中,部分博士生导师的研究方向见表 4-4。

表4-4　以采煤研究为主的部分博士生导师主要研究方向

姓　名	出生年份	高校名称	主要研究方向
钱鸣高	1932	中国矿业大学	矿山压力控制理论、资源绿色开发与利用技术
周世宁	1937	中国矿业大学	矿井瓦斯防治、矿山安全技术
王德明	1956	中国矿业大学	矿井通风与防灭火、安全科学理论与技术
林柏泉	1960	中国矿业大学	矿井瓦斯防治、气体与粉尘爆炸、安全管理理论、安全科学
程远平	1962	中国矿业大学	矿井瓦斯防治、建筑火灾防护理论及工程应用
王恩元	1968	中国矿业大学	煤矿安全、安全监测与监控技术、矿井瓦斯和煤岩瓦斯动力灾害
蒋曙光	1963	中国矿业大学	矿井通风与防灭火、矿井瓦斯防治理论与技术、安全监测与监控技术
陈开岩	1962	中国矿业大学	矿井通风系统优化、矿井通风可靠性、安全管理信息系统
李增华	1965	中国矿业大学	矿井瓦斯防治技术、矿井火灾
罗新荣	1957	中国矿业大学	矿井风网监控理论与技术、矿井热环境评价与降温技术、矿井瓦斯防治理论与技术、安全管理科学
杨胜强	1964	中国矿业大学	矿井通风与防尘、瓦斯抽采与防治、煤自燃火灾
蒋承林	1956	中国矿业大学	矿井瓦斯防治、煤与瓦斯突出机理及防治
周　延	1970	中国矿业大学	火灾安全科学与理论、地下火灾科学
周福宝	1976	中国矿业大学	矿井通风与安全
张东升	1967	中国矿业大学	岩石力学、采动岩体控制与关键层理论
张　农	1968	中国矿业大学	岩石力学、巷道围岩控制理论和支护技术研究
缪协兴	1959	中国矿业大学	采煤工程、煤炭资源绿色开采的基础理论、技术开发和工程实践
窦林名	1963	中国矿业大学	采矿工程、矿山压力、顶板灾害防治、冲击矿压、采矿地球物理学
谢文兵	1965	中国矿业大学	巷道围岩控制、岩土工程及采矿工程数值力学分析、开采损害及其控制
屠世浩	1963	中国矿业大学	采矿方法和工艺、复杂地质条件安全高效开采技术、矿山规划与设计和矿业系统工程
徐金海	1963	中国矿业大学	采矿工程理论与应用、采矿工程与现代工程力学的交叉学科研究
柏建彪	1966	中国矿业大学	综放工作面沿空掘巷围岩稳定原理和支护技术、膏体充填沿空留巷新技术、高应力软岩巷道围岩控制技术
周华强	1963	中国矿业大学	固体废物膏体充填技术、充填与注浆材料、"三上一下"开采
杜计平	1956	中国矿业大学	煤矿深井开采技术、特殊和困难条件下开采技术
刘长友	1965	中国矿业大学	矿山压力与岩层控制、岩石力学以及高产高效开采与监测控制技术
王作棠	1958	中国矿业大学	矿山岩层控制和地下气化开采理论与技术
刘长友	1965	中国矿业大学	矿山压力与岩层控制、岩石力学以及高产高效开采与监测控制技术
才庆祥	1958	中国矿业大学	露天开采工艺与设计理论、浅层岩土边坡工程、矿业工程可靠性、煤炭矿区环境工程、矿区铁路运输
李克民	1957	中国矿业大学	露天开采、资源开发与规划、矿业系统工程、矿山爆破工程、露天矿环境工程
尚　涛	1962	中国矿业大学	露天开采、系统工程、矿山环境保护
姬长生	1956	中国矿业大学	露天采矿工艺及设计原理、矿业系统工程、资源开发与规划

姓　名	出生年份	高校名称	主要研究方向
韩宝平	1955	中国矿业大学	矿区环境监测、评价与修复,土壤和地下水污染机理与治理,环境水文学
冯启言	1964	中国矿业大学	水文地球化学、土壤与地下水污染、水污染控制与水资源保护、城市与矿区环境地质灾害
郭广礼	1965	中国矿业大学	矿山开采沉陷与控制工程、塌陷区环境影响评价与治理工程、采空区地基稳定性评价与工程治理、矿山采动损害技术鉴定
卞正富	1965	中国矿业大学	土地复垦与生态重建,土地资源调查、评价与规划,污染土地修复,遥感与地理信息系统应用
彭苏萍	1959	中国矿业大学(北京)	地球物理、矿井地质、矿井工程物探
高延法	1962	中国矿业大学(北京)	矿山开采沉陷控制、矿井水害防治、矿山岩体力学
杨晓杰	1968	中国矿业大学(北京)	深部岩体力学及其工程灾害控制、软岩工程黏土矿物学、滑坡灾害成灾机理及其监测预报技术
刘波	1970	中国矿业大学(北京)	城市地下工程、矿山建设工程
单仁亮	1964	中国矿业大学(北京)	地下工程的安全快速掘进、岩巷中深孔一次爆破、项目管理信息化
刘殿书	1960	中国矿业大学(北京)	岩石爆破理论与技术研究、岩石爆破破碎损伤模型理论与数值模拟研究、控制爆破理论与技术研究
何满潮	1956	中国矿业大学(北京)	深部岩体力学及其工程灾害控制、软岩工程力学和高边坡稳定性控制及其滑坡预测预报
傅贵	1961	中国矿业大学(北京)	安全管理、行为安全、安全文化、矿山安全
秦跃平	1964	中国矿业大学(北京)	矿井通风、矿井降温、矿山安全、矿山煤岩动力灾害理论与技术
郭德勇	1966	中国矿业大学(北京)	城市公共安全、事故预防与应急救援、煤矿瓦斯防治与利用、安全技术经济
周心权	1945	中国矿业大学(北京)	矿井通风与安全、消防工程、防灾减灾与防护工程、安全人机工程、重大事故调查分析技术、风险评估及安全经济
朱红青	1969	中国矿业大学(北京)	矿井通风、火灾与瓦斯防治理论、技术及现场应用,矿山重大灾害救灾技术、决策及事故分析技术
吴兵	1967	中国矿业大学(北京)	矿井通风、火灾防治、瓦斯抽放技术研究、安全管理信息系统及应用研究、矿山应急救援技术研究
王凯	1972	中国矿业大学(北京)	安全工程、矿山安全工程、矿井通风
李成武	1969	中国矿业大学(北京)	矿井瓦斯灾害预测及防治、煤岩动力灾害预测及防治、安全评价
王家臣	1963	中国矿业大学(北京)	采煤理论与技术、矿山压力与岩层控制理论、边坡工程稳定理论与技术、岩石工程的可靠性理论与矿业系统工程
侯运炳	1962	中国矿业大学(北京)	充填采矿技术、数字矿山、矿区循环经济、矿业系统工程、工程管理、能源系统工程、矿物材料
马念杰	1959	中国矿业大学(北京)	煤巷锚杆支护理论与实用技术及其设备、煤巷冒顶事故发生机理及其防治技术及其仪器、井下人员和设备定位系统
赵景礼	1952	中国矿业大学(北京)	放顶煤开采、厚煤层错层位无煤柱开采、系统工程、计算机应用、资源开发与规划
何富连	1966	中国矿业大学(北京)	资源开采理论与技术、资源经济与系统工程、矿山压力与岩层控制、安全技术及灾害防治
黄玉诚	1966	中国矿业大学(北京)	充填采矿理论和技术、矿用防灭火材料与技术、"三下"采煤、矿山压力与岩层控制
何绪文	1964	中国矿业大学(北京)	水污染控制、大气污染控制、水资源规划与管理、环境规划及洁净煤技术
舒新前	1963	中国矿业大学(北京)	洁净煤技术、与煤利用有关的环境污染控制工作以及固体废弃物能源化利用的研究

4　我国高校采矿与安全环境学科的博士生导师和重点实验室的研究方向调查

姓 名	出生年份	高校名称	主要研究方向
鲜学福	1929	重庆大学	采煤工程、煤矿安全、矿井煤层气理论及其工程应用
李晓红	1959	重庆大学	岩土破碎、高压水射流理论及应用、煤层瓦斯抽采、隧道工程灾害控制
尹光志	1962	重庆大学	岩石力学与工程、矿山灾害及其控制、安全技术与工程、岩土工程
姜德义	1962	重庆大学	矿山安全技术及工程、岩土工程、矿山开采、渗流理论
王宏图	1960	重庆大学	矿山安全和煤层气理论及其工程应用
许 江	1960	重庆大学	瓦斯突出、岩石声发射技术研究
曹树刚	1955	重庆大学	采矿工程、安全工程
王里奥	1956	重庆大学	环境评价、资源开发与环境保护
徐龙君	1963	重庆大学	安全技术及工程、资源综合利用工程、环境科学与工程
卢义玉	1972	重庆大学	采煤工程、水射流理论及应用研究
宋振骐	1935	山东科技大学	岩石力学、地层控制、采煤技术
郭惟嘉	1957	山东科技大学	采矿工程、特殊开采、开采损害与环境保护
谭云亮	1964	山东科技大学	矿山压力与岩层控制、深部巷道支护、非线性岩石力学、岩石灾变力学、计算岩石力学
程卫民	1966	山东科技大学	矿井通风与防尘、矿井瓦斯治理、矿山灾害防治技术
程久龙	1965	山东科技大学	矿井水害防治、地球探测与信息技术、矿山安全工程
蒋金泉	1961	山东科技大学	矿山压力与岩层控制
杨永杰	1964	山东科技大学	矿山岩层控制和岩石力学
张开智	1965	山东科技大学	放顶煤开采与围岩控制
张文泉	1965	山东科技大学	特殊开采及灾害防治工程
王同旭	1963	山东科技大学	工程力学、煤矿巷道加固与支护理论和技术
曹庆贵	1961	山东科技大学	煤矿风险管理与预警、安全管理理论、安全评价方法、安全信息系统
石永奎	1966	山东科技大学	软岩与深部灾害控制、矿业信息工程
刘承论	1955	山东科技大学	岩土工程支护及计算力学
王春秋	1962	山东科技大学	矿山压力与岩层控制
李兴东	1959	山东科技大学	资源经济与管理、矿业系统工程、安全系统工程
谭允祯	1949	山东科技大学	矿井通风、矿尘的防止、矿井火灾的防治及安全管理
蒋宇静	1962	山东科技大学	矿山安全工程、地层环境力学及其在岩土工程和资源环境工程中的应用
赵阳升	1955	太原理工大学	多相介质场耦合作用理论、低渗透煤层、瓦斯抽放、承压水上采煤、盐类矿床开采、高温岩体地热开发
刘志河	1954	太原理工大学	矿山运输工程、矿山运输系统可靠性
刘鸿福	1957	太原理工大学	应用地球物理勘探、地质勘探、灾害地质、地质构造
康天合	1959	太原理工大学	岩石力学、采矿工程、坚硬顶板控制理论与技术、山区地表开采沉陷治理
曾凡桂	1965	太原理工大学	煤资源的特性、洁净利用技术、适应性评价
宋选民	1963	太原理工大学	地下工程支护与岩层控制、矿山岩石力学和工程灾害防治
靳钟铭	1940	太原理工大学	矿山压力控制和采矿工艺、煤矿坚硬顶板控制、放顶煤开采理论与技术

姓　名	出生年份	高校名称	主要研究方向
康立勋	1947	太原理工大学	矿山压力控制和采矿工艺
陈鸿章	1941	太原理工大学	煤矿处理采掘关系的专家系统、矿山管理信息系统、煤矿虚拟现实技术
张宏伟	1957	辽宁工程技术大学	地质动力区划、矿山岩石力学和矿井动力灾害预测和防治
吴祥云	1962	辽宁工程技术大学	矿区废弃资源综合利用理论与技术、水土保持与荒漠化防治及恢复生态学
刘　剑	1961	辽宁工程技术大学	矿井通风及其仿真技术
王继仁	1956	辽宁工程技术大学	煤炭自燃理论与防治技术、矿井瓦斯防治理论与技术、煤矿主要危险源监测监察及综合评价技术、煤气共采技术
齐庆杰	1964	辽宁工程技术大学	煤的洁净燃烧理论与技术
贾进章	1974	辽宁工程技术大学	矿井通风与防灭火、安全信息工程、系统可靠性理论
马云东	1964	辽宁工程技术大学	系统工程理论方法与应用、区域经济与煤炭城市可持续发展、岩土力学与岩层控制、可靠性理论与生产安全技术
题正义	1957	辽宁工程技术大学	矿业系统工程、计算机在矿业中的应用、"三下"开采、矿井通风与安全、煤矿瓦斯与火灾防治
张晓明	1962	辽宁工程技术大学	矿井通风网络模拟计算、煤层气开发、可燃冰开发等方面的研究以及软土地基技术、抗震结构分析、山体滑坡对策、构造物临近施工的影响模拟评估
付　华	1962	辽宁工程技术大学	煤矿瓦斯检测和多传感器检测与数据融合技术方面的研究
邓存宝	1964	辽宁工程技术大学	矿井瓦斯及火灾防治
周西华	1968	辽宁工程技术大学	煤矿通风安全
常心坦	1946	西安科技大学	安全工程理论与计算机方法、复杂网络系统安全评价、安全监控系统及网络集成
李树刚	1963	西安科技大学	矿山安全科学与工程、采动矿山压力及其控制、围岩活动与瓦斯运移、煤层自燃间关系及控制、非稳态渗流力学
余学义	1955	西安科技大学	采动损害、环境保护
索永录	1960	西安科技大学	坚硬特厚煤层开采技术、工作面高产高效技术、矿业系统工程
田水承	1964	西安科技大学	安全管理系统工程、风险管理及危险源辨识控制理论与技术、矿山防灭火理论与应用、安全经济与管理
黄庆享	1966	西安科技大学	矿山压力与岩层控制,特色研究领域为浅埋煤层岩层控制、大倾角煤层开采技术、软岩巷道支护技术、煤矿绿色开采与可持续发展
柴　敬	1963	西安科技大学	矿山压力与岩层控制、实验岩石力学及光纤传感智能监测技术
邓广哲	1966	西安科技大学	矿山岩层控制及地下工程与地下空间安全利用技术
邓　军	1970	西安科技大学	煤炭自燃机理、预测与防治技术和安全工程及技术
来兴平	1971	西安科技大学	岩石力学及工程、采空区衍生动力灾害的防治
文　虎	1972	西安科技大学	煤炭自燃机理、预测与防治技术和安全工程及技术
伍永平	1962	西安科技大学	复杂赋存条件(大倾角、急倾斜)煤层的开采方法、围岩灾变及矿区环境保护
张铁岗	1945	河南理工大学	采煤工程、矿井瓦斯治理和研究
翟新献	1963	河南理工大学	岩层控制技术、巷道支护和矿山压力理论
勾攀峰	1966	河南理工大学	煤巷锚杆支护、围岩注浆加固、锚喷支护、大倾角煤层开采
周　英	1957	河南理工大学	放顶煤开采工艺理论、矿山压力与支护

姓　名	出生年份	高 校 名 称	主 要 研 究 方 向
李化敏	1957	河南理工大学	采矿理论与技术、矿山压力
李德海	1958	河南理工大学	采矿工程、矿山开采沉陷
景国勋	1963	河南理工大学	矿山安全技术、安全管理、安全系统工程
张子敏	1946	河南理工大学	瓦斯地质和瓦斯灾害防治
高建良	1963	河南理工大学	矿山安全工程、矿井通风理论与技术
刘明举	1964	河南理工大学	矿井瓦斯灾害预测与防治
王兆丰	1943	河南理工大学	煤矿瓦斯灾害治理
余明高	1963	河南理工大学	火灾防治理论与技术
尤明庆	1964	河南理工大学	岩石力学
王心义	1963	河南理工大学	水文水资源和环境科学
高明中	1957	安徽理工大学	矿山岩层控制理论及工程实践、岩层与地表移动和沉陷
孟祥瑞	1965	安徽理工大学	矿业系统工程、现代开采理论与技术、岩土工程计算力学、矿山压力与控制
华心祝	1964	安徽理工大学	采矿工程、岩石力学
马芹永	1964	安徽理工大学	岩石力学、冻土力学与工程
颜事龙	1958	安徽理工大学	新型爆破器材制造与应用、爆炸效应理论、现代控制爆破技术
程　桦	1956	安徽理工大学	地下结构计算理论、岩石力学与支护、矿山与岩土工程特殊施工理论与技术
刘泽功	1960	安徽理工大学	矿井通风、瓦斯治理
徐　颖	1965	安徽理工大学	工程爆破技术、矿山深井围岩支护与加固技术、岩土工程计算力学
张国枢	1943	安徽理工大学	矿井通风、火灾防治
张明旭	1955	安徽理工大学	洁净煤技术、煤炭生物加工、煤炭洁净燃烧与转化、生物质转化
严家平	1954	安徽理工大学	矿山井巷工程地质、环境地质、矿山地质灾害与防治

注:资料来源于各高校博士生招生简章。

4.2.3　国内高校采煤研究方向的部分博士生导师结构分析

将表 4-4 中这些高校博士生导师的年龄层次、研究领域分别进行统计,结果见图 4-3、图 4-4。由图 4-3 可知,这些高校博士生导师的年龄层次主要集中在 46～55 岁之间,40 岁以下的青年骨干博士生导师偏少。因此,需要加大对青年教师的支持力度,鼓励其出国从事博士后研究、作为访问学者进行学术交流等,加强国际间的合作交流,培养大批具有前瞻性目光的青年博士生导师。图 4-4 表明各所高校博士生导师的研究领域主要侧重于岩石力学、岩土工程、采矿工艺以及瓦斯治理;矿井通风、矿山火灾以及矿山环境等研究领域的投入有很大提高;而在粉尘治理、矿山安全管理等方面还有待深入研究。因此,矿山安全、环境领域内的科研力度仍有待加大。

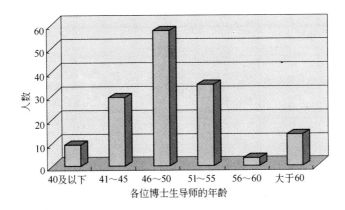

图 4-3 高校采煤研究方向部分博士生导师的年龄结构

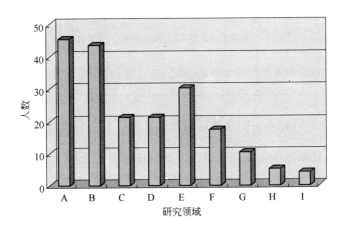

图 4-4 高校采煤研究方向部分博士生导师的主要研究领域分布

A—煤炭开采；B—岩石力学、围岩控制；C—矿井通风；D—矿山火灾；
E—瓦斯治理；F—矿山环境；G—矿山安全管理；H—矿山爆破；I—粉尘治理

4.3 国内高校采矿与安全重点实验室的研究方向统计

4.3.1 以非煤采矿与安全研究为主的高校重点实验室的研究方向统计

以非煤采矿与安全研究为主的高校部分重点实验室的研究方向见表4-5。由此可知，以中南大学、东北大学以及北京科技大学三所"211"、"985"教育部直属高校为首，开展金属矿山安全环境领域方面的人才培养工作，这些高校的重点实验室主要为教育部或省科技厅设立的。与煤炭类高校相比，国家向金属矿山类高校的科研经费投入较少。

表 4-5 以非煤采矿与安全研究为主的部分高校重点实验室的研究方向

实验室名称	隶属单位	主 要 研 究 方 向
湖南省深部金属矿产资源开发与灾害控制重点实验室	中南大学	矿岩中应力传输效应与能量耗散规律、高应力脆性岩石动态失稳与防护、爆破的震速和频率对露天边坡的危害控制、硫化矿内因火灾和炸药自爆预测与控制、地下作业面环境设计与控制、化学抑尘剂开发与应用

实验室名称	隶属单位	主 要 研 究 方 向
金属矿山高效开采与安全教育部重点实验室	北京科技大学	先进高效地下采矿方法研究,露天采矿先进工艺与技术研究,矿山岩体力学理论与应用研究,矿山压力与岩层控制,岩层运动灾害的微地震定位监测,岩土工程特殊施工工艺与技术研究;矿井水害防治、岩石加固;矿山固体废弃物综合利用研究,矿山尾矿的资源化
辽宁省采矿工程重点实验室	东北大学	岩石破裂与失稳控制,高效、低贫损与安全开采技术,矿产资源综合利用与生态矿业,数字矿山,智能岩石力学与应用,岩石破碎与粉碎
省部共建"钢铁冶金与资源利用"重点实验室	武汉科技大学	复杂地质环境下的冶金矿山开采与安全,矿山地压控制与安全;冶金矿山高效环境保护技术,包括矿山尾矿、冶金渣尘的合理处置与资源化、除尘与降尘技术
核工业溶浸采矿技术重点实验室	南华大学	铀矿原地浸出、原地爆破浸出、堆浸等的理论和技术研究,有色、贵金属、稀土、非金属矿床的溶浸开采技术,环境、地下水污染与防治
江西省矿业工程重点实验室	江西理工大学	矿山工程岩体失稳监测、预报新技术,矿井通风优化及除尘新技术,矿业地理信息系统,膜分离新技术,二次资源综合利用及深加工,3S 技术及应用
固体废物处理与资源化教育部重点实验室	西南科技大学	尾矿处理与综合利用、工业废物处理与资源化

4.3.2 以采煤与安全研究为主的高校重点实验室的研究方向统计

我国煤炭学科专业的各级重点实验室充分地体现了我国煤矿安全与环境的科研条件和研究方向及科研水平。以采煤与安全研究为主的部分高校重点实验室的研究方向见表 4-6。

表 4-6 以采煤与安全研究为主的部分高校重点实验室的研究方向

实验室名称	隶属单位	主 要 研 究 方 向
煤炭资源与安全开采国家重点实验室	中国矿业大学和中国矿业大学(北京)	煤炭资源勘查评价与资源特性、煤炭开采地质保障理论与技术、煤炭开采中地应力场变异规律与岩层控制理论、环境协调的绿色开采理论与技术、煤矿重大灾害防治的关键理论与技术
深部岩土力学与地下工程国家重点实验室	中国矿业大学和中国矿业大学(北京)	深部岩体力学与围岩控制理论、深部土力学特性及其与地下工程结构相互作用、深厚表土人工冻结理论与工程应用基础以及深部复杂地质环境与工程效应
煤矿瓦斯治理国家工程研究中心	中国矿业大学	瓦斯地质保障技术、煤与瓦斯共采及利用技术、瓦斯灾害预警技术、煤矿安全监测监控技术、煤矿救援技术
煤矿瓦斯与火灾防治教育部重点实验室	中国矿业大学	深部瓦斯灾害综合防治理论、煤自燃机理及防治基础、通风系统安全性评价理论、煤岩动力灾害监测及预警理论
江苏省资源环境信息工程重点实验室	中国矿业大学	以 3S(遥感 RS、地理信息系统 GIS、全球定位系统 GPS)为代表的空间信息技术为手段或技术支撑,结合其他相关学科的理论与方法,研究资源环境监测、评价,安全预警及控制,受损和破坏土地(土壤)的复垦、恢复,污染土壤的修复、治理,土地(土壤)资源、矿产资源及水资源的合理开发利用与保护等基础理论和技术途径
国家测绘局重点实验室	中国矿业大学	国土环境及灾害监测、分析、评估、预报及控制的关键理论与技术,构建国土环境演变与灾害的预报、预警、评估、信息服务
西南资源开发及环境灾害控制工程教育部重点实验室	重庆大学	煤及煤层气资源开发利用理论及关键技术、矿山灾害机理与预测理论及防治关键技术、三峡库区环境地质灾害防治理论及关键技术、生态环境保护理论及关键技术

实验室名称	隶属单位	主要研究方向
辽宁省煤矿安全工程重点实验室	辽宁工程技术大学	矿井通风、火灾防治、瓦斯灾害防治、粉尘防治
矿山灾害预防控制教育部重点实验室	山东科技大学	矿山岩层控制、矿井水灾害防治、矿井瓦斯与火灾治理、安全监测监控与信息化
河南省煤矿瓦斯与火灾防治重点实验室	河南理工大学	瓦斯地质理论及应用、瓦斯灾害防治理论及技术、矿井通风理论与技术、抢险救灾与安全系统工程研究、火灾防治理论与技术
陕西省岩层控制重点实验室	西安科技大学	沙漠戈壁覆盖层下浅埋煤层开采岩层控制研究、西部地区急倾斜和倾斜矿层开采的岩层控制研究、采动地表损害与大范围来压的灾害防治技术、软岩巷道支护理论与技术、大断面巷(隧)道支护优化设计、"固－液－气"三相介质模拟技术
西部矿井开采及灾害防治教育部重点实验室	西安科技大学	矿井开采围岩控制基础、矿区采动损害与环境灾变、矿井火及瓦斯灾害防治理论与技术、安全工程理论及数字化技术
湖南煤炭安全开采技术省重点实验室	湖南科技大学	江南复杂煤层开采技术研究、深井软岩动压巷道支护技术,煤矿安全事故预防与控制,减沉、保水开采技术
喀斯特环境与地质灾害防治教育部重点实验室	贵州大学	岩溶环境地质学、岩溶工程地质学、矿山灾害与国土整治
煤矿安全高效开采省部共建教育部重点实验室	安徽理工大学	煤矿岩层控制及高效开采、煤矿瓦斯灾害防治和煤矿通风与防灭火
现代矿业工程安徽省重点实验室	安徽理工大学	开采技术及矿山系统工程、矿山安全技术及工程、矿山建设工程和矿物加工及综合利用技术
河北省矿业开发与安全技术实验室	河北理工大学	矿山安全理论与技术、采矿技术及工艺研究方向、矿山岩石力学研究方向、矿物加工与资源高效利用、矿山生态恢复与重建研究方向

4.4 国内金属矿山采矿与安全科研院所统计

全国还有许多科研机构从事金属矿山安全环境方面的研究,包括国家安全生产监督管理总局直属的中国安全科学研究院,各省、自治区、直辖市安全生产监督管理局直属的安全生产监督管理局,以及其他部委直属的科研机构,具体分布见图4-5。其中,中国安全科学研究院是国家安全生产监督管理总局直属事业单位,是安全科学领域中的国家级科研机构,设有矿山安全技术研究所,主要从事金属矿山安全生产技术标准、矿山安全规划、矿山灾害监测预警与控制、矿山重大危险源辨识、矿山应急救援技术、矿山调查分析鉴定等安全领域的基础理论和工程应用技术研究,建有采动灾害探测实验室、尾矿库灾害监测预警实验室、矿山安全信息化实验室、含硫矿石自燃倾向性鉴定实验室等一批矿山重大灾害安全实验室。

2009 年,国家批准中钢集团马鞍山矿山研究院及长沙矿山研究院分别建立金属矿山安全与健康国家重点实验室及金属矿山安全技术国家重点实验室,研究领域主要包括露天岩土工程灾变规律及控制技术研究、复杂难采矿体安全开采技术研究、金属矿山安全爆破控制技术研究、金属矿开采职业危害因素控制与防护技术研究等(金属非金属矿山安全信息系统,进行数据采集与更新;建立金属非金属矿山安全预警体系,对金属非金属矿山进行经常性安全预警;研究开发金属非金属矿山灾害防治的关键技术和共性技术,为安全生产提供技术资源和技术向导;开展金属非金属矿山安全评价方法、体系的研究,制定金属非金属矿山安标设备检测检验相关安全技术标准)。

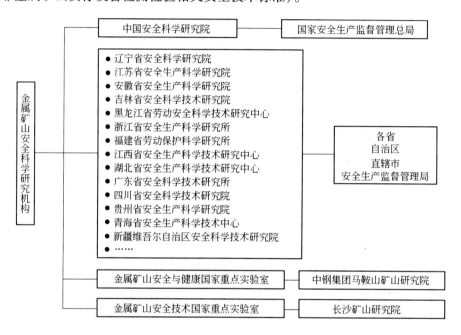

图4-5　金属矿山安全科研机构分布

从本章统计的资料可以看出,国内高校的采矿学科博士生导师的研究方向大都是围绕矿山开采与安全环境的实用工程技术问题而确立的。很超前的前瞻研究与很基础的、很边缘的和很有想象力的研究极少。国内采矿的重点实验室确立的研究方向也是如此。这种状况与采矿与安全环境学科的特性、我国的科技发展水平、目前矿山的科技需求以及我国在科技方面的导向等有很大的关系。

5 国外高校采矿与安全研究生导师和研究院所的研究方向调查

开展我国金属矿山安全与环境科技发展的前瞻研究,绝对不能闭门造车。特别是对于正在发展之中的中国,学习国外先进国家的发展过程所走过的道路和经验,了解他们正在开展的前沿研究方向,对预测我国未来的发展至关重要。同样,国外高等院校采矿工程专业学科教授们的研究方向和研究水平代表着这些国家的研究方向和水平。这些国家的采矿安全与环境重点实验室也充分体现了他们的科研条件和研究方向及科研水平。因此,开展国外高校采矿与安全研究生导师和研究院所的研究方向调查❶,有利于快速把握国际金属矿山安全与环境科技发展前瞻研究的动态,有利于迅速和准确地进入我国金属矿山安全与环境科技的前瞻研究领域。

5.1 国外开设采矿工程专业的高校及其采矿安全与环境研究方向调查

为了对我国采矿安全有一个前瞻性的规划,做出更符合现实情况的指引,与国际水平接轨,需要先对国际的采矿现状有一个全面深入的了解。最直观的方法是查询国外采矿专业的开设情况及其教授的研究方向,作为我国矿山安全健康方面制定研究方向的参考。

根据从 EI、SCI 等检索系统论文搜索的结果,世界上采矿专业学术研究水平较高的国家有美国、加拿大、澳大利亚、英国、南非、德国、智利、俄罗斯等。国际上采矿专业产生较早,在西方产业革命期间已初具规模。经过几百年的发展,许多院校采矿专业已经撤销或合并到其他专业中。采矿专业在国外的开办情况并不如国内热门,国际很多著名院校并未设立采矿专业。发达国家开办采矿专业的学校很少,很多是一些专门的矿业院校或由矿业公司资助成立该专业。

美国、加拿大、澳大利亚的采矿专业相对于其他国家更加成熟、完善。德国、法国、俄罗斯也开设一些矿业学校,如法国高科矿业大学、法兰克福大学、波恩大学、柏林工业大学、慕尼黑工业大学、亚琛工业大学等。在此主要以美国、加拿大、澳大利亚、英国等国为对象进行分析。各院校的名称、方向等详细情况见表5-1。

在这些院校中,美国的高校师资队伍相对较大,许多学校拥有多位教授、副教授及名誉教授,加拿大次之。而澳大利亚的高校采矿专业教授较少。各高校内与采矿相关的教授研究方向见表5-2所列。

---

❶ 本章资料来源于各高等院校的研究生招生网站和各研究院所的网站。

表 5–1 国外一些开办采矿工程专业的高校及其基本情况调查（不完全统计）

国家	编号	高校名称	院系名称	学位层次	研究方向	网址
美国	1	宾夕法尼亚州立大学 The Pennsylvania State University	能源与矿物工程系	学士、硕士、博士	采煤技术、矿井通风、岩石力学、煤加工、矿山环境保护	http://www.eme.psu.edu/mng/
	2	内华达里诺大学 University of Nevada,Reno	Mackay 地球科学与工程学院	学士、硕士、博士	岩石力学、矿山设计、开采技术、矿物加工、过程控制与管理的计算机应用、环境问题、工业安全和健康、矿物经济学	http://www.mines.unr.edu/mackay/
	3	南伊利诺伊大学（卡本代尔校区）Southern Illinois University at Carbondale	采矿与矿物资源工程学院	学士、硕士、博士	煤矿产煤的生产率和应用中的技术问题，采矿开采引起的地表沉降、粉煤灰、底灰、除尘污泥等产品的利用	http://www.engr.siu.edu/mining/index.html
	4	密苏里科技大学 Missouri University of Science and Technology（原为University of Missouri Rola）	采矿和核工程系	学士、硕士、工程硕士、博士	开采技术、岩石力学、矿井通风、核能利用	http://mining.mst.edu/
	5	亚拉巴马大学 The University of Alabama				http://www.ua.edu/
	6	科罗拉多矿业学院 Colorado School of Mines	采矿工程学院 专业名称：采矿和矿物工程	学士、硕士、博士		http://www.mines.edu/
	7	弗吉尼亚理工大学 Virginia Polytechnic Institute and State University	采矿和矿物工程学院	学士、硕士、博士	煤矿开采的计算机模拟、GPS应用、层析成像、实时地质填图、废气和飞机风扇设计、环境工程、清洁煤技术、矿物加工	http://www.vt.edu/
	8	宾夕法尼亚州立大学 The Pennsylvania State University	矿物工程系	学士、硕士、博士		
	9	犹他大学 University of Utah	采矿工程系	学士、硕士、博士	（煤矿）	http://www.utah.edu
	10	肯塔基大学 University of Kentucky	采矿工程系	学士、硕士、博士		http://www.uky.edu/
	11	美国亚利桑那大学 The University of Arizona	采矿与地质工程系	学士、硕士、博士		http://www.arizona.edu/

国家	编号	高校名称	院系名称	学位层次	研究方向	网址
美国	12	西弗吉尼亚大学 West Virginia University	工程与矿物资源学院	学士、硕士、博士	岩石力学与地面控制、矿井通风、矿山设备、矿山设计、健康和安全、选煤、选矿	http://www.wvu.edu/ 煤矿
	13	新墨西哥矿业技术学院 New Mexico Institute of Mining & Technology	地球与环境工程系	学士、硕士、博士		http://www.nmt.edu/
	14	阿拉斯加-费尔班克斯大学 University of Alaska-Fairbanks	采矿工程	学士、硕士、博士	采煤工程	http://www.alaska.edu/
澳大利亚	1	新南威尔士大学 The University of New South Wales (UNSW)	采矿工程学院	学士、硕士、博士	矿业地质力学数值模拟、矿柱力学与设计步骤、弱/软岩工程性质、岩石支护系统、地下采矿方法、矿山环境治理和矿山封闭、矿山安全与培训、爆破冲击波和自然落矿岩石力学、矿井通风、计算流体动力学、岩石切割与机械采矿、海底采矿、虚拟现实训练和模拟、矿山地震活动	http://www.mining.unsw.edu.au
	2	科廷科技大学 Curtin University of Technology (Curtin)	西澳大利亚矿业学院	学士、硕士	采矿工程、矿业经济学	http://wasm.curtin.edu.au/index.cfm
	3	阿德莱德大学 The University of Adelaide (Adelaide)	土木和环境与采矿工程学院	学士、硕士	矿山设计、采矿系统、地质/资源评估、岩土/岩石力学、矿山通风、矿山经济、管理和融资、地质统计学在采矿与环境工程中的应用、岩体的裂隙网络随机模拟、矿山金融与矿业经济学、计算机辅助矿山设计CAMD、岩石的混合型断裂韧性测试、使用模拟和动画模型的矿山设计等	http://www.adelaide.edu.au/
	4	昆士兰大学 The University of Queensland	机械与采矿工程学院	学士、硕士、博士	采矿自动化、工程资产管理、煤炭自燃、岩土工程、矿井规划与矿产经济学、虚拟现实、地热和通风管理	http://www.mechmining.uq.edu.au/
	5	巴拉瑞特大学 University of Ballarat (UB)	科学与工程学院	学士、硕士	矿床评价与开采、井下生产系统、井下供电和服务、露天采矿操作、矿山环境和安全	http://www.ballarat.edu.au/

国家	编号	高校名称	院系名称	学位层次	研究方向	网址
澳大利亚	6	墨尔本大学 The University of Melbourne (UniMelb)	墨尔本工程学院	硕士	矿业经济学,选矿与废石管理,岩土和尾矿力学,露天、地下矿山规划与采矿方法,矿山地质学与采矿设计,风险与安全管理	http://www. unimelb. edu. au/
加拿大	1	阿尔伯塔大学 University of Alberta	采矿与石油工程学院	学士、硕士、博士	地面设备的相互影响、岩土力学、岩土与工程地质,地质统计学、矿山建模软件、矿石储量估计、岩石支护、露天矿设计	http://www. ualberta. ca/
	2	多伦多大学 University of Toronto	矿物工程	学士		http://www. mineralengineering. utoronto. ca/home. htm
	3	西蒙菲莎大学 Simon Fraser University				http://www. sfu. ca/
	4	加拿大皇后大学 Queen's University	The Robert M. Buchan 采矿系	工程硕士、博士		http://www. queensu. ca/
	5	麦吉尔大学 McGill University	采矿和材料工程			
	6	加拿大英属哥伦比亚大学 University of British Columbia	Norman B. Keevil 采矿工程研究院	学士、硕士、博士		http://www. mining. ubc. ca/
	7	圣玛丽大学 Saint Mary's University		学士		http://www. smu. ca
英国	1	埃克塞特大学 University of Exeter	Camborne 矿业学院采矿与矿物工程系	学士、硕士、博士	应用矿物学、采矿与地质力学、可持续矿物加工技术	http://emps. exeter. ac. uk/
	2	利兹大学 University of Leeds		学士		http://www. leeds. ac. uk
瑞典	1	吕勒欧理工大学 LuLea University of Technology	采矿与岩土工程系	学士、硕士、博士	岩石力学、土力学、基础工程	http://www. ltu. se/

表 5-2 国外一些开设地矿学科的高校部分教授的研究方向(不完全统计)

国家	姓 名	职 称	高校名称	主要研究方向
美国	Dr. Jaak J. K. Daemen	教 授	内华达里诺大学	岩石力学,地下硐室群稳定性,爆破引起的地面震动、破碎和岩体运动,钻孔
	Dr. Pierre Mousset-jones	教 授	内华达里诺大学	矿井通风、矿山环境控制
	Dr. George Danko	教 授	内华达里诺大学	矿山应用中的人工操作和机器人控制的互动关系,矿山设备仪器仪表,通风研究,安全、健康与通风成本效益最优化模拟与控制;利用编程方案的挖掘机控制
	Dr. Yoginder P. Chugh, Professor	教 授	南伊利诺伊大学	岩石力学与岩层控制、煤矿的生产工程、矿山沉降
	Dr. Satya Harpalani, Professor and Chair	教 授	南伊利诺伊大学	矿井通风、现场采矿系统
	Dr. Manoj K. Mohanty, Professor	教 授	南伊利诺伊大学	煤矿与矿物加工、精煤加工、脱水、骨料的开采与加工
	Jan M. Mutmansky	终身教授	宾夕法尼亚州立大学	矿井通风、煤矿粉尘控制、煤层气经济学
	Raja V. Ramani	终身教授	宾夕法尼亚州立大学	煤矿风路中的空气、甲烷和煤尘流动机制,矿井通风,健康、安全、生产力和人力资源开发问题,采矿后土地的使用规划和现场环境规划
	Dr. Kadri Dagdelen	教 授	科罗拉多矿业大学	GPS、RFID 雷达和影像技术集成预警系统,露天矿的战略规划与优化
	Ugur Ozbay	教 授	科罗拉多矿业大学	岩质边坡稳定、地下采矿岩石力学、岩土工程设计数值模拟应用、岩土工程中风险及概率计算、监测和检测仪器、实验室岩石试验
	Gregory T. Adel	教 授	弗吉尼亚理工大学	选矿、过程控制、图像分析、传感器开发、数学建模与计算机仿真
	Michael McCarter	教 授	犹他大学	矿山爆破应用、边坡稳定性、采矿诱导微震、煤炭资源回收
	William Pariseau	名誉教授	犹他大学	采矿工程、岩石力学基础和应用
	Dr. Rick Honaker	首席教授	肯塔基大学	选煤、选矿、先进物理选矿、微细颗粒加工、自动化与控制、应用表面化学、采矿工程导论
	G. T. Lineberry	教 授	肯塔基大学	选矿厂工程、地下采矿作业
	Dr. Joseph Sottile	教 授	肯塔基大学	矿山的电气工程应用,主要研究领域包括电力系统保护与安全、电气元件故障早期检测和电能管理
	Richard J. Sweigard	教 授	肯塔基大学	岩土工程、地下水、土壤重构、露天矿开采
	Dr. Daniel Tao	教 授	肯塔基大学	表面与胶体化学、选煤/清洗、摩擦电选分离、选矿磷酸盐、金属表面处理、细颗粒分离、脱水/过滤、浮选柱、矿物活化和抑制、酸性矿山废水控制、固体废物处理和利用、废水处理

国家	姓　名	职　称	高校名称	主要研究方向
美国	Kot F. Unrug	教授	肯塔基大学	地下建筑、矿山设计、岩层控制
	Andrzej M. Wala	教授	肯塔基大学	矿井通风、矿山电力、矿业基础
	Sean Dessureault	教授	亚利桑那大学	矿山管理、矿山自动化、业务管理和研究、应用人类学、工业关系、组织设计、矿山成本核算、流程改进方案和可持续性
	John M. Kemeny	教授	亚利桑那大学	岩石力学,断裂力学;断层和地震力学,钻孔爆破;微裂纹成像,损伤模型,利用数字图像测量块度、裂隙等
	Pinnaduwa Kulatilake	教授	亚利桑那大学	地球工程学岩体裂隙性质网络数值模拟、岩质边坡的稳定性分析
	Moe Momayez	教授	亚利桑那大学	岩土工程材料的表征;岩土力学,岩石物理,岩软化、边坡稳定;地下采矿和建设,矿井通风,地球物理学,无创无损检测技术,仪器仪表,数据融合,知识整合;可再生能源
	Mary M. Poulton	教授	亚利桑那大学	神经网络模式识别、地球物理学、环境调查、地理信息系统、遥感、矿产和石油勘探
	Ben K. Sternberg	教授	亚利桑那大学	新测量方法的研发,电和电磁地球物理,运用于环境工程、采矿、石油和天然气应用地球物理数据解释
	Christopher J. Bise	教授	西弗吉尼亚大学	矿山健康与安全,矿山设计、维护,矿工培训
	Keith A. Heasley	教授	西弗吉尼亚大学	矿山健康与安全、能源技术、数值模拟、沉降预测、矿柱设计、矿山微震
	Wahab A. Khair	名誉教授	西弗吉尼亚大学	能源技术、岩石力学、地面控制
	Navid Mojtabai	系首席教授	新墨西哥矿业技术学院	现场勘查、矿山设计、地质力学
	William X. Chavez, Jr.	教授	新墨西哥矿业技术学院	应用矿产勘查、金属矿床和自然资源开发利用
	Ali Fakhimi	教授	新墨西哥矿业技术学院	岩土力学与数值模拟
	Kalman I. Oravecz	名誉教授	新墨西哥矿业技术学院	岩石力学与测量
	Catherine T. Aimone-Martin	名誉教授	新墨西哥矿业技术学院	地质力学、钻孔与爆炸、岩石破碎、振动控制、统计学
	Rajive Ganguli	教授	阿拉斯加－费尔班克斯大学	装煤控制算法的开发、凹陷轧机过程控制、矿井生产仿真、三维矿井设计、劣等煤的燃烧应用

国家	姓 名	职 称	高校名称	主要研究方向
美国	Sukumar Bandopadhyay	教 授	阿拉斯加－费尔班克斯大学	运筹学、计算机应用、矿山规划、矿井通风、严寒环境下的采矿、陶瓷膜材料
	Gang Chen	教 授	阿拉斯加－费尔班克斯大学	采矿与民用建筑岩石力学、矿山地面控制、岩爆、冻土工程、地理信息系统在采矿中的应用
加拿大	Clayton V. Deutsch	教 授	阿尔伯塔大学	不确定性地球物理偏差预测、地质各向异性特征、地质建模、数值技术参数的选择、对病态系统矩阵求解方法、多尺度建模、数据集成的直接多元建模
	Derek Apel	教 授	阿尔伯塔大学	岩石力学、应用地球物理、矿山辐射研究、地下空区、虚拟现实模拟器
	Jozef Szymanski	教 授	阿尔伯塔大学	智能采掘概念、油砂推土机刃曲率建模、地下矿山矿石贫化评估方法、高效经济的地表开采新技术、智能露天矿设计工程
	Ken Barron	名誉教授	阿尔伯塔大学	
	Art Peterson	名誉教授	阿尔伯塔大学	
	Verne Plitt	名誉教授	阿尔伯塔大学	
	James Archibald	教 授	皇后大学	应力建模和测量、放射性物质/氡气保护、快速凝固喷射支护、废玻璃替代水泥胶结充填料、抗酸性矿山废水的喷射支护材料研发、胶体充填设计与表现性质、新矿山开发的环境评估
	Laeeque Daneshmend	教 授	皇后大学	机械设计、设备维护、维修管理、可靠性分析、系统建模、仿真与控制、矿山自动化、遥控机器人系统
	Anthony Hodge	教 授	皇后大学	环境与可持续发展
	Vic Pakalnis	教 授	皇后大学	职业健康和安全、原生态采矿问题、远程学习、矿业社区、公共政策
	Chris Pickles	教 授	皇后大学	过程和环境、先进火法冶炼、金属工艺提取工程、先进金属冶炼
	Dirk van Zyl	教 授	英属哥伦比亚大学	矿山生命周期系统、矿山相关地表构筑物（尾矿库、堆积场和废石堆场等）的结构与稳定
	John Meech	教 授	英属哥伦比亚大学	人工智能，环境控制与预防，模糊专家系统，人工神经网络、遗传算法
	Malcolm Scoble	教 授	英属哥伦比亚大学	露天与地下采矿方法、可持续采矿、矿山通信、作业条件安全

5 国外高校采矿与安全研究生导师和研究院所的研究方向调查

我国金属矿山安全与环境科技发展前瞻研究

国家	姓　　名	职　　称	高校名称	主要研究方向
澳大利亚	Jim Galvin	名誉教授	新南威尔士大学	岩石力学与地质学、虚拟现实模拟培训与评估、应急响应、风险管理、事故致因、职业健康与安全
	Frank Roxborough	名誉教授	新南威尔士大学	岩体切割力学、机械采矿与掘进、采煤工作面机械化
	Roger Thompson	教　　授	科廷科技大学	露天矿生产运输、汽车调度与最优化、运输道路的设计与安全–风险评估
	Ernesto Villaescusa	教　　授	科廷科技大学	CRC采矿、现场地应力测量、矿石贫化控制、深部采矿挖设计、动态与静态的地面支护
	Mick Tuck	副教授	巴拉瑞特大学	矿井通风与气候、矿井降温与制冷、核废料储存、爆破和爆破震动
	Professor Stephen Priest	教　　授	阿德莱德大学	几何岩体力学、岩石三维破坏准则、岩石真三轴试验
	Emmanuel Chanda	副教授	阿德莱德大学	采矿进程最优化、新一代煤矿运输系统、新的采矿工艺和技术、矿山测量与监控系统
	Knights Peter	教　　授	昆士兰大学	无介绍
	Lever Paul	教　　授	昆士兰大学	无介绍
英国	Frances Wall	教　　授	埃克塞特大学	矿床形成、合理采矿、采矿对公众的影响

　　根据表 5-1 国外这些高校采矿工程专业开设情况看出,许多学校的采矿与地质学相关,这也与采矿专业的性质密切联系。从整体来看,大部分采矿专业教授的研究方向仍与岩石力学、地质力学紧密相关。也有一些教授倾向于新的方法的开发、最优化及人工智能、虚拟现实、数值建模等。国外采矿学科与安全环境和地球科学、地质工程、矿物加工工程等学科一般都在一个院系。国外高校的采矿学科的研究生导师的研究方向与国内一样,大都是围绕矿山开采与安全环境的实用工程技术问题而确立的,很超前的前瞻研究与很基础的、很边缘的和很有想象力的研究极少。国外采矿的科研院所确立的研究方向也是如此。在发达国家,采矿工程学科属于传统学科,有时甚至被认为是夕阳学科,因此从事该领域研究的人员比较少,这种状况与采矿和安全环境学科的特性、国家的科技发展水平、矿山的科技需求等有很大关系。

　　国外一些学校还设有先进的采矿方面的实验室,如弗吉尼亚理工大学的弗吉尼亚煤炭能源研究中心和高级分离技术中心、加拿大阿尔伯塔大学的采矿优化实验室、澳大利亚新南威尔士大学的澳大利亚矿井通风研究中心。

5.2　美国"未来采矿安全与健康研究课题的一揽子研究规划"调查

　　美国矿产部门的雇员大约有 331000 人。在美国工业中,采矿业是事故率最高的行业,这些事故包括死亡、伤害和职业病,毒气、粉尘、化合物、噪声、极端温度和其他的物理因素仍然是导致慢性疾病的致命原因。

2004 年 9 月,美国科学院国家研究委员会和医学研究院组织了一个特设委员会,对美国国家职业安全健康研究院(NIOSH)提出的"未来采矿安全与健康研究课题的一揽子研究规划"进行了评估。该项目确定了七个战略性研究领域:

(1)矿工呼吸系统疾病的预防;

(2)矿工噪声性听力损失预防;

(3)矿工累积性肌肉骨骼损伤的预防;

(4)矿工外伤性损伤的预防;

(5)矿山灾害预防和控制;

(6)地面故障预防;

(7)监测、培训和干预效率。

项目的研究目标是"消除职业病害和采矿场所的伤害和死亡"。规划项目设置了每个阶段的战略目标和中期目标以及绩效措施。

委员会通过对采矿工作场所与矿工安全健康的相关性和影响程度进行了评估,具体包括:

(1)规划研究项目对降低工作场所疾病、伤害的作用的评估;

(2)规划研究项目对未来开拓劳动保护新研究领域的相关性的评估;

(3)规划研究项目对解决采矿场所急需的关键安全健康问题的评估。

评估委员会运用框架文件标准进行评估。从规划研究项目的相关性和影响两个方面进行评价,评估体系为 5 分制,具体内涵如下:

(1)相关性评估。5 分表示"规划研究项目"与重点研究领域和提高劳动保护很相关,研究成果转化为实际应用水平很高;4 分表示"规划研究项目"与重点研究领域和提高劳动保护足够相关,研究成果能够转化为实际应用;3 分表示"规划研究项目"与重点研究领域和提高劳动保护联系不是很紧密;2 分表示"规划研究项目"不属于重点研究领域,与劳动保护联系不是很紧密;1 分表示"规划研究项目"不是一个整体,对于提高工作场所的安全和健康环境没有多大作用。

(2)影响评估。5 分表示最终研究结果是可接受的成果,对职工的安全与健康能做出重要贡献;4 分表示最终研究结果是可接受的成果,对职工的安全与健康能做出适度贡献;3 分表示项目研究活动或产生的新知识或者技术只能有限地应用;2 分表示研究活动或产生的结果可能没有实际用途;1 分表示研究结果的影响不能估计,项目还不够成熟。

评估主要依据是采矿规划项目提供给委员会的一揽子调查材料。委员会听取了规划研究项目负责人和研究人员的陈述,并就一些相关人员进行了口头或书面交流,得出以下结论。

采矿工业的疾病、伤害和职业病在过去的几十年中有显著的下降,这是由于矿山管理者和矿工、劳工组织、联邦和国家执法机构、设备制造和供应商、研究人员以及其他人员在内的人的共同努力的结果。"规划研究项目"有利于矿工更安全、更健康。在评估该规划项目对提高职工的安全和健康方面的贡献时,委员会对相关性和影响程度都打了 4 分。

在评估相关性和影响时,委员会考虑到资金、资源分配、雇工人数、利益相关者的投入获得和合并到研究项目的方式。委员会按照项目活动对于获得战略目标和成果质量与数量的贡献的顺序进行考虑,认为项目研究的技术、方案、程序和培训工具被现场的接受程度和应用尤其受到重视。

该"研究规划"的研究队伍除了 NIOSH 外,还包括呼吸系统疾病研究所,安全研究所,监测、危险评价和实地研究所。理想情况是与医疗、流行病学、工程、地质和工业卫生相关经历的研究组成一个研究团队一起工作,来帮助处理包括工作安排研究在内的场所问题,项目管理应该更多地涉及设想和项目内及项目间的互动,另外,应该通过足够的物质分配来充分利用 NIOSH 采矿安全和健康研究顾问委员会,在项目决策过程中应该充分考虑咨询委员会的发现、结论和建议。

从该"研究规划"可以看出,由于美国已经走过了发展快速阶段事故高发的时期,矿山安全环境的研究重点已经不是预防重大伤亡事故,而是侧重于职业健康研究。上述关于矿工呼吸系统疾病的预防、矿工噪声性听力损失预防、矿工累积性肌肉骨骼损伤的预防等课题中,在我国有些还提不到重要议事日程,但这不能说明这些课题在我国不重要,而更是需要前瞻研究的课题。

6 深部金属矿开采中地层能量致灾与控制的前瞻研究

　　金属矿产资源的安全、高效开发始终是关系到我国国民经济持续发展和国家能源战略安全的重大问题。迄今世界经济发展所消耗的浅部资源正日渐枯竭,国内外大多数金属矿山正转入深部资源开采状态,深地金属资源的获取正成为国际矿业的重要研究领域。据不完全统计,国外开采超过 1000 m 的金属矿山有 80 余座,其中最多为南非,其绝大多数金矿的开采深度大都在 1000 m 以下,如南非 Anglogold 公司的西部深水平金矿达到了 3700 m,开采设计深度接近 5000 m。预计在今后 10～20 年内,我国相当部分金属和有色金属矿山将进入 1000～2000 m 深度开采。根据金属矿山往深部推进的速度(约为 8～16 m/a),未来 50 年内我国金属矿山对金属资源的开采将进入2000～3000 m 的深部。可见,深地资源的提取研究必将成为未来 50 年乃至 100 年矿业领域研究的热点和重点。

　　展望未来,考虑到深部资源开采环境严重恶化,预计人类对金属资源开采的手段将由"异体"向"就地"形式转变,在人类无法达到的深部地层处,可能采用原地浸出或类似于化学萃取的方式在深地空间直接对金属矿石资源进行提取、加工和利用,然后提升到地面。为此,本章以"深部金属矿开采中地层能量致灾与控制研究"为主题展开论述,旨在预测和跟踪该领域技术变革过程对人类可能造成的安全和环境灾害,并对灾害控制和利用技术的发展作粗放式的前瞻探索。

6.1　深部金属矿开采过程中地层能量活动特点及安全问题

　　在研究深地资源的提取和利用过程中,常会涉及"深部"的概念问题,也就是说,到底多大的深度才能算作"深部"。在这一问题的探讨中,国外不同国家对深部的上限值规定不同,如美国通常将深部解释为 5000 ft(1554 m)或以上;南非将 1500 m 的矿井称为深矿井;波兰将深度超过 800 m 的巷道称为深矿井巷道;日本则认为是 600 m;德国研究深部开采的学者一般涉及的地下深度在 900 m 以上。而俄罗斯一些学者对深部的划分有两类方法:一类是采用两分法,认为深度为 600～1000 m 以内的矿井称为深矿井,在 1000～1500 m 的矿井称为大深度矿井(А·Ф·巴赫晋,1984);另一类采用三分法,认为开采深度超过 600 m 的矿井即称为深矿井,其中第 1 类矿井深 600～800 m、第 2 类深 800～1000 m、第 3 类深 1000 m 以上(А·Е·维杜林,1984)。在国内,在煤矿开采领域,一般认为当采深达 600 m 以上时即为深部矿井;而在金属矿开采领域,认为矿床埋深在 800～1000 m 以下时即属于深井开采这一特殊领域。可见,对深地资源的提取和利用的研究至少涉及地下 600 m 以上的深度。

在地下 600 m 以上的深部,地壳运动使地层岩石中积聚了大量的能量,能量越高,其控制的难度越大,因而发生失控灾害的可能性也越大。其能量来源主要有如下几个方面:

(1)深部高地应力作用使深地岩石储存了大量的弹性应变能。地应力包括构造应力、自重应力和岩体的热应力。在相同深度情况下,岩体热应力为总地应力的 1/9 左右。太阳对地球能量的输入,日、月对地球的引力使岩石圈产生相应变化,形成固体潮,固体潮引起地应力,同时引起潮汐变化,加之地球自转速度的变化,都会导致地应力的产生与变化。地应力不仅存在于岩块内介质中,也存在于结构面的裂缝处,它既可表现为压应力,也可表现为剪应力,地层深部岩体便是在这种复杂应力状态下处于相对的平衡状态。有关资料表明,深部岩体形成历史久远,留有远古构造运动的痕迹,其中存有构造应力场或残余构造应力场,二者的叠合累积为高应力,在深部岩体中形成了异常的地应力场。据南非地应力测定,在地下 3500 ~ 5000 m 之间地应力水平为 95 ~ 135 MPa。再加上由重力引起的垂直原岩应力,使深部岩层在各向高地应力作用下储存了大量弹性应变能量和势能,从而具有能量源和能量汇的特性。因此,深部地层一旦受到外部工程活动的干扰,将发生较大的能量运移动力致灾现象。

(2)地层深处的高位热能。测量结果显示,越往地下深处地温越高。苏联在科拉半岛深部钻孔中进行的温度测量表明,从地表到地下 3000 m 深处,温度梯度与以往预计的一致,即每下降 100 m,温度上升 10℃。然而,在 3000 m 以下,温度梯度增加到每 100 m 2.5℃以上。在 10000 m 深处的温度达到了 180℃。煤炭行业也有文献资料指出,深部开采中的地温梯度为 30 ~ 50℃/km,一般为 30℃/km。有些地区如断层附近或热导率高的异常局部地区,地温梯度有时高达 200℃/km。温度的升高表明岩体内储存了超常规热能,从而使其在力学、变形性质等方面与普通环境条件下相比具有很大差异。热能的快速传导运移可使岩体产生热胀冷缩而破碎,而且可在岩体内产生相当水平的热应力,也即热能将转变为致灾的弹性应变能。据有关资料,深部岩体温度每变化 1℃,可产生 0.4 ~ 0.5 MPa 的地应力变化。这种地应力变化对工程岩体的力学特性会产生显著的影响。

(3)深部地层中的高岩溶水压和孔隙水压势能。进入深部开采后,随着地应力及地温的升高,同时将会伴随着岩溶水压的升高,当采深大于 1000 m 时,其岩溶水压将高达 7 ~ 10 MPa 甚至更高。在其他非岩溶地层中,由于岩石中一般存在大小不同、形状各异的孔、洞、缝、隙(以下简称孔隙),这些孔隙中充满流体,流体有压力,流体压力作用在与其接触的岩石表面(这部分岩石表面被流体所覆盖),即为孔隙水压。深部岩石在高地应力和高地温的条件下,其中的孔隙水压将远大于浅部岩石。这种高岩溶水压和孔隙水压势能的存在无疑会对深部岩石的力学性质产生影响。在外界扰动的作用下,水压势能的运移转化将更容易导致深部岩石的成灾活动。

此外,越往地层深部,资源提取所涉及的人员及机、物、料等固体类物质具有的重力势能越大,因而能量失控所导致的灾害事故发生的几率也越大。

由此可见,深部金属资源的开采过程始终在地层高能量场中进行,这种高能量场使深部岩层在人类开采活动扰动下,表现出一系列特殊的、有致灾倾向的非线性能量耗散现象或物理力学特性。

深部硬岩层在资源提取过程中容易发生具有强致灾性的岩爆动力现象。岩爆是在具有高应变能的硬脆性岩石中实施巷道或硐室开挖扰动时,岩体因开挖卸荷导致洞壁应力分异,储存于岩体中的弹性应变能突然释放,因而产生爆裂松脱、剥落、弹射甚至抛掷现象的一种动力失稳地质灾害。当前研究表明,岩爆的发生通常有内因和外因两个方面。内因是岩体本身具有的岩爆力学性质,如果本身没有这个性质,那么外因再怎么作用也不会发生岩爆,仅可以破坏。发生岩爆的内因,是岩石本身致密坚硬,矿岩坚固性系数 f 值多在 10～12 以上,且不含水,此时岩石在地应力作用下将储存大量的应变能。外因是岩体开挖后,开挖引起的二次应力与构造残余应力叠加后的应力场达到某种组合条件,使应力达到或超过岩体破坏的临界值,如果应力小者则仅可岩石脱落,而应力大时则会发生岩爆。因此,影响岩爆发生的因素主要有岩石的脆性、岩石的强度、岩石含水率、工程埋深、原岩应力、地质构造等。深部资源提取过程正好具有岩爆发生的外因条件,因为此时仅重力引起的垂直原岩应力通常就超过工程岩体的抗压强度(＞20 MPa),而工程开挖所引起的水平应力集中则远大于工程岩体的强度(＞40 MPa)。因此,如果深部开采所处岩层正好是符合岩爆发生内因的硬岩层时,岩爆的发生便不可避免。有统计资料表明,随开采深度的增加,岩爆发生的频率和强度均明显增加。我国辽宁的红透山铜矿、冬瓜山铜矿、金川镍矿等深部矿山均发生了程度不同的岩爆。

深部岩体发生脆性—延性转化及与此相关的大变形和强流变现象。岩石在不同围压下表现出不同的峰后特性,脆—延转化即岩石在低围压下表现为脆性,在高围压下转化为延性或韧性的行为。其中使岩石的峰后曲线变得平行于(应变)横轴的围压,称为"脆—延转化临界围压"。对于深部岩体,由于其所处的应力场为复杂应力场,一般有围压存在,而且随着深度增加,围压增加,当岩层中围压和温度达到一定条件时,岩石便会发生脆—延转化,其结果是原来为脆性的岩石,在深部可能变成具有强烈时间效应的黏塑性岩石,此时深部工程围岩便会表现出大变形和强流变现象,使其中的巷道地压增高、变形破坏十分严重,如我国金川矿区深部岩体的流变变形使巷道翻修率从 1999 年的 3200 m 增加到 2006 年的 13244 m 便是这方面典型的例子。

深部资源提取空间开挖过程中突水和渗水现象严重。随着资源提取深度的增加,深部岩体内的承压水势能增高,加之采掘扰动造成断层或裂隙活化,从而形成相对集中的渗流通道及范围很窄的涌水通道,故深部开采中突水和涌水现象十分严重,且突水经常发生在采掘工作结束后的一段时间内,具有明显的瞬时突发性和不可预测性。如金川矿区的以往水文地质资料显示,其水文地质简单、地下涌水小,但在深部地段,一些井筒和水平巷道的涌水量却高达 60～80 m³/h,严重影响了施工质量和工程进度。

深部资源提取空间充填质量难以符合要求。由于深部矿岩条件复杂、地应力和采动应力大,资源提取的强度也将不断增大,由此导致采充循环时间缩短,再加上充填时的水力势能加大,从而使充填体的强度难以及时形成,充填的质量往往难以满足深部安全开采的人工假顶要求。从深部资源提取所涉及的高采深或高位能状态分析,深部充填亟待解决的主要技术问题有:浆体输送中的质能传递及突变机理和控制方式;动态流变参数与料浆浓度、动态变化频率、位能、流量等影响因素的关系及对输送管路的破坏机理;管道在高流速作用下磨蚀、振动、爆管、堵管机理及控制措施;解决能量的合理分配及消耗问题,系统安全实用的消能设施的研究及应用;对高位能条件下浆体进入采空区后浆体的沉降和流动特性、强度特性、对构筑物的安全影响研究等。其中涉及本专题研究的范畴主要有充填体与围岩的相互耦合作用机理、充填体在深部多能量场作用下的稳定性问题、充填体对深部采动空间动力灾害的抑制作用及技术等。

深部岩体的地下爆破会诱发大于其炸药总能量的工程性地震现象。由于深部岩体本身是能量源和能量汇，在地下爆破作用的诱发下，其岩体能量集中爆发的可能性增大，由此会引发远大于原炸药总能量的工程性地震，增加了资源提取过程的危险性。如 1989 年 4 月 16 日在基洛夫矿山地下实施 2300 t 总当量的爆破（400～500 ms 时间间隔内）后，在爆破地点发生了裂度为 6 的地震，在离爆破投放点 6 km 处的基洛夫城发生了 4～5 烈度地震，地震震级约为 4.8～5 级，相应的地震能量为 10^{12} J，而爆破炸药的炸药点能量仅为 10^8～10^9 J。

深部工程围岩会产生分区破裂化现象。在深部岩体中开挖硐室或巷道时，在其两侧和工作面前方的围岩中，会产生逐次交替的破裂区和未破裂区，当前深部岩石力学工作者将这种现象称为分区破裂化现象，它是地层岩体在高能量场中自组织作用的结果，也可能是地层能量量子化作用的结果。目前分区破裂化现象在深部资源提取空间中是否具有普遍性仍在进一步验证之中，它增加了深部围岩稳定性控制的复杂性和不可预知性。

从上述深地空间地层能量活动的各种表征现象看，深部岩体在资源提取活动过程中的能量运移具有混沌和自组织特性，由此导致深部资源提取和利用过程中诸如冲击地压、冒顶片帮、突水涌水、地面坍塌等形式的工程灾害日益增多。如辽宁红透山铜矿在 1999 年曾发生中等程度的岩爆，导致近 100 m 长的斜坡道一次性崩塌报废和部分采场停产；甘肃金川公司二矿区虽然采用了充填法开采，但其地表已出现明显的张裂缝和岩层错动痕迹，这表明采场上覆岩层移动已发展到地表，并随着开采深度的增加有不断扩大的趋势。

可见，开展深地金属资源开采过程中地层能量致灾活动机理及其安全控制技术的前瞻研究具有十分重要的经济和现实意义。

6.2 深部金属矿开采中能量致灾活动及控制的研究现状

由于深地金属资源提取和利用过程中地层能量活动的强烈致灾特性极大地制约了深部资源的安全、高效开采，目前国内外深部岩体力学工作者在该领域进行了大量研究。

早在 20 世纪 80 年代初，国外已经开始注意对深井问题的研究。1983 年，苏联就提出对超过 1600 m 的深矿井开采进行专题研究。当时的联邦德国还建立了特大型模拟试验台，专门对 1600 m 深矿井的三维矿压问题进行了模拟试验研究。1989 年，岩石力学学会曾在法国召开"深部岩石力学"问题国际会议，并出版了相关的专著。我国于 2004 年启动了以何满潮、钱七虎为项目首席科学家的国家重大自然科学基金项目"深部岩体力学基础研究与应用"，从深部开采中的岩石力学基础理论、深部开采诱发的重大工程灾害的机理及其预测和控制以及深部资源开采的方法与关键技术等三个方面来探讨深部开采中的科学问题；2009 年 12 月，由中国科学院武汉岩土力学研究所主持，联合武汉大学、山东大学、四川大学、中南大学、中国矿业大学(北京)、中国科学院地质与地球物理研究所、中国人民解放军理工大学等单位,以冯夏庭教授为首席科学家,钱七虎院士、葛修润院士和古德生院士领衔组成的专家团队支持的国家973项目"深部重大工程灾害的孕育演化机制与动态调控理论"启动,该项目旨在揭示深部重大工程灾害的诱发条件、孕育演化和成灾机理,建立深部重大工程灾害孕育演化过程的时空预测和动态调控理论体系。该项目的启动对我国金属矿山安全与环境科技发展的前瞻研究具有重要的借鉴意义。

纵观最近20年的研究成果,国内外学者在岩爆预测、软岩大变形与流变机制、突水和涌水预测及岩爆防治措施(改善围岩的物理力学性质、应力解除、及时进行锚喷支护施工、合理的施工方法等)、软岩防治措施(加强稳定掌子面,加强基脚及防止断面挤入,防止开裂的锚、喷、支,分断面开挖等)等各方面进行了深入的研究。

在岩爆研究方面,国外最早有记录的岩爆是18世纪30年代在英国莱比锡煤矿发生的。我国最早有记录的岩爆则是1933年在抚顺胜利煤矿发生的,我国发生岩爆的历史较短。国外在岩爆理论方面的研究于20世纪20~30年代就开展了。在岩爆的定义上,南非的W. D. Ortlepp认为岩爆就是给土木工程和地下巷道(包括采场工作面、井巷工程和硐室)造成猛烈严重破坏的岩体震动事件,所谓震动事件是指由于岩体内应变能的突然释放导致的岩体瞬间运动。其中所说的震动不含人们为了生产用炸药爆破或其他生产工具破碎岩石产生的震动。国内郭然认为岩爆是岩体破坏的一种形式,它是处于高应力或极限平衡状态的岩体或地质结构体,在开挖活动的扰动下,其内部储存的应变能瞬间释放,造成开挖空间周围部分岩石从母岩体中急剧、猛烈地突出或弹射出来的一种动态力学现象。可见岩爆的发生是岩体内能量剧烈运移演化的结果。岩爆的发生常伴随着岩体震动。在岩爆发生机理的研究方面,各国学者在实验室研究和现场调查的基础上,从不同的角度先后提出了强度理论、刚度理论、能量理论、岩爆倾向理论、"三准则"理论、失稳理论、三因素理论等一系列重要的理论,其中以强度理论、能量理论和冲击倾向理论占主导地位。强度理论是借鉴了经典力学中有关材料强度的概念而提出来的,该理论只给出了岩爆发生的必要条件,并未指出在什么条件下会发生岩爆。刚度理论认为矿体的刚度大于围岩的刚度是产生岩爆的必要条件,它未对矿体与围岩负荷系统的划分及其刚度给出明确的概念,尽管其理论简单、直观,但要广泛应用于实践尚有不足之处。能量理论从能量角度解释了岩爆的破坏机理,但它未说明平衡状态的性质和破坏条件。岩爆倾向理论的突出优点是岩爆倾向性评价所需数据来自室内岩石力学试验结果,比较经济有效,但所采用的指标离散度较大。"三准则"理论是对强度理论、刚度理论及能量理论的组合,该理论不具备可操作性。失稳理论是对强度理论、刚度理论和能量理论更深入的总结和发展,该理论在必要条件上还不具体。"三因素"理论是冲击倾向理论和能量理论的综合与发展。从目前的研究来看,这些理论在本质上是相互联系的,通常依托于假设和经验,因此在实际工程中的广泛应用还有很大差距,在理论研究上还有待于深入。在岩爆预测预报方面,国内外目前还没有一整套成熟的理论和方法。印度学者用地震学方法的研究成果代表岩爆长期趋势预测的水平。南非学者通过仪器观测的研究成果代表岩爆短期预报的水平。国内外岩爆预测预报方法大致可分为理论分析法和现场实测法。理论分析法主要根据不同的岩爆机理理论得出判据以形成不同的预测方法。主要采用的判据有应力判据、能量判据、冲击能量指数判据、临界深度判据、岩性判据、岩体 RQD 指标判据、线弹性能判据、弹性应变能判据、岩体完整性系数判据等。理论分析也注重先进的数学方法的应用，如模糊数学综合评判方法、人工神经网络、可拓学、数值模拟方法、距离判别方法、灰类白化权函数聚类预测方法、非线性混沌理论、支持向量机法、属性数学理论、分形理论等。理论分析法发展至今，通过借助先进的数学方法，已逐步实现由岩石试件岩爆倾向性预测向工程岩体岩爆趋势预测的功能扩展。但目前对岩爆机理的认识还有待深入，因此已有的判据局限性较大，而采用模糊综合评价和人工智能的方法在指标的确定和选取上还没有突破，仍然来自于传统判别指标，仍然是一种静态的预测方法，还不能实现对动态开挖的复杂岩体工程进行及时的动态预测。因此如何使预测预报理论分析方法的结果更加有效地指导生产实践，是今后需要解决的一个重点和难点问题。现场实测法是借助一些必要的仪器，对岩体直接进行监测和测试来判别是否有发生岩爆的可能，并指明岩爆发生的大致时间，以便及时撤退工作人员及设备，保证安全生产。现场实测法主要包括各种直接接触式方法和地球物理方法。所谓直接接触式方法即通过向采掘工作面打钻测量反映应力状态的直接参数，并根据经验和已有的理论进行预测，具体有钻孔应力计、光弹应力计、光弹应变计、压力盒、收敛计、位移计、电阻率法、煤粉钻监测方法等。其主要优点是可积累经验和基本数据指标，各指标直接从前方岩体中取得，具有较高的可靠度。缺点是预测的时间间隔太长，无法实现连续监测，因此信息量少、偶然性大，预测过程要扰动和接触岩体，易诱发动力现象，安全性差；预测工作量大，预测费用高，受各种操作过程和作业人员因素影响大。地球物理方法是通过对岩体突然破裂发出的前兆信息用精密仪器进行采集分析，具体有地震监测技术应用、声发射监测技术应用、电磁辐射监测技术应用、超声波探测技术应用以及其他物理化学探测技术应用等，这些方法的共同特点是将灾害发生前的特征信息通过传感器转化为数字化信息，自动采集或汇集，数字化传输，数据库存储并提供分析结果，从很大程度上克服了直接接触式监测预报方法的局限性，并具有可以在全国甚至全球范围内通过互联网实现前兆数据的分布式共享、建立多维岩爆灾害监测系统的发展前景。应用地球物理方法监测预报岩爆灾害还正处在发展阶段，目前存在测试参数依据不强、监测信息可靠度不高及前期投入大等缺点，但它代表了未来岩爆预测的发展方向。在岩爆控制技术研究方面，目前国内外常见的岩爆防治措施大致可分为区域性防治措施(战略性)和局部解危措施(战术性)两大类。区域性防治措施的基本原理就是尽可能避免采矿工作区域大范围应力(或应变能)集中，使岩体内的应力(或能量)处于极限平衡状态以下，从而达到控制岩爆的目的。该种方法主要有：合理布置矿山开拓系统，优化采场、硐室和巷道的结构参数和方位，确定最佳回采顺序，防止大范围应力长期超过岩体强度；岩层预注水，降低岩体强度，增加岩体塑性变形比例，使岩体内积聚的应变能多次小规模释放，防止应变能集中释放；开采岩体保护层；充填采空区；及时放顶等。局部解危措施旨在对已形成破坏或具有潜在岩爆灾害的危险地段采取措施进行维护和控制，该方法主要包括合理的支护、松动爆破、卸载爆破、诱发爆破、卸载钻孔等。区域性防治措施在完备程度上具有彻底性，在时间上具有长期性，在空间上具有区域性，因此，在矿山生产设计时应优先考虑。但由于矿山地质条件、工程环境因素、开采技术情况的复杂性,加上人们对深部矿床开采岩爆灾害发生机理的认识还有待完善,矿山生产时造成局部地段存在岩爆危害倾向是不可避免的,因而局部解危措施是必不可少的。以上防治措施的综合应用可以有效地降低深部矿山的岩爆灾害,但由于当前关于岩爆发生机理认识还有待于完善,加之工程岩体岩爆灾害的发生具有很大程度的复杂性和不确定性,大部分矿山在采取防治措施时不能对症下药,而主要依靠主观经验判断,使防治经常失败。因此,该领域的研究亟待加强。

在深部岩体于高能量场作用下的脆—延转化研究方面,自 Von Karman 在 1911 年首先用大理岩进行不同围压条件下的力学实验以来,有众多学者就岩石在三向高应力状态下的力学性质进行了大量实验研究。M. S. Paterson、K. Mogi 在 1958~1978 年间分别在室温下对大理岩进行了实验,证明了随着压力增大岩石变形行为由脆性向延性转变的特性,并指出脆—延转化通常与岩石强度有关,但花岗岩和大理岩这类岩石,在室温下即使围压达到 1000 MPa 甚至以上时仍表现为脆性。而有的现场观测资料表明,像花岗闪长岩这种极坚硬的岩石在长期地质力作用下也会发生很大延性变形。岩石破坏时在不同的围压水平上表现出不同的应变值,当岩石发生脆性破坏时,通常不伴有或仅伴有少量的永久变形或塑性变形,当岩石呈延性破坏时,其永久应变通常较大,故 H. C. Heard、J. Singh 等人建议用岩石破坏时的应变值作为脆—延转化判别标准。M. A. Kwasniewski 在其 1989 年的论文中,根据亚、欧、美、非各大洲的 101 个砂岩试件的实验数据,对岩石的脆—延转化规律进行了深入研究,系统分析了脆—延转化临界条件,并研究了脆—延性转化过程中的过渡态性质。我国学者陈颙在其专著《岩石物理学》中认为,岩石在过渡态中通常具有脆性破坏的特征,也具有延性变形的性质。岩石脆—延性转化临界条件的诸多成果还来自于地壳岩石圈动力学中,普遍认为,随着深度的增加,当岩层中压力和温度达到一定条件时,岩石即发生脆—延性转化,所以存在转化深度的概念,当然该深度还与岩石性质有关。R. Meissner、G. Ranalli、D. C. Murphy 等人在他们的论文中认为,当摩擦强度与蠕变强度相等时岩石即进入延性变形状态。M. Shimada 在 1993 年的论文中给出了地球岩石圈各种强度的推测曲线。从以上研究结果可见,所谓脆—延性转化是岩石在高温和高压作用下表现出的一种特殊的变形性质,如果说浅部低围压下岩石破坏仅伴有少量甚至完全没有永久变形的话,则深部高围压条件下岩石的破坏往往伴随着较大的塑性变形。目前,这方面的研究大多集中在脆—延性转化的判断标准上,而对于脆—延性转化的机理却研究较少,没有形成系统成熟的成果。

在深部岩体大变形及流变探索方面,对于围岩位移变形的研究,主要方法可归结为连续介质力学方法、非连续介质力学方法以及基于实测围岩变形的经验公式法。如陈宗基、孙钧等众多学者采用物理模拟和数值模拟方法,从岩石弹塑黏性(流变学)角度来分析解释巷道围岩破坏失稳的原因,认为巷道围岩应力是流变变形地压;孙广忠教授等则研究岩体节理、裂隙的结构变形效应;王仁等把围岩作为黏性流体进行研究并建立了等价本构关系;谢和平等从岩石损伤角度解释分析了巷道大变形的机理;何满潮等则将工程地质和现代软岩科学结合起来,提出了非线性光滑大变形有限元法处理巷道大变形问题。随着计算机的应用和发展,一些现代力学数值分析方法如有限元、边界元、反演分析等用于深部围岩大变形问题的研究也常见报道。

工程实际表明,在深部高应力环境中,岩石具有很强的时间效应,表现为明显的流变或蠕变。D. F. Malan 在 1997～2002 年期间,研究了南非深部开采环境中硬岩产生的时间效应,发现高应力导致围岩流变性十分明显,支护极其困难,巷道最大收缩率曾达到了500 mm/月的水平。对于软岩巷道,O. Aydan 在 1999 年通过对大量日本的软岩巷道调查后发现,发生明显流变的巷道围岩承载因子都小于 2,该结论是针对典型软岩如泥岩、凝灰岩、页岩和粉砂岩等得出的,且埋深都小于 400 m,该准则是否适用于深部硬岩目前尚无定论。岩石在高应力和其他不利因素的共同作用下,其蠕变更为显著,这种情况在核废料处置中十分普遍。例如,质地非常坚硬的花岗岩,在长时微破裂效应和地下水力诱致应力腐蚀(water induced stress corrosion)的双重不利因素作用下,同样会对存贮库近场区域的岩石强度产生很大的削弱作用。蠕变的发生还与岩体中微破裂导致的岩石剥离有关,根据瑞典 Forsmark 核废料候选场址的观测记录以及长时蠕变准则的推测,预计该硐库围岩经历 1000 年后,岩石剥落波及的深度将达到 3m。可见,在深部岩体大变形和流变研究方面,目前只注重于宏观或细观描述研究,还没有深入到岩石在深部不利环境下的微观物理演化机制研究。

在深部岩体的诱导破碎机理研究方面,近十几年来,国内外对岩石分别在高应力状态和动荷载作用下的特性与响应做了一系列细致而深入的研究,以期达到最终利用高应力与应力波应力场叠加组合实现高效率破裂矿岩的目的。研究中主要以三轴实验仪为实验设备,对岩石在高应力状态下的物理特性与破坏进行了探讨。同时通过利用细观力学、断裂力学以及损伤力学等现代力学理论,就岩石的本构特征、断裂破坏机理进行了理论与数值分析,从而对冲击地压、岩爆等物理现象有了本质的认识。另外,以霍布金逊压杆与轻气炮为主要冲击实验设备,对岩石在动荷载作用下高应变率段的动力参量与动力性质进行了实验研究,并从应力波理论的角度利用各种现代方法对岩石的动态本构特征、应力波在岩石中的传播与能量耗散以及界面边界效应等方面进行了理论分析与数值模拟,从而得到了一系列岩石动态破坏规律。但目前这方面的研究还只限于脆性材料在高应力与应力脉冲组合下的理论分析上,对岩石处于高能量场作用下的动态特性与碎裂机理探索方面还少见报道。

在深部岩体的水害研究方面,国内外在采矿过程中地下水的运移规律、突水机理、工作面及矿井涌水量预测、老窿与岩溶水探测设备与技术、裂隙或构造带涌水通道堵截技术及材料等方面进行了研究。在突水机理的研究上,曾先后提出了“突水系数”、“等效隔水层”和底板隔水层中存在“原始导高”等概念。对突水分析采用了统计学方法、力学平衡方法、能量平衡方法。同时,开始应用井下物探技术,如坑道透视法、井下电法、氡气测定法等来探测充水水源和充水通道,并在研究、验证预测突水量的数学模型方面有较大进展。在水害防治方面,我国矿井主要采用疏干降压、堵水截流等方法,尤其在静水与动水条件下注浆封堵突水点、矿区外围注浆帷幕截流等技术方面比较成熟,有丰富的经验。国外主要采用主动防护法,即采用地面垂直钻孔,用潜水泵专门疏干含水层。为了适应预先疏干方法,生产了高扬程(达 1000 m)、大排水量(达 5000 m³/h)、大功率(2000 kW)的潜水泵,其疏干工程已逐渐采用电脑自动控制。国外堵水截流方法也有很大发展,建造地下帷幕方法愈来愈受到重视,认为帷幕是今后疏干研究工作的主要方向之一,目前有些国家也利用挖沟机在松散层中修建帷幕;此外,开挖、护壁、清渣流水作业等,也是当前国外先进的堵水截流技术。为充分利用隔水层厚度,减少排水量,国外当前正在对隔水层的隔水机理、突水量与构造裂隙的关系、高水压作业下的突水机理以及隔水层稳定性与临界水力阻力的综合作用等进行研究。在水害预测方面,目前主要有统计学方法、突变论方法和现场试验如水力压裂法等。物探方法也有一定的发展,如德、英、美等国研究用槽波地震法探测落差大于矿体厚度的断层,以及采用井下数字地震仪探测岩层中的应力分布;苏联从超前孔中用无线电波法研究岩溶发育带预防突水。由于深部岩体中有较高的孔隙水压以及高渗透水压,国内外也对深部裂隙岩体中的渗流效应,特别是其与应力场、温度场等能量场相互耦合对岩体的作用进行了研究。目前国内外研究的岩体渗流理论大致可分为等效连续介质模型、离散网络模型、裂隙－孔隙双重介质模型、裂隙网络混合模型和随机渗流模型等五类。在等效连续介质模型中,裂隙介质被假定为具有足够多数目和相对密集的随机产状、相互连通的裂隙,以使在统计的角度和平均的意义上定义岩体每个点的平均渗透性质成为可能。其不考虑单个裂隙的几何结构和物理性质,裂隙介质被看做多孔介质,这样渗透系数和孔隙度之类的参数和渗流基本公式可以采用多孔介质渗流理论。国内外学者Snow、Long、Oda、Khaleel、张有天和仵彦卿等对此模型进行了一定的研究。应用等效连续介质模型研究岩体渗流,优点在于不必知道岩体中每条裂隙的几何特性和渗透特性,只需确定岩体中主导裂隙几何水力参数的统计值,并且由于该模型在理论值和数值求解方法上均可借鉴发展已较成熟的岩土类多孔介质模型,故而使用方便,应用也广泛。其缺点是把裂隙岩体等效为连续介质,不能真实地刻画裂隙的主体导水作用,也不能得出裂隙中真实的渗流状况,对于非饱和渗流,毛细压力的变化会导致等效渗透系数张量的渗透主轴变化。孔隙－裂隙双重介质模型认为,裂隙是流体主要传输通道,其渗透性比岩块多孔基质的渗透性大得多;岩块是流体的主要储存空间,其孔隙度比裂隙的孔隙度大得多,因此在裂隙岩体渗流中,岩块基质中的孔隙主要提供流体的储存空间,而裂隙主要提供流动通道,形成两个彼此独立而又相互联系的水动力学系统,其间通过岩块孔隙和岩体裂隙的流量交换相联系。这两个系统被看做连续介质,有各自的孔隙度和两个渗透率,空间中每一点都有两个分别对应于孔隙系统和裂隙系统的渗流势和两个渗透速度。该模型最早由Barenblatt提出,国内外仵彦卿、Warren、Duiguid、Strcltsova、Neremieks等人对该模型进行了发展和完善。该模型的主要优点在于考虑了裂隙系统孔隙性差而导水性强和岩块孔隙系统孔隙性好而导水性弱的特点,更接近于工程实际。其缺点在于在建立裂隙－孔隙水力交换方程时,交换量难以准确确定,而其准确性又直接影响模型的精度,而且对于复杂的裂隙－孔隙系统,模型模拟的工作量大,需要做出相当的简化和假定,因而模型的应用受到限制。裂隙网络系统完全忽略岩块的渗透性,认为流体由一个裂隙流向下一个与之相交的裂隙,只考虑裂隙的导水作用,岩体被视为简单的裂隙网络介质,整个裂隙岩体的渗流行为由裂隙决定。该模型以单裂隙内渗流基本公式为基础,利用立方定律和Darcy定律来建立流量平衡方程,求解各裂隙交叉点的水头值,裂隙网络的获取则一般由裂隙统计规律借助计算机随机生成。但在深部工程中,裂隙内的水力势很大,裂隙渗流已经不符合线性的Darcy定律,因此该类研究有待深入。岩体中的裂隙根据迹长和开度的大小划分为主干裂隙和次要裂隙。对主干裂隙按离散介质处理,应用离散裂隙网络;对次要裂隙和岩石孔隙按连续介质处理,应用等效连续介质。然后根据两类介质接触水头连续及流量平衡原则建立耦合求解方程。这一方法被称为裂隙网络混合模型。国内外王洪涛、Clemo 等人对此进行了一定的研究。该类模型应用等效连续介质和裂隙网络模型分别描述次要裂隙、孔隙中的水流动和主干裂隙中的水流动,反映了裂隙的特殊导水作用,又体现了岩块的储水作用,和其他模型相比更接近于工程实际。此外,由于众多的次要裂隙多以等效连续介质概化处理,而主干裂隙数目相对较少,故其操作性强。但模型中两类介质接触处的水量交换难以确定,且因描述连续介质和离散介质区域的水流运动方程不同,模型的处理有很多不便。随机渗流模型认为,可将研究域内试验获得的几何分布参数和水力特征参数作为随机变量进行误差处理,进而考虑渗流场分布的随机性。国外在 20 世纪 80 年代开始重视裂隙岩体渗流分布随机性问题,国内这方面的研究还很少。可见,在岩体渗流理论研究方面,国内外目前的研究大都没有"深部"特色,针对性不强。据前所述,深部岩体是处在多种高能量场同时存在的环境中,因此国内外学者也对其岩体力学特性的多场耦合效应进行了探讨,如谢兴华对岩体应力 - 渗流耦合机理进行了研究,张成良对岩体应力场、渗流场和温度场的三场耦合效应进行了研究。但这些研究报道不多,且还是初步的,还有待进一步深入。

在深部充填研究方面,国内外学者进行了大量工作。在深部空间实施充填,除具有和浅部相同的作用外,还具有如下重要作用:充填体可有效地抑制岩爆的发生、充填体能大量吸收岩爆释放的地震波从而降低岩爆的影响、充填体可阻断风流与原岩的接触从而降低井下温度、充填技术可提高深井矿山的资源回收和综合效益。充填技术的国内外研究目前主要集中在充填工艺研究、充填材料研究、浆体输送动力学研究及充填体的力学特性研究等四个方面。在充填工艺研究方面,目前对膏体充填工艺的研究较多;而对充填材料研究则以全尾砂类细骨料、粉煤灰、钢渣、化学石膏、赤泥等工业废弃物的再利用为主;在输送动力学方面以对浆体的流型、流变特性的深入研究及输送临界流速、水力坡度、不同流速条件下的管道安全为主;对充填体的研究以充填体与围岩的力学作用、充填体破坏特征、对岩层的支护作用机理及不同采矿条件下的合理要求强度为主。针对充填体与围岩力学作用机理,Brown 和 Brady 认为:充填体的作用机理主要包括充填体对围岩的表面支护作用、局部支护作用及总体支护作用;南非在深井黄金矿山的开采中,大多采用了充填采矿法,Kirsten 和 Stacey 针对深井开采条件下的充填体作用机理进行了研究,认为深部充填体有保持顶板围岩的完整性、减轻地震波的危害、作为节理与裂隙中的填充物等作用机理。此外 Yamaguchi、Yamatomi、Moren、Blight 和 Clarke、Swan 和 Board 等也分别对充填体与围岩的力学作用机理展开了研究。我国学者于学馥曾针对金川二矿区所采用的充填材料与充填工艺进行了研究,提出充填体作用机理主要表现为应力吸收与转移作用、应力隔离作用、充填体 - 围岩 - 开挖系统的共同作用等三方面,它们相互联系、相互制约。这些工作对促进充填技术进步和安全回收资源起到了重要作用,奠定了充填技术成为采矿方法的主要工艺技术研究方向之一。但是面对深部开采的特殊条件,已有的研究工作还远远不足,加强研究势在必行。

对深部资源提取空间围岩的分区破裂化现象的探讨,目前主要集中在国内。有学者认为对这一现象进行研究,将会孕育一个新的岩石力学分支学科——深部非线性岩石力学。追根溯源,分区破裂化现象是在 20 世纪 70 年代南非一个 2073 m 深的金矿中首次被发现的。之后在南非深部金矿的巷道中系统地观察到了围岩中存在的分区破裂化现象。G. R. Adams 和 A. J. Jager 在 1980 年左右对该现象进行了详细观察和讨论,排除了该现象的人为爆破成因,认为只要条件满足,巷道围岩都会产生分区破裂化现象。他们还根据围岩中裂缝的走向是否平行于工作面,区分了岩体中原有的地质节理和采掘扰动引起的破坏裂缝。俄罗斯科学院(原苏联科学院)西伯利亚分院在 20 世纪 80～90 年代对分区破裂化现象进行了深井现场实验、实验室模拟实验以及理论分析和应用研究,再一次论证了该现象是由于巷道周围应力场的改变而非钻爆施工引起的。其中 E. И. Шемякин 等在 1986～1993 年期间从理论上分析了分区破裂化现象产生的机制,认为该现象是由于开挖卸荷导致围岩内部应力场不断重新分布并一直延续到围岩重分布的应力达不到围岩的破坏条件为止而产生的。但他们的这些分析仅是定性的,不能定量确定围岩中各个破坏区和非破坏区的厚度。若要进行定量分析,必须研究主干裂缝形成与展开的时间、"破坏波"从自由表面向围岩深部运动的时间以及这两个时间的相互关系。E. И. Шемякин 等也研究了分区破裂化效应产生的临界深度及其在减少岩体坍塌、减少巷道开挖量、提高钻爆法效率、提高锚杆支护效果以及节省爆破材料等方面的工程应用。此外,Курленя 研究了分区破裂化的时间因素、Ф. П. Глушихин 也就大深度巷道分区破裂进行了定性的研究。他们的研究表明,现有关于巷道围岩中应力 – 应变状态的一般原理与深部巷道围岩中的变形破坏实际不相适应,鉴于分区破裂化效应的明显重要性,迫切要求对其进行理论思考和研究。近期,由于深部工程的不断增加,分区破裂化现象在国内得到了极大的关注。2004 年,以钱七虎院士为首的学术团队率先介绍了国外学者关于分区破裂化现象研究的成果,提出了在国外已有研究成果基础上今后开展研究的方向及其关键问题。2006年至今,中国学者陆续在一些学报上发表了分区破裂化效应的研究成果,其中陈士林、李英杰、唐鑫、周小平、陈伟、顾金才、唐春安、李树忱、李术才等人的研究比较有代表性。这些研究肯定了深部岩体巷道围岩分区破裂化效应的存在,并通过实验室模拟实验和数值仿真实验在深部均匀岩体、节理岩体巷道中再现了分区破裂化现象。但他们所获得的分区破裂化效应并不明显,预计还有可能在以下几个方面进一步开展工作:关于分区破裂化现象的定性和定量规律的精细化研究、深部巷道和硐室在发生分区破裂化现象下围岩变形、稳定性及其支护方法的研究、分区破裂化效应的发展与开挖卸荷周期的关系(该周期与岩石弹性势能、动能和耗散能的分配比例相关,这与不同施工方法和施工进度有关)、不同支护方法对分区破裂效应和自承体系的影响、合理的支护方式和支护时机以及考虑建立基于能量耗散原理的分区破裂化效应、应变型岩爆与深部围岩挤压大变形间发生发展的统一理论等。

6.3 深部金属矿开采中能量致灾与控制的前瞻课题

从上述研究情况来看,深地空间资源的提取和利用在深部众多高能场齐集作用下将会遇到前所未有的困难。人类在其常规生存的地球环境中获取金属矿产资源的时代在不久的将来终会结束,向深地空间、极地空间、深海空间以及地外空间获取金属矿产资源是人类可持续发展的必然趋势。正如在其他极端环境下获取金属资源的情形一样,在深地空间中提取和利用金属矿产资源孕育着诸多科学命题,命题的破解将预示着一个新的矿业科学时代的来临。在这一进程中,处在风口浪尖的我们不能回避,理应站在时代的高度对该领域的研究做出科学的、前瞻性的规划。

人类生活在地球上,应与自然相互依存而不断发展自身,因此,首先必须认识自然(包括人类自身),认识自然界存在的各种现象,探讨其本质规律,然后才能利用甚至在一定程度上改造自然,让自然为人类服务。这就是通常所说的从必然王国走向自由王国的过程。在认识自然的过程中,通常遵循的是从简单到复杂、从局部到整体,从粗浅到深入、从现象到本质这样一个不断往复、螺旋进化上升的程式,到最终在整体上把握了自然本质规律的时候,也就是人类可以利用甚至改造自然的时候,人类便达到与自然相互融合的境界。正如自然界存在的火山喷发活动一样,首先人类认识到有地方会出现火山喷发以及对人类可能造成的灾难,因而避而远之,然后因为某种原因人类会去认识这些喷发现象背后的深层原因和规律,并研究相应技术来控制和阻止火山的喷发。当人类达到可对火山喷发进行自由控制的时候,最后可能会因为某种需要研究如何诱导和有效利用火山喷发来为人类服务。

对于深地金属矿产资源的提取和利用技术的发展来说,也必然遵循这样一个过程。因此,可将其研究进程从宏观上划分为三个阶段。

(1)在深地资源提取和利用时,对由于采掘活动导致深部工程围岩中能量运移转化而表现出来的各种具有致灾倾向现象的认识阶段,简称现象认识阶段。该阶段首先可能是对一些零碎现象的认识,通过"瞎子摸象式"的探索,当将所有可能表现出来的现象罗列在一起进行归纳总结时,最终将会对深地空间因人类干扰导致的能量活动表象作宏观上的把握。此时,可能的认知程度是:在深地空间中,采取何种资源采掘提取方式,便可预计会出现何种灾害形式。也即是一种"黑箱"认知模式,给一种采掘提取方式输入,便可预计有既定的灾害活动形式输出。由于目前我国深部金属资源开采活动还处于初级阶段,因此当前的研究还没有跨越这一阶段。

(2)对深地资源提取和利用时地层能量致灾活动机理探讨及灾害控制技术的研究阶段,简称机理认识和控制阶段。该阶段将深入研究各种能量致灾活动的原因、机理,对灾害活动的形成规律有全局性的把握。在此基础上,可获得各种有效的安全控制技术。此阶段人类的活动仍然是被动的,"兵来将挡,水来土掩"的控灾活动模式将会有效确保深地金属资源提取和利用过程中能量运移活动的安全进行。因而这一阶段会持续很长时间,但这一阶段并不是"绿色的"、与自然相融合的。

(3)深地资源提取和利用空间地层能量致灾活动自由诱导和利用阶段,简称自由诱导和利用阶段。此时,人类对深地空间地层能量在采掘活动过程中的运移活动规律有很好的把握,可以有效地控制其生灭,控制其出现的大小、规模和途径,因而可充分利用其来为人类服务。在此阶段,人类在深地资源空间提取和利用上实现了真正的自由和随心,实现了与自然的真正融合。

下面分别就三个阶段的未来具体研究方向作尝试性的探讨思考。

(1)现象认识阶段。该阶段注重对深地空间金属矿产资源提取过程中各种能量致灾活动的宏观特征及相关规律的描述。我国现阶段深部金属矿产资源的开采已经起步,对深部地层能量运移演化成灾现象已有一定程度的认知。综观现阶段的研究,未来3~10年可在如下一些方面开展进一步研究:

1)深部资源提取和利用空间硬岩岩爆活动的广义环境效应研究。这里的广义环境既包括深部金属矿产资源开采方法、开采周期、推进速度等各种工艺技术条件,也包括深部地层岩性条件、地应力条件、岩体水利学条件以及深部地温热场条件等。要研究各种广义环境要素典型作用模式下(包括单因素作用模式和多因素作用模式)岩爆活动的基本形式、烈度和成灾规模,建立相应的集对关系数据库,开发相应的决策支持系统软件,旨在为深部安全开采活动的选择提供依据。

2)深部资源提取和利用空间岩爆活动的预测和监测研究。加强对专家系统、ANN、遗传算法、不确定性数学等非线性智能预测技术在岩爆综合预测方面的应用研究。在深地空间,研究完善的岩爆智能物联网络监测预警系统,以实现在线和离线监测。

3)深地空间围岩延性转化的广义力场效应。研究深部岩体在深部高应力场、高地温场、高渗流场和强采活动场单独或耦合作用下的延性转化特征。在多场复杂耦合作用下,针对围岩大变形研究新的有理力学描述方法,实现对围岩非线性流变的张量场描述,由此构建新的非线性流变本构模型。

4)深部软岩的环境效应研究。研究软岩的吸水强度衰减规律、软岩吸附膨胀能量机理的量子力学描述、深部巷道围岩软岩结构效应及破坏模式、深部软岩环境–高应力场条件下的地压特征、深部软岩在高应力场作用下的岩爆倾向性、深部软岩峰后渗流规律等。

5)深部空间围岩破坏过程的热迁移效应研究。深部空间形成后,在深部强力通风条件下,岩体中地热能将向该空间运移,形成很大的岩温梯度,由此造成围岩二次力场的非常规变化,加剧了围岩破坏,因此需要加强这方面的研究以便采取相关预防措施。

6)深部多场耦合空间围岩能量耗散规律及变形和破坏特征研究。研究多场耦合作用下,深部围岩各种不同形式能量的协同耗散规律及由此引起的采掘空间围岩变形和破坏特征。

7)深部采动空间地层承压水体能量耗散典型途径研究。研究能量集中耗散和渗流耗散两种途径的形成模式。前者主要涉及集中耗散途径的成因及分布规律、地下水的赋存及运移规律、集中耗散途径的地质动力学特征及规律、集中耗散途径中的水动力学特征及规律。这方面的研究内涵是要阐明深部空间突水的水文地质形成条件、地质动力学特征,建立突水的基本模式。渗流耗散模式主要涉及深部空间采掘活动导致岩体结构破坏与裂隙时空演化的规律、地层潜在集中耗散途径的采动活化机理、围岩的渗透性及渗流演化规律等,其内涵是要揭示渗流耗散途径的形成过程和渗流耗散突变模式。此外,该项研究途径还可涉及不同突水模式的预报模型及水量预测方法、深地空间地层突水前兆信息特征及演化规律、基于突水前兆因素变化的突水识别模型等。

8)深部充填体–围岩系统的协调内生过程研究。就充填体的强度形成过程及其与围岩间的能量交换模式和规律进行研究,最终达到稳定有序的充填体–围岩系统,为深部地层动力致灾活动的预防和控制提供强力保障。

9)深部采动空间围岩分区破裂化现象形成模式及发生发展规律的定量精细化描述研究。采用现场调查、室内模型实验及计算机仿真技术,研究分区破裂化现象的可能成型模式,并针对每一种可能模式研究其相应的发生发展规律,建立定量的数学描述模型,由此对深部地层空间的动力灾害发生趋势进行预测,并为支护方法选择和优化提供理论指导。

10)深部金属矿产资源提取和利用空间能量致灾活动演化进程的现代复杂系统科学理论统一描述研究。探索可统一描述深地资源提取空间各种动力灾害现象及其发生和发

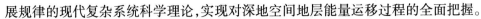

展规律的现代复杂系统科学理论,实现对深地空间地层能量运移过程的全面把握。

(2)机理认识和控制阶段。该阶段重在对深地资源提取空间地层能量致灾活动产生机理及其控制技术进行深入的研究,旨在透过现象看本质,揭示灾害活动现象背后的深层次原因,以期实现对灾害活动的有效控制。在我国深部金属资源开采起步的现阶段,在对深部灾害活动进行认识的过程中,对其机理的探讨也有所介入,但仍然是零碎的、初步的。预计该阶段将在未来持续 20～50 年,可在如下两个方面开展研究:

1)深地金属矿产资源提取与利用空间能量致灾活动的耗散结构机制研究。深部地层系统在高地应力场、高地温场、高水压力场作用下聚集了很高的能量,其在原始未扰动状态下处于平衡状态。当深地资源提取活动造成的强烈扰动打破了地层原有平衡状态时,系统将处于近平衡态或远离平衡态而产生各种形态的灾变现象,这不仅包括岩爆、矿震、突水、冒顶、片帮等动力型灾害,也包括延性化、大变形、流变、分区破裂化等延时静力型灾害。为此,可采用耗散结构理论,研究外界采掘活动干扰情况下深部地层高能结构系统能量转化耗散过程中的自组织机制、演化途径以及相关条件,获得深部地层系统向两类灾害发展演化的充要条件,形成系统的能量成灾活动可控性理论。

2)深地金属矿产资源提取与利用空间地层能量弱化调控理论和技术研究。高能量场的存在使深部地层具有强烈致灾倾向性,因此可采用各种有效技术措施来转移弱化其中蕴涵的各种形式的高能量。具体有:

① 深部硬岩地层岩爆诱导和调控技术研究。通过探讨深部地层各种不同类型、不同规模岩爆发生的充要条件,研究地层岩爆的主动诱导机制以及相应的调控手段,使岩爆向有利于实现工程目的的方向发展。

② 深部地层高温迫降致裂机理及控制技术研究。研究岩石在高温迫降条件下的多相多尺度破裂机制。针对深部高温地层,采用强力制冷技术,提高岩层向采掘空间的散热效果,在岩层中造成很高的地温梯度,由此产生很高的温度应力,从而使岩层在该高应力作用下向有利于实现工程目的的方向发展。

③ 深部地层高水势能弱化机制和调控技术研究。在深部高承压水地层,研究使其中的高压水头降低弱化的各种途径和相关机理,由此探讨可使高水力势能转移耗散的各种协调控制技术。

④ 深部地层延性转化机理和动态调控理论和技术研究。采用量子力学、凝聚态物理等相关理论,研究岩石在深部多相多场条件下的脆—延性转化机制,探讨岩石脆—延性转化进程的多级动态调控技术,为深部地层岩石的延性转变程度控制提供有力指导。

⑤ 进一步开展深部资源提取空间围岩分区破裂化机理及形成条件的研究,为深部矿岩破碎工程提供参考指导。

⑥ 深部充填工程高位重力势能控制和利用技术研究。研究高位重力势能对充填体有效强度形成及充填体 – 围岩系统协调内生过程中的促进机制,为深部充填工程质量控制提供有利指导。

⑦ 其他有效的泄能控制技术的研究。

(3)自由诱导和利用阶段。通过前两个阶段的研究积累,人类已经对深地金属矿产资源提取和利用过程中地层各种能量活动的表现、发生机理、成灾条件以及相关控制技术有了很好的把握,因此将转入考虑如何充分利用深地空间地层能量转移转化活动为金属矿产资源的提取和利用服务的研究阶段。此时,人类在深地空间的金属资源开采活动就像一个魔法棒,指挥着深部地层的能量活动向人类意志的方向发展。预计该阶段是我国未来 50 ~ 100 年努力的方向。此时可能涉及如下几个方面的研究:

1) 深部资源空间能量活动诱导和利用技术研究。研究使深部动力和静力型能量活动形成和发展的工程技术条件及相应调控手段,使深部矿岩由原生形态改变为有利于提取和利用的智能形态,使深地资源提取过程实现真正的安全高效。

2) 深地金属矿产资源原地流态化提取技术研究。在深部高能地层,利用矿岩延性化研究的成果,研究使深部金属矿岩原地由固态转为液态的技术,然后采用特殊管道技术将其直接提取输送至地面使用。

3) 深地金属矿岩地层有用元素富集结核及提取利用技术研究。借鉴深海金属矿物结核形成原理,研究使深地金属矿岩地层中的有用元素富集结核的技术,从而可直接提取和利用。

4) 深部地层能量转化储存利用技术研究。借鉴相对论和量子力学的原理,将深部地层中的各种能量统一转化为一种优质能量并保存在相应储存装置中,然后提至地面为人类直接使用。此时实际上已经没有金属资源开采和利用的概念。

科学的研究没有穷境,人类的研究领域不断地拓宽,然而拓宽范围越大,所接触的未知就越多。因此,需要一代又一代科学工作者付出不断的努力,我国深地金属资源高效安全开采领域的研究也正如此!

7 超深矿井高温环境控制的前瞻研究

7.1 深井高温环境及其控制的意义

随着矿井开采深度的加大,矿井内的温度将不断加大。根据目前对地温的认识,开采深度每增加 100 m,地下的岩石温度将上升 2.5 ~ 3℃。据此推算,如果想获取 10000 m 深处的矿产资源,人类将要面对 250 ~ 300℃的岩石温度。在现有技术条件下,这是人类不可能忍受的。

但是,人类对矿产资源的需求是永无止境的。为了应对超高温矿井的挑战,人类在超高温环境控制技术方面必须有重大突破。为此,需要清醒地认识超高温矿井环境控制需要什么样的技术突破。

人类的认识总是由浅入深的。人类对深矿井高温问题的认识真正体现了由浅入深。目前世界上开采深度最高的南非,已经认识到了 5000 m 深度矿井的高温危害,而我国对此的认识大致还停留在 1000 m 左右。世界上对当前的高温矿井认识比较深入,应对现阶段高温矿井的环境控制问题的方法相对很多。而对未来超高温矿井的认识则非常有限。由于未来超高温矿井还只是想象中的矿井,应对未来超高温矿井环境控制问题的技术只能停留在想象层面上。

现代技术已经实现了神话小说中的"千里眼"和"顺风耳",相信在不久的将来,技术的突破也能让人类自由进入超高温矿井下进行作业。

7.1.1 深井高温研究涉及的范围

要研究深井高温,需要涉及的方向大致包括地热学、矿井空气热力学、人机工程学、制冷新技术、生物医学。

7.1.1.1 地热学

A 大地热流

大地热流概念的建立及其测试工作在地热学的发展中具有重大意义。1939 年,布拉德和本菲尔德分别在南非和英国取得了首批热流数据。大地热流的观测为阐明地壳深部热结构提供了重要依据,扩大了地热学的视野,并成为板块构造学说的有力支柱之一。

大地热流是地球内热在地表最为直接的显示,同时又能反映发生于地球深处的各种作用过程同能量平衡的宝贵信息。因此,在某种意义上也可以说,大地热流是在地球表面"窥测"地球内热的一个窗口。

大地热流值是一个综合性参数,是地球内热在地表可直接测量到的唯一的物理量,它比其他地热参数(如温度、地温梯度)更能确切地反映一个地区地热场的特点。热流的测定和分析属地热研究的一项基础性工作,它对地壳的活动性、地壳与上地幔的热结构及其与某些地球物理场关系等理论问题的研究和对区域热状况的评定、矿山深部地温的预测以及对地区地热资源潜力的评定、油气生成能力的分析等实际问题的研究都有重要的意义。

陆地热流测试一般是在钻井中测量地温和采集相应层段的岩样,然后分别确定其地温梯度和在实验室测定岩石热导率,有了这两个参数,就可以获得热流值。但在实际工作中,要得到可信的热流数据并不容易。首先,在钻井中所测温度必须是稳态的,因为钻探过程中,钻井温度场受到很大的干扰,只有在停钻、井液循环终止相当长的时间之后,井温与围岩温度达到平衡,这时所得资料才是真实的;在地下水活动强烈的地区和层段,因受水热对流的影响,所得结果不能反映地球内部传导热流。其次,需要有相当数量的岩心标本,足以代表钻井或某一研究段岩石的热导率。再次,山区地形的急剧起伏,近期内的古气候变化,以及近代的快速沉积或剥蚀,对浅部地温场均可有影响,需对浅孔的测温结果作校正。

B　钻孔测温

钻孔测温旨在借助于测量井液温度显示地下岩石的原始温度,这是研究区域地温场最直接的方法。然而,井液温度并不总是与围岩温度相一致,因为在钻探过程中,天然温度场受到破坏,只有在钻探终止、井液循环停止后,才逐渐恢复。评定钻探作业对温度场扰乱的特点、估算钻孔温度平衡所需的时间以及寻找于短暂的停钻时间内获取平衡岩石温度的方法,成为制定正确的钻孔测温方法的基本依据。这些问题的研究,均以热传导原理为基础。在实际地温场研究中,有时还遇到有对流作用参与的情形,研究对流作用的温度场效应,对于判别对流作用存在与否及其强度、制定相宜的测温方法是颇为重要的。

C　地壳的热性质

在地壳的各种热性质中,最重要的是岩石热导率、比热容、热容量及热扩散率。它们对大地热流的分布和地温场有较大的影响,同时也是矿井空气与围岩热交换计算所需的重要参数。

7.1.1.2　矿井空气热力学

A　矿井热源

造成矿内热环境的原因包括地表大气、空气的自压缩、围岩导热、机电设备放热、氧化热、内燃机废气排热、爆破热、人体散热等。

如何快速确定矿井下的主要热源并提出切实有力的热源控制方法是需要专门研究的一个课题。

B　矿井气候的预测

直接影响人类在矿井下活动的高温问题主要是矿井空气的高温问题。矿井下诸多热源如何进入空气,导致空气温度升高?空气与井壁间的传热传湿规律由于井巷条件的不规则而变得十分复杂。现有的工程热力学理论无法完全解决矿井下井(巷)壁与空气间的传热传湿量计算问题。有待进一步应用模型试验研究和数字实验研究获得精度足够的简单计算方法。

C　热环境评估

由于热环境对人的影响一直没有完全搞清楚,加上各国的技术经济环境迥异,各国学者对矿井下的热环境评估标准不一。先后提出有近20种热环境评估标准。这些标准有些过分简单,不能真实反映井下热环境对矿工身体的危害。例如我国《冶金矿山安全规程》规定:采掘工作面的空气干球温度不得超过27℃,热水型矿井和高硫矿井的空气湿球温度不得超过27.5℃;《建材矿山安全规程》规定采掘工作面的空气温度不得超过28℃,机电硐室的空气温度不得超过30℃,温度超过时要采取降温和其他措施。而有些指标又过于复杂,甚至无法客观度量,例如20世纪20年代,美国采暖通风工程师协会提出的同感温度,这个指标是以人们的主观感觉为基础而确定的。

如何确定一个客观方便的热环境指标仍然是个有待研究的问题。

7.1.1.3　人机工程学

在高温高湿环境下,人体的生理学、心理学研究,人的反应,人道主义,人体的热平衡,人体的热调节和人体的热适应以及高温对人体的危害等问题仍然需要进一步分析和确定。

7.1.1.4　制冷新技术

前已述及,在超深矿井开采时必将出现超高温,常规的空调制冷技术已经不能满足这种超高温环境的降温。

7.1.1.5　生物医学

在超高温环境下,将来可能采用无人或极少人类干预的采矿技术。井下大量存在的是凿岩、爆破、运输机器人。人类下井只能依靠载人舱。载人舱需要在高温高湿环境下营造出一个人工微气候室。在一个绝热的密闭环境下,如何隔热、净化密闭环境下的空气、长时间供氧从而营造一个接近自然的人工微气候室是值得研究的。

7.1.2　与矿井超高温治理技术交叉的科学

要治理矿井超高温,需要人体医学、生理学、心理学、环境科学、气象学、地学、机器人技术、自动化技术、采矿新技术等方面的专家共同努力,才有可能实现超深矿产资源的开发。

7.1.3 研究超高温矿井环境控制技术的必要性

人类对矿产资源的需求是永无止境的,而且与日俱增。据中华商务网讯:"中国矿产资源形势与可持续供应高级论坛"近日在北京举行,与会专家学者预测,未来几十年,随着中国工业化进程的加快以及经济全球化,中国矿产资源消费需求将有数倍的增长,成为世界第一消费大国的趋势不可阻挡。现阶段中国95%以上的能源、8成以上的工业原料、7成以上的农业生产资料来源于矿产资源,3成以上的农业用水和饮用水均来自属于矿产资源范畴的地下水。与会者认为,没有矿产资源持续稳定的供应,就没有现代经济与社会的发展。

随着矿产资源的不断开发,我国的浅表矿床及开采技术条件相对简单的矿床储量不断消耗,迫使大多数矿山转入深部或复杂矿床的开采。目前,许多硬岩矿床已进入或接近深部开采的范畴,据统计,我国有1/3的矿山即将进入深部开采。深部矿床开采的技术难点主要集中在三个方面:即深部地压(岩爆)预测与控制技术、井下热害控制技术以及强化开采技术集成。在深部矿床开采技术领域内,国内的研究工作起步较晚,没有成熟的技术和经验可借鉴。在"九五"期间,虽然开展了部分前期研究工作,但现有的采矿技术不能有效地解决深部矿床开采的问题。目前,急需研究开发适应于深部矿床开采的新工艺与新技术,同时对现有的技术进行集成与提升,以满足我国不断涌现的深部矿床开采的需要。

由于我国即将成为矿产资源的消费大国,矿床开采深度必将加快增长。超高温矿井离我们越来越近,超高温矿井环境控制技术对保证我国矿产资源持续稳定的供应起着至关重要的作用。

7.2 高温矿井环境控制技术的新成就

由于现阶段世界上矿井开采深度最大为5000 m左右,高温环境控制技术也停留在这个水平上,而对未来超高温矿井的环境控制问题尚未提上议事日程。

7.2.1 通风系统优化

7.2.1.1 开拓和通风方式

分区开拓方式可以有效地缩短矿井入风流线路长度,有热害的矿井开拓设计应充分考虑到这一有利降温条件。

开拓储量大、生产能力大的矿床时,确定通风方式和选定风井位置要尽可能缩短入风风流线路的长度,达到降低入风风流的目的。一般而言,中央式通风方式入风线路较长,对降低风温是不利的。如表7-1是过去苏联设计单位的方案比较资料,在矿床走向长度相同的条件下,因采用的通风方式不同,从井底车场算起,入风风流所走过的线路也将不同。

表7-2是苏联科切加尔卡矿960 m水平集中运输大巷末端的风温预算比较,风速取2、3、4、5(m/s),同中央式通风方式比较,当风速相同时,侧翼式方式的温度低2.2~

6.3℃,混合式方式的温度低2.4~9.3℃。

表7-1 不同通风方式的入风流路线长度 km

矿床走向长度/km	通风方式		
	中央式	侧翼式	混合式
5	2.5	1.25	0.83
6	3.0	1.50	1.00
7	3.5	1.75	1.17
8	4.0	2.00	1.33

表7-2 不同的通风方式风温预算比较 ℃

风速/m·s⁻¹	通风方式								
	中央式			侧翼式			混合式		
	1月	4月	7月	1月	4月	7月	1月	4月	7月
2	23.0	26.0	30.0	16.8	20.7	26.3	13.4	18.9	25.0
3	18.6	22.7	27.8	13.6	18.5	24.8	11.5	17.6	24.2
4	16.1	21.0	26.4	12.0	17.4	24.0	10.7	16.9	23.7
5	14.5	19.7	26.6	10.9	16.9	23.5	10.1	16.5	23.3

7.2.1.2 开采顺序

巷道中的风流温度与通风时间有关。采准巷道存在时间长短取决于采用何种开采方式,后退式开采布置方式的采准巷道维护时间较长,初期入风线路也较长,回采工作面的入风温度比前进式布置为高。此外,漏风对风流温度有一定的影响,后退式开采的漏风较少,前进式开采的漏风量大,有时漏风量可达入风量的20%~30%。漏风把采空区中岩石散热和矿岩氧化生热带出来,使回采工作面入风温度升高。为了满足降温要求,确定开采顺序时,要权衡具体情况而定。

7.2.1.3 通风方式

对于采区通风,通常认为不宜采用下行通风方式,因为下行存在下列缺点:

(1)风流通过井下巷道被加热,产生向上的自然风压,采用下行通风,扇风机风压和自然风压相反,从而导致下行通风工作面的风量相对减少,特别是当扇风机发生故障时,由于扇风机风压降低,下行通风工作面风量将大大减少,或者停风,甚至反风。

(2)在煤矿,由于瓦斯密度小,下行通风入风侧的上部巷道中有积聚的危险。

(3)如果井下某处发生火灾,火风压使风流不稳定,甚至会出现反风。

7.2.1.4 加大风量通风

风量不仅是影响矿内气候条件的一个重要的、起决定性作用的因素,而且是通过适当手段就能奏效的少数措施之一,有时费用也比较低。

理论研究和生产实践都充分地表明,加大采掘工作面风量对于降低风温、改善气候条件,效果是明显的。但当风量加大到一定限度后,风温的降低就不太明显了。但由于风速的增加,人体的散热条件仍可得到改善。

风量的增加,虽然会使围岩的放热量加大,致使风流总的加热量增大,但在其他条件相同的情况下,风流的温升却有所降低,同时,围岩的冷却速度也加快了。因此,增加风量除了能降低风流温升外,还能为进一步降低围岩的放热强度创造条件。但是,增加风量的可能性受许多条件的制约:其一,受矿内最高允许风速(巷道横截面积)的限制;其二,风机的功率与风量呈三次方关系,风量增加到一定程度时,在经济上是不合理的;其三,当风量增加到一定程度时,对风温的影响不大。

美国比尤铜矿通过改善通风系统,改善了井下环境,该矿采用混合通风方式,单路进风,风巷断面 3.3 m×3.3 m,后来把单路进风改为平行双路进风,并对有支护的进风巷道壁贴塑料胶合板降阻。同时把地表原有的低压风机全部更换为高压风机,其总功率高达7355 kW。采取上列措施后,风巷阻力减少,风机送风能力增加。

日本别子山铜矿调整通风系统和增大主风机功率收到良好降温效果。该矿原岩温度高达 54℃,原来采用抽出式通风方式,利用 28 中段的探矿平巷作回风平巷,186 kW(250马力)的主扇风机就安装在该平巷里,由于探矿巷道断面较小,施工质量也差,以致通风阻力太大而消耗了大部分风机风压。在这种情况下,单靠更换大功率风机是难以大幅度改善通风条件的,因此,该矿将主扇风机加大到 447 kW(600 马力),并安装在 14 中段,把14 中段平巷作回风平巷之后,使进风量由原来的 46.7 m³/s 提高到 67.3 m³/s,气温下降到28℃以下,采矿工效提高了 78%。

在过去,苏联对弗兰戈娃亚等 4 个高温矿井的调查表明,在矿井温度 22～28℃的条件下,通过调查主扇风机备用功率可以实现矿井气温正常化(他们以 18℃左右为不妨碍健康和工作效率的正常温度)。

澳大利亚北布罗肯希尔铅锌矿采用天井钻机打通风井,因风井壁光滑而使通风阻力大大降低,从而提高了通风效率。

增加风量可以改善矿井温度条件,但风量过大也不一定能收到预期效果,甚至适得其反。例如日本一煤矿的崩落法采区采用增加风量的办法,起初收效很好,但当风量超过800 m³/min 时,由于回采工作面的负压高于邻近采空区而导致长期积存在空区的热气流流向工作面,反而使其尾部和回风巷道内的空气温度急剧增高。

使用局扇也可以降低工作面的气温,但有局扇传动机械发热而影响周围空气温度的缺点,在过去,苏联采用喷射器喷射预先冷却的压缩空气,效果很好,据苏联有关文章介绍,在工作面气温 28～32℃的条件下,使用旋流管式喷射器,喷射压缩空气(这种设备有冷却和喷射两种功能)可以把工作面气温控制在 18～20℃。

提高通风效率是改善矿井气温条件的又一有效途径,而提高通风构筑物的密闭性是提高通风效率的重要措施。据报道,由于井下通风设施漏风所损失的风量可达矿井总风量的 37% 以上。

7.2.1.5 矿井通风网络分析

数字计算技术用于矿井通风网络分析始于 1953 年。20 世纪 60 年代末,在世界范围内,计算机广泛用于矿井通风系统的设计和分析。到目前为止,已有大量有关矿井通风的软件,用于解决地下开采中出现的不同问题。

在西方,大多数的矿井通风系统网络解算的应用软件已经商品化,有自己的版权和商

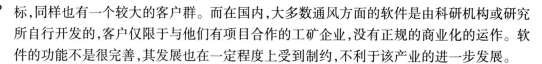

标,同样也有一个较大的客户群。而在国内,大多数通风方面的软件是由科研机构或研究所自行开发的,客户仅限于与他们有项目合作的工矿企业,没有正规的商业化的运作。软件的功能不是很完善,其发展也在一定程度上受到制约,不利于该产业的进一步发展。

7.2.2 循环通风

随着采深的增加,热负荷越来越大,需要对井下空气频繁进行冷却,或者增加采区供风量。利用小型冷却降温是一种昂贵的制冷分配方式,并且所需的设备操作与维护都存在实际困难。假如换另一种方法从地面增加风量,则会大大增加扇风机动力,风量增加26%,扇风机动力就要增加100%。利用受控循环通风以提高采区风量,是替代地面供风的一种可供选择的方法。

所谓受控循环风,即是将采区废风经过净化冷却后再送回作业点的一种通风技术。如果开采过程中所产生的有毒有害气体都能得到有效的净化,则矿井生产中的通风可完全采用循环通风技术。可惜开采过程中所产生的一部分有毒有害气体无法有效净化,因而需要从地面引进新鲜空气以稀释这些有毒有害气体。此外,研究表明,在高温矿井中,从地面引进的风量越大,井巷岩石对空气的散热量也越大。尽管从井下排出的总热量加大,但计算表明,多排出的这部分热量不足以抵消空气从井巷多获得的热量。从降低高温矿井的风温角度考虑,应尽量减少从地面引进的风量。因此,利用循环通风技术减少矿井总进风量对改善高温矿井的热环境是有益的。

7.2.3 控制热源

7.2.3.1 岩壁隔热

采用某些隔热材料喷涂岩壁,以减少围岩放热。在过去,苏联曾采用锅炉渣,有些国家采用聚乙烯泡沫、硬质氨基甲酸泡沫、膨胀珍珠岩以及其他防水性能较好的隔热材料喷涂岩壁。

一层10 mm厚的聚氨酯泡沫塑料,就能产生较好的隔热效果。岩壁隔热仅用在热害严重的局部地段,它作为一种辅助手段与其他降温措施配合使用。用时还必须注意安全(如防火)问题。岩壁隔热的费用较高,因此限制了这种方法在较大范围内的应用。而且,在散热最为强烈的回采工作面中,实行岩壁隔热是根本做不到的。

7.2.3.2 热水及管道热的控制

控制热水及管道热的主要方法有:超前疏放热水,并用隔热管道排到地表,或经有隔热盖板的水沟导入水仓;将高温排水管设于回风道;热压风管设于回风道,或将压缩空气冷却后送入井下。

7.2.3.3 机械热的控制

控制机械热的主要方法有:机电硐室独立通风;注意辅扇安装位置;避免使用低效率机械。

7.2.3.4 爆破热的控制

井下爆破所产生的热量,一般在爆破后不久即被气流排走。为避免其影响,可将爆破时间与采矿时间分开。

7.2.4 特殊方法降温

7.2.4.1 采用压气动力

采掘机械用压气来代替电力。由于压缩空气排出的膨胀冷却效应,对降低风温无疑是有利的。但是,由于这种方法效率低,费用高,只有在个别情况下才有意义。

7.2.4.2 减少巷道中的湿源

研究资料表明,在高温矿井中,空气中的相对湿度降低1.7%,等于风温降低0.7℃。因此,在巷道和采掘工作面中,由于各种原因出现的水,不要让它漫流,而要把水集中起来,用管道(或加盖水沟)排走。

7.2.4.3 预冷煤层

在煤矿,利用回采工作面附近的平巷或斜巷布置钻孔,将低温水通过钻孔注入煤体中,使回采工作面周围的岩体受到冷却。预冷煤层,在一定的条件下,要比采用制冷设备更为经济有效,并可兼收降尘之利。

7.2.5 个体防护

所谓矿工个体防护,就是在矿内某些气候条件恶劣的地点,由于技术和经济上的原因,不宜采取风流冷却措施时,让矿工穿上冷却服,以实行个体保护。研究表明,穿着冷却服是保护个体免受恶劣气候环境危害的有效措施。它的作用是,当环境的温度较高时,可以防止其对身体的对流和辐射传热,使人体在体力劳动中所产生的新陈代谢热能,较容易地传给冷却服中的冷媒。

供矿工穿着的冷却服,必须满足降温及便于劳动等方面的要求。这主要涉及能源供应、工作方式、冷却能力、持续时间及穿着舒适等方面的问题。由于井下的空间有限,矿工要进行频繁的生产活动,带着"尾巴"(压气管或冷水管)的冷却服很不方便。也就是说,冷却服要自带能源或冷源,而无需外界供给。此外,冷却服在工作时,不应产生有毒有害以及易燃易爆物质。由于冷却服需贴身穿着,要防止皮肤受冻或局部过冷。因而,在冷却服的内层和皮肤之间应设置一个隔层。

冷却服的重量同其制冷能力和有效工作时间是相互制约的。一套制冷能力为200～250W,持续时间为5～6h,有自动制冷系统的冷却服,其重量与尺寸都比较大,将影响活动的自由,因此,必须减少冷却服工作的持续时间。当一套冷却服用完时,可更换一套新的,从而保证工作所需的时间。

美国宇航局研制的阿波罗冷却背心是自动冷却服的一种。这种背心的冷却能力小,冷却效果差,而且比较重(6.5 kg)。另一主要缺点是,它的冷水循环泵容易出毛病。此外,由于冰块的逐渐融化,冷却效果经1~1.5 h后,就急剧下降,其电源(干电池)也不是安全火花型的,因而在瓦斯煤矿中不便使用。

南非和联邦德国德莱格尔公司生产的冰水冷却背心,安全性能和冷却效果都较好,并很少妨碍运动。它利用5 kg冰的冷却能力,没有冷媒循环系统和易发生故障的运动部件(如水泵),也不需要动力。因此,可以节省几千克的重量,相应地可加大冰水的量。在220 W冷却功率的条件下,其持续时间最少可达2.5 h。

干冰冷却服具有很大的优点,由于干冰的自升华作用,在使用过程中冷却服重量逐渐减轻。现将南非的加尔德-莱特公司生产、充以干冰的冷却夹克的资料摘录如下:干冰装在4个袋子里,其升华的温度很低,干燥的气态二氧化碳直接流向身体表面来冷却身体,冷却时间可达6~8 h。干冰的重量为4 kg。因为二氧化碳干冰的升华热为537 kJ/kg,则其冷却功率为106~80 W。

1979年10月,联邦德国埃森矿山研究院对上述4种冷却服进行了试验。试验方法是,在人工气候室里,对3名受试者穿着的冷却服进行考察。考察的条件是:受试者在速度为4 km/h、坡度为3°的"滚梯"上进行约300 W劳动强度的工作。气候室的气候条件是:干球温度40℃,相对湿度20%。3位受试者均未受过热适应训练。由于受到冷却能力的限制,冰水背心和阿波罗背心每小时更换一次,其试验结果见图7-1。

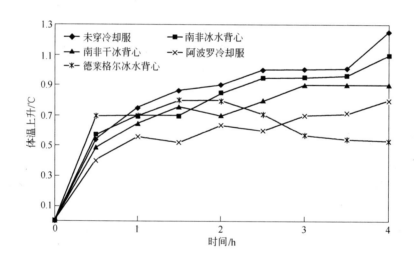

图7-1　4种冷却服的冷却作用

由图7-1可以看出,与未穿冷却服相比,穿着这4种冷却服的受试者体温有所下降。在试验开始的前两个小时里,体温变化不大,这是由于冷却服的重量所形成的附加机械负荷抵消了部分冷却效果。从图中还可以看到,除了南非的冰水背心之外,其他3种冷却服随着时间的推移更进一步地降低了体温。如与未穿冷却服者相比,穿南非干冰背心者的体温降低了0.3℃,穿阿波罗冷却服者的体温降低了0.4℃,穿德莱格尔冰水背心者的体温降低了0.7℃。此外,穿着冰水背心的受试者,要比未穿冷却服时,每分钟脉搏减少40次,出汗量减少160 g/h。

7.2.6 地热的利用

7.2.6.1 地热水的直接利用

地热水的直接利用如下：

（1）地热供暖。应用地热采暖主要是在我国北方，该利用方式不仅是节约煤炭、降低煤耗、减轻烟尘污染、改善环境的有效方法，还因地热水温稳定、供暖质量高而深受人们的欢迎。

（2）地热温室。我国的地热农业温室分布面很广，规模较小，其中包括蔬菜温室、花卉温室、蘑菇培育及育种温室等。北方主要种植比较高档的瓜果菜类、食用菌、花卉等；南方主要用于育秧。

（3）地热工业利用。地热能在工业领域应用范围很广，工业生产中需要大量的中低温热水，地热用于工艺过程是比较理想的方案。

（4）地热水产养殖。地热水产养殖是地热直接利用项目中的重要内容，水产养殖所需的水温不高，一般低温地热水都能满足需求，同时它又可将地热采暖、地热温室以及地热工业利用过的地热排水再次综合梯级利用，使地热利用率大大提高。

（5）地热水疗。地热水含有多种对人体有益的矿物成分和化学元素，是集热、矿、水三位于一体具有多种用途的清洁、医疗和保健作用的资源。

（6）地热孵化。地热孵化是地热农业利用中的一个分支，指利用地热孵化家禽种蛋、育雏和种鸡喂养生长的整个过程。

7.2.6.2 地热发电

地热发电的基本原理与火力发电类似，也是根据能量转换原理，首先把地热能转换为机械能，再把机械能转换为电能。地热发电系统主要有四种：

（1）地热蒸汽发电系统。利用地热蒸汽推动汽轮机运转，产生电能。本系统技术成熟、运行安全可靠，是地热发电的主要形式。西藏羊八井地热电站采用的便是这种形式。

（2）双循环发电系统。本系统也称有机工质朗肯循环系统。它以低沸点有机物为工质，使工质在流动系统中从地热流体中获得热量，并产生有机质蒸汽，进而推动汽轮机旋转，带动发电机发电。

（3）全流发电系统。本系统将地热井口的全部流体，包括所有的蒸汽、热水、不凝气体及化学物质等，不经处理直接送进全流动力机械中膨胀做功，其后排放或收集到凝汽器中。这种形式可以充分利用地热流体的全部能量，但技术上有一定的难度，尚在攻关。

（4）干热岩发电系统。本系统又称增强型地热系统，是潜力巨大的本土化资源，利用地下干热岩体发电，可以提供 1×10^8 kW 发电的基础容量。

7.2.7 人工制冷降温

国外在 20 世纪 70 年代，矿内人工制冷多采用以氟利昂为制冷剂的压缩制冷机类解决矿井降温的难题。在 20 世纪 80 年代初，南非、美国、联邦德国的深井又开始研究喷雾式空冷器。联邦德国研制了两种供薄煤层使用的空冷器，其中一种以冷水压力为动力，借助斗式水轮机驱动空冷器的风机,从而取消了馈电线路,对安全有重大意义,且其标称换热量超过 $5\,kW$,风量超过 $8\,m^3/min$,而外形尺寸仅为 $800\,mm \times 300\,mm \times 200\,mm$,可以直接装在掩护支架的挡板上;另一种空冷器装在铠装输送机侧面,冷风管直径 $300\,mm$,可直接将深冷的空气喷入采面,可能对今后采面空调产生重大影响。南非曾于 20 世纪 70 年代试验在高温地点喷洒回水的冷水,直接冷却新暴露的岩壁和采落的岩矿体或向凿岩机、消尘管网供给冷水,使回水的冷量得以充分利用。南非还试用管道输送小冰块制冷。

7.3 高温矿井环境控制的发展方向

7.3.1 国内高温矿井环境控制问题

通过文献分析,发现我国深井开采热环境问题已经显现。但热害不如国外严重。多数深井矿山的热害可以通过通风方法得以解决。由于资源条件比较差,也无法采用昂贵但有效的集中制冷措施解决深井开采的热害治理问题。

正是由于我国深井开采的热害问题不如国外严重,我国在深井开采环境问题研究方面起步较晚,技术相对落后。尽管国外深井开采也经历过我国深井开采的类似程度,但其技术环境与我国目前的技术环境大不相同,因此不能照搬国外已有的深井开采热害治理技术。

在现有技术环境下,我国目前急需解决深井排热通风系统优化、循环通风技术研究、井下环境调查与预测、井下局部降温措施的研究与应用这些方面的技术难题。

7.3.2 国外高温矿井环境控制问题

在国外,南非是当今世界开采深度最大的国家。南非的威特沃特斯兰德盆地极深含金矿礁埋深达 $3500 \sim 5000\,m$。他们在深井环境控制方面取得了大量经验,其主要经验是:在井下开拓时最大限度地优化通风系统;研制各种新型高效的粉尘、炮烟和废气净化装置,以供井下进行循环通风时利用;采取各种手段尽量隔绝井下热源向井下通风风流的热流流动,以求降低井下风温,在特别困难的情况下,采用制冷空调技术降低风温。

7.4 未来高温矿井环境控制技术

根据未来矿井热害程度,权将深井开采分为如下几个阶段:

(1)亚深井开采(开采深度小于 $1000\,m$)。按地温梯度每 $100\,m$ $2.5\,℃$ 计算,井下岩温预计在 $30 \sim 40\,℃$,地热危害初步显现,危害尚不严重,高温治理以通风为主。亚深井开采是目前我国金属矿山热害治理研究的主攻方向。

(2)深井开采(开采深度 $1000 \sim 5000\,m$)。按地温梯度 $2.5\,℃/100\,m$ 计算,井下岩温预计在 $40 \sim 140\,℃$,地热危害严重,单靠通风不足以解决井下高温问题,高温治理以制冷降温为主。深井开采是我国未来 $20 \sim 50$ 年研究方向。

（3）超深井开采（开采深度 5000～10000 m）。地热危害极为严重,制冷技术也不足以解决地热危害。在矿井中,随着深度增加,空气静压相应增加。通常垂直深度每增加 100 m 就要增加 1.2～1.3 kPa 的压力。当开采深度接近万米时,井下作业人员除了忍受高温,还将忍受高气压。超深井开采是 50 年以后的研究预想。高温治理方法:用一种预注浆技术将隔热材料注入地下,在地下形成热隔离区,再用热管技术导出地热进行发电,预冷岩层达到给定温度后再进行制冷降温。研究超高温环境下能多自由度运动的载人舱技术。

（4）超高温矿井开采（开采深度大于 10000 m）。未来 100 年后,开采深度也许进入万米时代。人类已经无法忍受井下高温,只能寄希望于耐高温机器人采矿。将进行无人开采技术、远程监控技术、信号透地技术研究。

7.4.1 亚深井开采的热害治理

目前我国金属矿井开采已陆续进入千米时代,井下岩石温度在 40℃ 左右,有的甚至已达 50℃。矿井空气干球温度大多超过我国矿山安全规程规定的 27℃。地热的危害初步显现。免费桑拿已经对我国部分矿工开放。井下工人正无可奈何地忍受着高温高湿的危害。

这一时期的热害治理是我国目前的主攻研究方向,研究方向应该以扩大现有研究成果为主。可以开展的研究项目拟定如下。

7.4.1.1 高温环境下的人机工程学研究

针对深部开采的人机环境开始恶化,特别是高温热害问题,对井下受限空间的人－机－环安全标准、高温高湿环境下矿工的行为心理、矿工生理变化等开展研究。本项目可以设置如下几个专题:

（1）高温压抑环境下的安全标准研究。摒弃简单以干湿球温度为评判标准的高温环境标准,研究制定适合我国国情的更能保护高温高湿环境下矿工健康,又方便评测的高温环境安全标准,研制评价高温高湿环境的评测仪器。

（2）高温高湿环境下矿工的行为学研究。运用行为学研究方法,研究高温高湿环境下矿工的心理规律和行为模式、高温高湿诱发事故的规律。

（3）高温高湿环境下的职业卫生技术研究。研究尘肺病预防、中毒事故预防、尘毒控制技术研究、高温高湿环境下的防噪、烟尘控制方法、有毒有害气体净化新技术。

（4）建立高温高湿环境模拟室。

7.4.1.2 硫化矿自燃防治技术研究

在高温高湿环境下,硫化矿更易自燃。硫化矿的自燃进一步加剧井下高温的危害。本项目可设置的研究课题包括:

（1）深部硫化矿石的成矿条件研究。

（2）高温高湿环境下硫化矿石发火机理研究。

（3）硫化矿自燃抑制技术。

7.4.1.3 局部降温技术研究

在现阶段热害不是十分严重的条件下,解决热害首选的方法是优化通风。但优化通风不足以控制井下全部作业面的高温热害时,局部降温是一种替代或补充的有效方法。本项目需要开展的研究课题包括:

(1)移动式空气冷却器研制。亚深井开采阶段,矿井下的空气温度普遍不高,作业面辅以移动式空气冷却器可以获得很好的降温效果。但是当前井下移动式空气冷却器噪声大、容易被污染,从而导致制冷效果下降。现阶段应研制噪声小、移动方便、维护简单的矿井专用移动式空气冷却器。

(2)井下轻便空调室研制。矿工长时间在高温高湿环境下作业,新陈代谢产生的热量不能及时散发出去,体温会不断升高,如果不能适时地让其释放体内的热量,就会中暑甚至死亡。在矿井下设置空调室可望解决这一问题。但是由于矿井工作面会随开采进度不断变化,这种空调室不能是地面所用的那种固定式的空调室,而应该是方便可拆卸式的。

7.4.1.4 通风系统优化研究

在亚深井开采阶段,首选的热害治理方法是加强通风。加强通风可以改善矿工的散热条件从而提高其舒适度。尽管加强通风受井巷最高容许风速条件的限制,而且加强通风对于降低井下风温帮助不大,还会极大地增加矿井通风动力消耗,但是相比采用制冷降温手段,加强通风仍然是一种行之有效的热害治理措施。如何有效地利用矿井总风流降温,使矿井通风在热害治理中发挥最大的效益,这是高温矿井通风系统优化的目的所在。高温矿井通风系统优化不同于常规通风系统优化。常规通风系统优化的目标是通风动力消耗最小,总的通风成本最低。高温矿井尽管也是以成本最低为优化目标的,但是高温矿井降温通风的成本构成发生了很大的变化。高温矿井降温通风的大部分通风动力消耗都是为降温而增加的。因此高温矿井通风降温应该以井下作业面温度最低为优化目标。本项目可设置如下几个课题:

(1)高温矿井通风网络优化分析方法研究。该课题涉及以井下作业面温度最低为优化目标的通风网络优化方法研究以及优化程序的编制。高温矿井通风系统优化的基本步骤是:提出通风系统方案,解算通风网络,预测矿井气候,评价通风系统方案是否最优,如果最优,优化完成,否则提出新的通风系统优化方案重复上述过程。这里,矿井通风系统方案数是巨大的,甚至是无穷的。因此,方案选优不能采用穷举法,需要从理论上分析研究获取优化方案的方法。可以运用人工智能的方法提出大量的相对较优的通风系统方案。而对于大量通风系统方案的网络解算,其计算工作量是巨大的。需要研究一种快速通风网络解算方法。对于深矿井,通风网络解算需要考虑空气的可压缩性。考虑空气可压缩性的通风网络分析理论有待完善。

(2)矿井气候预测。矿井气候预测涉及工程热力学、地热学等学科研究。目前矿井空气与井(巷)壁间的热湿交换计算方法五花八门,没有一种获得验证的、权威的计算方法,因而矿井气候预测结果可能难以令人信服。

(3)循环通风技术研究。加大风量通风是治理亚深井热害的有效措施。但是,矿井通风的动力消耗与风量的三次方成正比。深井通风的总阻力本来就比较大，通风动力消耗很大，稍微增加总风量，就会成倍地增加矿井通风动力消耗。另外，深矿井的空气自压缩还是一个极大的热负荷，减少总进风量就可以成倍减少通风动力消耗和空气自压缩这种热负荷。如何减少总进风量又不减少作业面供风量？循环通风技术可以达到这一目的。

要成功实现循环通风，关键技术是要能将矿井下已经使用过的空气(废风)进行净化使之达到安全卫生标准。如果开采过程中所产生的有毒有害气体都能得到有效的净化，则矿井生产中的通风可完全采用循环通风技术。可惜在现有技术条件下，开采过程中所产生的一部分有毒有害气体的净化存在成本和技术上的实际困难。因此，需要从地面引进新鲜空气以稀释这些有毒有害气体。也就是说，矿井通风不能完全采用闭路循环方式。开路循环方式就是通风学上常说的受控循环通风方式。

受控循环通风之所以可行，是因为矿井空气中大量存在的矿尘净化技术相对比较成熟。对于金属矿山，井下产生有毒气体的时间大多是在爆破之后很短的一段时间，其余时间相对较少，因而采用循环通风的条件相对较好。如果未来矿尘净化技术更好的话，在作业面适当时间内实现闭路循环通风也是可能的。

煤矿因为存在矿井瓦斯，且瓦斯不能有效净化，因而是不容许采用闭路循环通风的。

7.4.1.5　热源控制技术

井下热源的控制应该从两个方向入手：一是疏，二是堵。现阶段疏的方法就是预冷地下高温煤层。开采之前将地热用冷水将其从地下排出。未来不排除采用更先进的技术(例如热管技术)将地下热源导向地表。堵的方法则是采用隔绝热源的方法，控制其与井下空气进行热交换而加热空气。

(1) 岩壁隔热。具体内容见第 7.2.3.1 节。为了发挥这种措施的作用，还可以研究新隔热材料。

(2) 保冷新材料研究。矿井下大量使用的排水管道、排水沟以及压风管道等输送的均是热介质，如果保温效果不好，会给空气传递大量热量。为此需要研制热导率低、价廉的保冷材料。

保冷材料又称绝热材料或隔热材料，是适用于低温范围的保温材料。目前国外使用的井下保冷材料，有聚氨酯泡沫(德国、波兰)、酚甲醛醋泡沫(南非)、聚苯乙烯泡沫和泡沫玻璃(日本、美国)。国内均采用聚苯乙烯泡沫。保冷材料的性能有容重、热导率、抗拉强度、吸湿率、使用温度以及其化学稳定性、毒性、耐热性等。

7.4.1.6　个体防护技术

目前世界上已经有干冰背心、冰水冷却背心、压气冷却背心和美国的阿波罗登月背心。我国研究使用过冰水冷却背心。研究发现，冰水背心存在的最大问题是重量太大而冷却时间太短。另外一个问题是背心的内外层保温问题。内层保温效果不好时，会局部冻伤矿工的皮肤，且在背心贴近皮肤表面的部分产生大量冷凝水，致使冰水背心内部很潮湿。外层保温效果差时，会因大量损失冷源而缩短背心的有效冷却时间。

研制冰水冷却背心的主要方向是:选择保温效果好的材料,提高加工制作工艺。随着矿产资源价格的不断上涨,今后还应该研制干冰冷却背心。

7.4.1.7 制冷降温技术研究

在未来 20~50 年内,我国将会有不少矿山进入 2000 m 时代,届时矿井热害治理需要采取制冷降温技术,现阶段应该对这一技术领域开展预研究。研究内容包括制冷工艺研究、管道输冰技术研究、新制冷技术的探索等。

(1)以热电站为热源的吸收式冷水机组。矿井降温冷源与煤矿热电站联产。煤矿生产伴有大量的煤矸石等劣质燃料,既占地又污染环境,且外运极不经济。利用丰富的劣质煤源,建设小型坑口自备热电站,除满足煤矿所需的热电能量外,可以配置以热电站为热源的吸收式制冷机,生产高温矿井和地面建筑所需的冷量。矿井降温空调系统需要制取 1℃ 的冷水,可采用两种方案实现:

1)在溴化锂制冷机之后串联一级压缩式制冷机组,最终制出 1℃ 冷水送往井下的降温系统。压缩式制冷机组用电也取自热电站所发电力。

2)采用氨吸收式制冷机(制冷机房只能设于地面),直接制取 1℃ 冷水供井下降温系统使用。

(2)涡轮式空气制冷。涡轮式空气制冷是利用压缩空气经过涡轮绝热膨胀做功,从而使空气制冷。从井下压缩空气主管来的压缩空气经过限流环将压力减小到 0.22 MPa 以下,然后进入涡轮膨胀机的压气机端增压。压气机的动力来自涡轮中空气膨胀时的输出功,空气在压气机中增压的同时,温度也随着升高;接着进入水冷却器与冷却水进行热交换冷却,使空气的温度降到接近压气机进口的空气温度。为防止空气中游离水进入涡轮膨胀机的涡轮端,在水冷却器出口处安装了水分离器,除去水的空气进入涡轮膨胀降温后流入隔热风筒,与风筒内的空气混合后输往工作面降温。

涡轮式空气制冷机系统用空气制冷机作为高温矿井空调终端,相当于冷水机组系统中的空冷器,具有系统简单、没有高低压换热器和空冷器、输冷管道少、承压小、材质要求低、施工技术难度低等特点。空气制冷机本身无须电力驱动,无防爆问题,空气既是制冷剂又是载冷剂,取之不尽,用之不竭,又无环境污染问题,在高温、高沼气煤矿具有很好的应用前景。但该系统需要矿井具有充足的压缩气源,通过经济分析比较,与蒸汽压缩式空调系统相比,每千瓦制冷量的投资和年运行费用较高。

如何降低压缩空气的生产成本,也许会成为高温矿井降温的一个研究课题。

(3)冰冷却空调系统。冰冷却空调系统就是利用地面制冰场制取的粒状冰或泥状冰,通过风力或水力将其输送至井下的融冰装置,与井下空调的回水进行直接热交换,使空调回水的温度降低。与普通矿井空调系统相比,冰冷却空调系统由于利用冰的融解潜热进行降温,所以在同样冷负荷的条件下,向井下的输冰量仅为输水量的 1/4~1/5。由于输冷管道和输送流量减少,管道投资费用和运行能耗降低,由管道温升而产生的冷损降低,所以系统的装机容量和投资费用都大大降低。它不存在普通矿井空调所难以克服的过高静水压力和冷凝热排放困难等问题,主要电动设备均在井上,不需要防爆,能较好地适应矿井的安全要求。

冰冷却空调系统的应用主要应考虑:冰冷却空调系统的具体方式、冰的制备、冰的输送和冰的融解等问题。

1）冰的制备。冰根据其形状可以分为粒状冰和泥状冰,根据制冰的传热机理有直接传热和间接传热之分。粒状冰冷却系统所采用的冰粒形状有多种,如立方体、圆柱体、管状和片状等,其形状主要是由制冰机蒸发器的几何形式所决定的。制取粒状冰需要制冰机有较低的蒸发温度($-10 \sim -30℃$),这使制冰机的性能系数降低。比较而言,管状与片状冰的制冰机性能系数要比立方体、锥体等块状冰的制冰机的系数高。粒状冰的优点是较低的蒸发温度使得冰粒具有较大的过冷度,从而可以减小输送过程中的融化损失,而且便于输送。粒状冰制冰机的工作过程分为冻结和收冰两个阶段。冻结和收冰的时间影响着制冰机的性能。泥状冰是指水或盐水中混合的小冰晶,制取时形成的小冰晶从盐水中析出,冰比生成它的溶液纯净,这个过程称为冰冻除盐。用于大规模泥状冰的制备有间接传热法、真空制冰法和直接传热制冰法。

2）冰的输送。冰的输送方式有传送带输送、风力输送、水力输送和重力输送。不同形状的冰和不同的输送位置应采用不同的输送方式。

粒状冰从制冰场到竖井井口可采用传送带或风力输送,竖井内以及井下到融冰槽的水平段可采用重力输送。风力输送属于管道输送的一种方式,压缩空气的压力应保持在150 kPa以上,实际应用时可达400 kPa。空气温度宜在8℃以下。在实际运行过程中应随时调整输冰速度和压缩空气量,防止冰块过于密集,导致管道阻塞或破裂。由于片状冰的表面积与质量比比较大,容易相互粘连,而导致管道阻塞,所以实际应用中应首选管状冰。

泥状冰只能采用水力输送,对管道和泵都没有特殊要求,其优点是可以直接利用改造后的冷水管道进行输送。为了减轻过高的静水压力对井下设备的影响,可采用高低压换热器,也可安装水轮机等水能回收装置,以减少输送能耗。

3）冰的融化。为了保证冰的融化速度,必须在井下设置专门的融冰装置,并需对融冰机理进行研究。融冰机理的分析需要解决的是变冰量条件下的融冰过程分析和连续输冰条件的融冰过程分析。变冰量条件下的融冰过程指的是融冰过程中不再补充新的冰量,随着融冰的进行,冰床高度越来越低,残冰量越来越少。变冰量条件下的融冰过程属于非稳态过程,研究的主要目的是了解融冰装置内一定量的冰完全融化时所需的时间。连续输冰条件下的融冰过程指的是随着融冰过程的进行,冰量不断地补充到融冰装置内,融冰过程中冰床高度和融冰装置的出水温度保持不变。连续输冰条件下的融冰过程属于稳态过程,研究的主要目的是探讨融冰装置的出口水温和冰床高度、进水流量、水温以及冰粒形状和大小等之间的关系。在进行系统控制设计时,应保证产冰量、输冰量和融冰量之间的平衡。

作为一项矿井空调的新技术,冰冷却空调系统在系统运行管理和控制方面有较高的要求。该系统在我国还处于试应用阶段。为在我国真正推广应用冰冷却空调系统,尚需开展许多工作,如适合不同冰制备方式的制冰设备的开发和研制,输冰系统和输冰设备的研究与开发,适合低温水和泥状冰传热要求的井下空冷器的研究与开发。

7.4.2 深井开采热害治理

根据我国矿产资源开发速度,预计在未来的20~50年内,我国将大量涌现深井矿山,一部分矿山开采深度可能进入2000 m,个别矿山开采深度可能更大。

这一时期,矿井下的岩温都在50℃以上。高温岩体对于地下开采可能是个热害。但这一时期的高温岩体作为热能又是一种资源。这一时期对于地下的热源应做两方面的考虑:当地下岩温较高时,先开发利用地热资源,待岩温有适当下降后再开发矿产资源。当地下岩温不太高而无法利用地热资源或利用地热资源不经济时,考虑制冷降温治理热害。

地热的利用当前已经取得不少成就。但目前地热资源的利用和矿产资源开发中的热害治理尚未联系起来。如何加快地热资源的利用从而尽快降低矿床的原岩温度,是地热利用与矿产资源开发中的热害治理相结合的研究课题。

研究制冷新技术,对制冰技术研发创新,解决井下冰输送过程中产生的问题,研究井下高压水能量回收利用问题,建立数字矿山监管井下通风降温系统,是这一阶段制冷降温需要重点研究的课题。

7.4.2.1 制冷新技术

研究新型制冷技术减少能量的耗损,降低热害效应。

(1)新型制冷剂的研究。加强对普通材料作制冷剂的研究,改善传统制冷剂的缺点。干冰的储冷量大,气化为CO_2,需要体积小,运输方便;碳氢化合物凝固点低,不溶于水,不腐蚀金属,溶油性好,经济实惠,制冷范围较合适:它们作制冷剂,都对环境友好,无爆炸危险,且易于获得,作为井下制冷剂具有较大潜力。

(2)制冰和输冰技术。制冰和输冰技术关系到制冷降温的效果和成本,冰制冷方式在国内矿井下还未普遍使用,开采深井前要对冰的形状、运输方式、废水的处理、制冰机安装位置进行考虑。充分考虑冰的形状对运输方式、融冰速度的影响,在运输过程中尽量减少冰的表面积,减少冷量损失,而在工作面上,要充分发挥其制冷效果,输冰管道可选用冷量损失少的无缝钢管,要防止钢管被冻裂和腐蚀。

7.4.2.2 高压水能回收利用技术

当地下开采到达千米深后,制冷水的位能转变成压能,成为高压水。而空气冷却器使用的冷水是常压水。高压水在转变成常压水的过程中,如果不采取措施吸收其中的压能,这部分压能会转变成热能释放于井下。回收高压水的意义不仅仅是回收到这部分能量,更重要的是防止其转变成井下的热源。

(1)利用高压水能发电。高压水本身具有很高的热能和动能,将其转化为电能后可以直接向深井下的大型机械提供电能,减少向井下输电设备的使用,降低电能消耗,高压水还可以循环使用,经济方便。

(2)直接利用高压水的动能。将高压水作为推动井下水轮发动机、井下风扇、制冷设备的动力。

(3)其他利用。高压水通过碰撞冲击产生细小的水雾,可用来除尘降尘;利用高压水的高压来切割岩石,减少机械切割产生的粉尘和能量耗损;高压射流还可以清洗传输管道中的污垢。

7.4.2.3 建立数字可视化矿山

数字化矿山使工程师和专家可以对矿山开采状况和危险源进行预测、监控、分析和做出决策,实现计算机网络管理的管控一体化,有利于矿山企业实现整体协调优化,保障企业的可持续发展,提高其整体效益、市场竞争力和适应能力,同时有利于国家对矿山企业的管理监控。

利用计算机技术,针对深井下的高温环境,建立数字化通风制冷降温系统,模拟各种降温措施,选出较合理的方案,可以减少井下多次试验往复的经济和时间损失,同时可避免因井下高温试验产生的危险。

7.4.3 超深井开采热害治理

50 年以后,我国或将进入超深井开采阶段,岩石温度将达到 150℃ 以上,对抗恶劣的热环境可以着眼于利用超深注浆技术隔离矿区周边热源,利用超长热管技术导热以及地热发电技术先将岩层适当冷却后再采矿。

7.4.3.1 超深注浆技术

注浆是通过钻孔向地层注入水泥浆或其他浆液,可有效地防止地热水渗入工作面引起高温高湿、降低地表下沉、加固支护、减少岩石崩裂砸伤工人。超深注浆技术不仅要考虑围岩的围岩特性等常规参数,更要确定好注浆具体部位、深度,对注浆方法进行压力试验和高温检测,并根据实验效果选择最佳注浆材料。

7.4.3.2 超长热管技术

热管是封闭的管壳中充以工作介质并利用介质的相变吸热和放热进行热交换的高效换热元件,具有很高的导热能力、优良的等温性。热管技术已经广泛运用于制冷空调领域。将超长热管技术运用在超深井开采中,将局部地区的高温迅速传导出去,可有效控制井下工作面的高温并稳定在适宜温度环境的范围内。

7.4.3.3 地热发电技术

地热是一种清洁可再生能源,有热流密度大、易收集、可全天候开采、使用方便、安全可靠等优点。据统计,地热能约为全球煤热能的 1.7 亿倍。利用地热发电技术,可减少井下的热能,降低工作面的温度。在目前煤炭等传统资源濒临枯竭的情况下,更应加强利用地热能源,地下 5000 m 以后,岩石层温度大约达到 200℃,研究干热岩发电和岩浆型地热发电技术,充分利用中高温地热发电,将大量缓解能源压力。

7.4.3.4 强力制冷技术

夏季制冷降温的过程是利用电能将室内空气(低温空气)内的热量驱向室外空气(高温空气)中。而冬季制热供暖的过程则是利用电能将室外空气(低温空气)内的热能驱向室内空气(高温空气)中。由此可见,空调的过程就是利用外部能量驱动低温空气内的热量流向高温空气中。在热量的驱动过程中,外部能量的消耗量除了与所驱动的热量成正比外,还取决于高低温空气的温差。超深矿井开采过程中,如欲在作业面营造出宜人的气候环境,作业面与非作业面之间的温差可能会超出现有制冷技术的极限。为此需要寻找新的热力性质的制冷剂或研究新型制冷技术。

21 世纪发展了多种制冷方式,对热与电、磁、声关系的研究有了很大的突破,这些新型方式与传统的制冷方式相比,无需污染环境的制冷剂,脱离了传统制冷剂,制造和运输制冷剂的费用降低,成本上有很大优势。超深矿井开采,矿井下的空气温度远远高于宜人温度,传统制冷技术可能已经无法在矿井下营造出宜人环境,也许可以通过热磁制冷、热声制冷、热电制冷等方式实现。

7.4.4 超高温矿井开采

超高温矿井下的高温已经超出人的极限,只能依靠机器人、人工智能方式采矿,通过构建一种全新的数字化与智能化的矿山模式,即高度现代化的无人采矿模式来实现。结合数字化矿山系统动态监测、调度和管理设备,协调人机关系,智能遥控机器人作业。这个阶段对井下设备的要求严格,井下设备要耐热,使用寿命长,本质安全。

7.4.4.1 载人舱技术

超深矿井井下原岩温度可能高达 200℃以上甚至 300℃,空气温度目前无法预测。采矿技术将大量依靠自动技术,但还无法做到完全无人采矿。矿井下的机器人之类高度自动化的设备可能仍需人类的干预。而人类已经无法忍受这一时期极高的空气温度,只有借助于载人舱技术才能深入矿井进行设备的维护保养工作。所谓井下载人舱,就是应用极高隔热能力的材料构建一个密闭空间,内部配上超强的空调,营造出一个宜人的环境,外部配上机械手、超声波探测器以及多自由度的行走机构,可在超高温矿井巷道里面自由行走的类似于太空舱的这样一个设备用于供人员下井抢修井下机器人之类的自动化设备。

(1)热半导体技术。载人舱需要解决的第一个问题是隔热问题。井下空气温度也许将超过 100℃。舱内宜人环境温度则不能高于 25℃。如何隔绝热量在舱内外如此高的温差驱动下向舱内流动,需要研制一种在电能甚至原子能的控制下热流只能由舱内流向舱外的一种热半导体材料。

(2)高温机器人技术。机器人是一种高度自动化的机器设备,它的高度自动化依赖于高精尖的电子技术。这种高精尖的电子技术在未来高温矿井中应用需要经受恶劣环境的考验。未来高温矿井下的空气温度可能超过 100℃,矿井下的水可能都会以蒸汽的形式存在,生产中的凿岩爆破还会产生大量的粉尘、毒气和冲击波等。现代自动化技术如何适应未来高温矿井的恶劣环境将需要极大的技术进步。

(3)超声成像技术。未来矿井下的水都以蒸汽的形式存在,粉尘控制可能更加困难,矿井下的能见度极低甚至为零。此时人类需要利用超声成像技术完全代替人眼来观察、维修井下各种设备。

(4)矿产品替代技术。研究各种利用再生材料制造的新型材料代替当前使用的传统材料,例如目前在许多领域可以用塑料代替钢材。这一时期,也许人类可以通过控制人口和资源的循环利用减少甚至消除人类对矿产资源的依赖。

7.4.4.2 无人采矿技术

未来采矿需要全自动技术实现井下无人化开采。

7.5 高温矿井环境控制技术研究课题列表

现将高温矿井环境控制技术研究课题列于表7-3中。

表7-3 高温矿井环境控制技术研究课题

时　期	研　究　项　目	课　题
亚深井开采(开采深度小于1000 m，预计原岩温度30~40℃)	1. 高温环境下的人机工程学研究	(1) 高温压抑环境下的安全标准研究
		(2) 高温高湿环境下矿工的行为学研究
		(3) 高温高湿环境下的职业卫生技术研究
	2. 硫化矿自燃防治技术研究	(1) 深部硫化矿石的成矿条件研究
		(2)高温高湿环境下硫化矿石发火机理研究
		(3)硫化矿自燃抑制技术
	3. 局部降温技术研究	(1) 移动式空气冷却器研制
		(2) 井下轻便空调室研制
	4. 通风系统优化研究	(1) 高温矿井通风网络优化分析方法研究
		(2) 矿井气候预测
		(3) 循环通风技术研究
	5. 热源控制技术	(1)岩壁隔热
		(2)保冷技术研究
	6. 个体防护技术	
	7. 制冷降温技术研究	(1)热电站为热源的吸收式冷水机组
		(2)涡轮式空气制冷
		(3)冰冷却空调系统
深井开采(开采深度为1000~5000 m，预计原岩温度40~140℃)	1. 制冷新技术	(1) 新型制冷剂的研究
		(2)制冰和输冰技术
	2. 高压水能回收利用技术	(1) 利用高压水能发电
		(2) 直接利用高压水的动能
		(3) 其他利用
	3. 矿山可视化	
超深井开采(开采深度为5000~10000 m，预计原岩温度140~250℃)	1. 超深注浆技术	
	2. 超长热管技术	
	3. 地热发电技术	
	4. 强力制冷技术	
超高温矿井开采(开采深度大于10000 m，预计原岩温度大于250℃)	1. 载人舱技术	
	2. 无人采矿技术	

7 超深矿井高温环境控制的前瞻研究

8 金属矿山硫化矿石自燃火灾与探测的前瞻研究

硫化矿石自燃是长期以来影响矿山安全生产的问题,已成为硫化矿床开采经常遇到的重大灾害之一。迄今,国内外学者对硫化矿石的自燃机理、自燃倾向性、预防以及控制方法等方面进行了大量研究,但由于硫化矿石自燃过程的复杂性和自燃火源的隐蔽性,问题未能得到根本解决。

8.1 预防硫化矿石自燃的意义

自燃是存在于自然界的普遍现象,通常由缓慢的氧化作用引起,即物质在无外界火源的条件下,在常温中自行发热,由于散热受到阻碍,热量得以积蓄,逐渐达到自燃点而引发的燃烧。堆积的硫化矿石与空气接触时会发生氧化反应而放出热量,若氧化生成的热量大于其向周围散发的热量时,该矿石堆能自行增高其温度,加速氧化进程。在一定的外界条件下,局部的热量可以积聚以致使其达到着火温度,从而引起矿石自燃。广义上通常把含硫的金属、非金属矿物以及硫与其他元素以化合物形式存在的矿物集合体称为硫化矿床。目前所发现的含硫的矿物种类繁多,其中常见且有工业应用价值的硫化矿床主要有硫铁型、硫铜型、硫砷型、硫铅锌型等,其中有相当一部分是以混合的形式出现的。就矿石氧化自燃特性来说,多为硫铁矿,主要有黄铁矿、胶状黄铁矿、磁黄铁矿及白铁矿等。

研究表明,硫铁矿石发生不同氧化反应的众多模式中,大多数为放热反应。矿石氧化放出的热量一旦存在蓄热条件,就会导致矿石温度升高而进一步加剧矿石的氧化作用,在一定条件下就可能引发矿石自燃。迄今,金属矿发生过的自燃火灾主要是硫铁矿。因此,本书所研究的硫化矿石自燃问题为硫铁矿石的自燃火灾。

硫化矿石自燃火灾会引发一系列的安全与环境问题,并会造成巨大的经济损失。矿石自燃是矿石氧化蓄热升温的结果,被氧化的矿石不仅改变了原矿的性质,影响到矿石质量,而且会影响到出矿及后期选矿难度,增加成本。如块状黄铁矿氧化生成 Fe_2O_3 后易呈粉状,增加了扒矿的难度,并容易导致扬尘;同时,矿石出矿一旦遇水还会伴有胶体产生,从而使矿石发生凝结而导致溜井堵塞;含 Cu 等其他金属元素的硫化矿石被氧化成多种金属氧化物后,大大增加了后期的选矿难度。采场矿石自燃发火时,由于矿石自燃导致的高温极大影响了工人的作业环境;矿石自燃还会产生大量的 SO_2,进一步加剧恶化井下作业条件。SO_2 易被湿润的黏膜表面吸收生成亚硫酸、硫酸,对眼及呼吸道黏膜有强烈的刺激作用。大量吸入可引起肺水肿、喉水肿、声带痉挛而致窒息。即使长期低浓度接触,也可导致头痛、头昏、乏力等全身症状以及慢性鼻炎、咽喉炎等症状,从而降低井下工人的作业效率,长此以往将影响工人的健康和生命安全;湿空气环境下 SO_2 所形成的酸性雾水还会腐蚀井下各种机械设备。一旦排至地表,也容易对地表环境造成污染。

因此,井下硫化矿石自燃灾害不仅会对已经剥落的矿石造成损失,而且由于矿石自燃所导致的生产作业困难有时会迫使矿山企业舍弃某些已做的工程,或更改已有的采矿方法与工艺,严重的还将使大量工程报废和矿石资源损失,从而造成巨大的经济损失。国内有许多矿山都曾报道过发生规模大小不一的硫化矿石自燃火灾。我国有大约30%的有色金属矿山、10%的铁矿山(主要是硫铁矿)、10%的非金属建材矿山存在矿石自燃的隐患。

随着我国矿产资源不断向深部开发的影响,深部开采面临的高温问题越发加剧了高硫矿石开采过程中自燃事故的频发,矿石自燃问题比以前显得更加突出。因此,研究硫化矿石自燃特性及其火源探测技术,深入理解井下矿石自燃过程,判定矿石堆体燃烧状况和推断火源位置,对于高效、快速地展开防灭火具有非常重大的现实意义和应用价值。

8.2 硫化矿石自燃的研究现状

8.2.1 自燃机理的研究现状

硫化矿石自燃机理研究主要是从宏观和微观的角度来合理解释硫化矿石的发火过程及其发火原因。从现有的文献来看,目前被普遍接受的硫化矿石自燃发火机理有化学热力学机理、电化学机理、物理机理以及生物作用机理。

(1)化学热力学机理。采用化学热力学方法来研究硫化矿石的氧化与放热过程。研究认为刚刚崩落的矿石由于现场条件不成熟,其发生氧化反应的速度往往极为缓慢。但对于块度较小且易破碎成粉状的矿石,如胶状黄铁矿,由于比表面积很大,和空气中氧结合的机会更多,相同体积的矿石氧化放出的热量明显高于其他矿石,而且,通常这类矿石达到氧化加速点所需的环境温度较低,如胶状黄铁矿的氧化加速点就在60℃左右。因此,当存在聚热条件时,这类矿石很容易引发自燃。

该机理认为硫化矿床开采过程矿石被揭露后发生的氧化反应同其在地表的自然氧化具有相同性质,矿石发生的氧化过程分阶段进行:开始是矿物晶格内的离子键由于金属原子以离子的形式释放到溶液中后而遭破坏;然后硫离子溶解到溶液中并得以释放而生成亚硫酸根离子,并进一步氧化生成硫酸根离子;最后生成的硫酸根离子与之前释放的金属离子结合生成硫酸盐。同时,该机理也认为,由于整个过程是处在动态平衡的过程中,所发生化学反应模式非常复杂,这些阶段会同时发生。其中矿物成分和湿、温度等外界条件对硫化矿石发生氧化的影响较大。

(2)电化学机理。电化学机理主要从微观上研究了硫化矿石氧化反应的过程。研究表明,在潮湿环境下,硫化矿物的表面存在的 Fe^{2+}、Fe^{3+}、Cu^{2+}、Zn^{2+}、Pb^{2+}、Ag^+、H^+ 等阳离子和 S^{2-}、HS^-、SO_4^{2-} 等阴离子容易发生电离作用,这些离子和矿石表面的水膜一起构成电解质溶液,因而能发生电化学氧化还原反应,在某种程度上类似于金属的腐蚀过程。这一机理从微观上阐述了硫化矿石氧化反应的过程,并可解释硫化矿物在有黄铁矿参与时会出现氧化加速的现象。

(3)物理机理。物理机理则从宏观上解释了硫化矿石的氧化自燃过程。该机理认为,硫化矿石从揭露崩落到氧化、自燃共经历了矿石破碎、氧化、聚热、升温至着火等五个阶段。

破碎后的矿石由于比表面积的剧增,与空气充分接触,很容易发生氧化而放出热量。若氧化生成的热量大于其向周围散发的热量时,该物质能自行增高其温度,矿石温度的升高又能加速矿石发生反应的速度;在蓄热的环境下,局部的热量能够得到积聚,当温度持续升高到矿石着火点时,便会引发自燃火灾。

(4)生物作用机理。生物作用机理认为由附着在硫化矿石表面上的细菌分泌出的EPS 当媒介,与其含铁的 EPS 层发生化学反应产生 Fe^{2+} 和硫代硫酸盐。T. f 菌及 L. f 菌通过自养,将 Fe^{2+} 氧化成 Fe^{3+},T. f 菌及 T. t 菌则将硫代硫酸盐分解出的硫氧化为硫酸盐。因此,可以看出,生物氧化机理本质就是一种接触氧化。以黄铁矿为例,T. f 菌通过直接氧化黄铁矿获得生长所需的能量,氧化反应产生的硫酸铁又可反过来氧化黄铁矿产生单质 S 和 Fe,而单质 S 和 Fe 又能够作为细菌的能源而被氧化。

硫化矿石低温氧化阶段的生物作用机理认为采场矿堆没有适合于对硫化矿石氧化起作用的特有菌种的生存环境,因而都没有进行深入的研究。过去常常认为这些起作用的细菌一般只能在低于30℃的环境下才具有较强的活力,而采场崩矿后,矿堆内的温度一般都高于30℃,因此细菌的活性很低,对硫化矿石氧化的贡献极小。研究发现硫化矿石崩落破碎后,存在大量的粉矿,微生物的氧化作用主要体现在氧化这些粉矿颗粒上,而这一过程与生物冶金的机理相似,因此,借鉴了生物冶金的研究成果对硫化矿石低温氧化的生物作用机理进行了深入的研究,并提出了硫化矿物生物氧化过程的模型图。

从上面的研究情况来看,虽然在硫化矿石自燃机理的问题上存在多种解释,但无论哪种机理,都涉及氧化自热,事实上从宏观上来讲,硫化矿石就是由于氧化放热和聚热升温共同作用而发生自燃的。矿石自燃是由矿石本身的物理化学性质及外部因素共同决定的,其内因条件是矿石氧化放热,而湿空气的存在和良好的聚热环境是必要的外部条件。

8.2.2 自燃倾向性的研究现状

目前国内外主要通过测定矿石的某些氧化性能表征指标,并根据这些指标对其自燃特性进行对比、判别。对比、判别的方法主要有单因素评价法和多因素评价法。其中单因素评价法由于只要测一个指标,简单、快速、成本也低,但存在的主要问题是目前还没发现一种能完全反映硫化矿石氧化性的单一指标,因此判别误差较大;多因素评价法则是通过综合比较多个指标,其结果相对客观,但这种方法耗时费力、成本较高,而且指标的选取盲目性和重复性较大,目前还没有统一标准。

包括矿炭行业,大多数科研工作者在进行自燃倾向性判定中所测定的指标或内容一般有:矿石中各种矿物的成分和含量、矿石的含硫量及其他有关成分的含量、矿石中水溶性铁离子含量、矿石的吸氧速度、矿石起始自热温度、自热幅度、矿石着火点等。在此基础上提出了硫化矿石自燃倾向性鉴定的综合分析法,对该方法的鉴定程序、指标体系及各项指标的测试原理、测试方法、测试装置和操作流程等进行了系统的研究,并提出了相关改进方案:

(1)用简单可靠的氧化增重测定法代替复杂且难掌握的吸氧速度测定法。

(2)提出将5天增重率(或5天吸氧率)、自热点和自燃点作为硫化矿石自燃倾向性鉴定的主要指标,并建议了该三项指标的测试方法和试验条件的标准化以及硫化矿石自燃倾向性的分级方法和鉴定标准。

这些工作为规范硫化矿石自燃倾向性鉴定方法提供了重要的参考,为最终制定鉴定标准打下了良好的基础,具有十分重要的意义。

8.2.3 预测预报技术的研究现状

目前用于预测预报硫化矿石堆氧化自燃研究的技术或方法主要有自燃倾向性预测法、综合评判预测法、统计经验预测法、数学模型模拟预测法、非接触预测法、神经网络预测以及灰色预测等方法。

(1)自燃倾向性预测法。从 20 世纪 30 年代起,不同国家在不同时期分别提出过判断自燃倾向程度的指标。苏联以吸氧速度常数和电化学性能作为指标;保加利亚用吸氧速度常数与差热分析反映的热谱两种作指标;我国的白银有色金属公司研究所用硫化矿石水溶性 $Fe^{2+} + Fe^{3+}$ 含量大于 0.3% 为指标;长沙矿山研究院曾用 H_2O_2 测定矿石氧化率、升温率,并提出"有无胶状黄铁矿"作为指标;原中南工业大学则提出了类比综合指标判定法和火灾指数法等。

自燃倾向性预测法主要是根据硫化矿石自燃倾向性不同,划分硫化矿石自燃发火等级,以此来区分硫化矿石的自燃危险性程度,从而采取相应的防灭火措施。研究硫化矿石的自燃倾向性,主要是通过实验来测定矿石的有关数据等。

(2)综合评判预测法。影响硫化矿石氧化自燃的因素很多,包括矿石本身的性质、结构、着火点、吸水性、热物性、矿床的地质条件、通风状况、采矿方法及采矿强度等,这些因素可分为矿石本身因素和环境因素。正是众多因素的影响,给自燃发火问题的研究带来了许多困难。

原中南工业大学为了研究鉴定矿岩的自燃倾向程度,提出了综合因素分析法,通过测定几个指标,进行综合分析;在加拿大学者 B. H. Good 提出的计算硫的临界值数学模型基础上,提出了如下综合评判数学模型:

$$ST = K_1(S\%) + K_2(\text{可溶性 } Fe^{2+} + Fe^{3+}\%) + K_3(\text{磁黄铁矿}\%) +$$
$$K_4(\text{胶状黄铁矿}\%) + K_5(\text{黄铁矿}\%) + K_6(\text{白铁矿}\%) +$$
$$K_7(\text{黄铜矿}\%) + K_8(\text{闪锌矿}\%) + K_9(\text{其他硫化物}\%) \qquad (8-1)$$

式中　ST——硫化矿岩自燃倾向性大小的综合指标;

K_i——分别为各自影响因素的相应系数;$i = 1, 2, 3, \cdots, 9$。

通过矿相分析、测定矿样水溶性 $Fe^{2+} + Fe^{3+}$ 含量、矿样吸氧速度、矿样自热点、矿样着火点等一系列指标的多因素综合分析方法,可以评价矿石的自燃危险性。

综合评判预测法利用大量的统计资料,定性地分析矿体自燃主要因素的影响程度,粗略预测矿体自燃发火危险程度,而对发火期以及可能发火的区域则无法进行预测。在主观判断、专家评分的基础上,应用模糊数学理论逐步聚类分析,并根据标准模式来获得聚类中心,然后对生产矿井自燃危险程度进行综合评判预测;或应用神经网络中 BP 网络这一高度非线性关系映射建立自然发火预测模型,来准确有效地预测开采矿床的自燃危险性。

(3)统计经验预测法。这种方法是建立在已发生自然发火事故统计资料的基础上,分析预测松散矿体实际开采条件下的自燃危险程度。通过分析矿井自燃事故的统计资料,找出其规律,形成预防经验。

（4）数学模型模拟预测法。从矿岩氧化自燃的电化学机理出发，建立了一个较为完整的矿岩氧化自燃数学模型。这个模型中包括矿石的比热容、密度、温度、含水量、氧化速度、粒度、矿物含量及散热系数等十几个影响因素，充分反映了矿岩氧化自燃的影响因素之间的关系。

（5）非接触预测法。利用红外测温仪测定发热矿堆表面温度，根据红外检测仪的指示读数，由误差拟合关系方程式推断出矿堆表面的真实温度。然后运用传热学、多孔介质渗流理论，结合初始边界条件，探知矿堆内部温度，进而对其自燃危险性进行预测。

其余的方法还有神经网络预测法、灰色预测法、指数拟合预测法等。这些方法在预测矿石自燃的问题上均有一定的理论意义和实用价值。

8.2.4 研究现状评价

从前面对国内外现有的文献资料检索查阅和调查分析可知，目前国内外对于防治硫化矿石自燃的理论和技术，已经形成了一个比较完整的体系框架，尤其是"十一五"国家科技支撑计划项目"含硫矿石自燃倾向性鉴定与检测预报关键技术研究"实施以来，有关硫化矿石自燃的研究成果逐年增加，对硫化矿石自燃的灾害也逐步加大了认识。尽管如此，硫化矿石自燃的研究还远远落后于矿自燃的研究。综合分析国内外已有的研究成果和研究进展，可以得出以下几点结论：

（1）对于硫化矿石自燃的机理研究，国内外大多数学者基本认可的是化学热力学机理、电化学机理、物理机理和生物作用机理，但由于硫化矿石的氧化受矿物成分和湿度、温度等外界条件等多个因素的影响，其矿氧复合致热模式非常复杂，且在不同条件下复合作用有主次之分，因此研究不同条件下发生的矿氧复合模式十分重要，现有的研究成果还不能很好地解决，这也导致矿石氧化反应放热量、放热速度、热量迁移等方面的研究较少。因此研究矿石和氧气的相互作用机理，进一步更清楚地揭示矿氧结合在蓄热环境下的聚热升温是未来需要解决的问题。

（2）目前的研究主要放在矿石自燃的防治、自燃机理、自燃倾向性等方面，而对于矿石堆自燃的聚热分析较少，研究者的重点大都放在矿石的氧化性研究上，对矿石氧化聚热的升温条件、影响因素的研究相比于矿自燃的大量研究，几乎还没看到相关的文献。因此，研究矿石聚热的升温条件、火源的传热分析以及环境条件对其影响至关重要。需要在这几方面进一步开展深入的研究工作。

（3）对于硫化矿石自燃预测与探测技术的研究，国内外研究很少，尽管目前在这方面已经做了一些工作，并建立了采场硫化矿石堆氧化放热与散热过程的热平衡方程，对矿石堆的自燃发火周期进行了预测。但对于现场监测预测方面，目前没有实质性的进展，特别是对于硫化矿石自燃早期的征兆，目前国内外都缺乏一致的认识，从而限制了预测技术的发展。与矿自燃过程中不同温度下所产生的标志性气体不同相异（如会相应产生 CO、CH_4、C_2H_6、C_2H_4、H_2 等气体），硫化矿石自燃过程中所产生的基本上只有 SO_2，且是自燃期间的产物，难以作为预测的表征指标。因此，找到更合适的预测表征指标，对于建立符合实际的预测模型、开发硫化矿石自燃现场监测技术和监测设备是目前值得进一步研究的课题。

8.3　自燃火源探测技术的研究现状

研究表明,自燃火源发火初期,高温火源点往往范围较小,一般不到几平方米,仅仅是一个微小的局部区域,具有很大的隐蔽性。目前,研究初期火源位置的探测技术,已成为防灭火工作者一直努力探索的重要课题之一。

8.3.1　主要火源探测方法综述

火源探测就是在火源初步升温而未引起火灾这段时间内对火源位置与范围的确定,是根据物质自燃过程中其本身或周围介质的物理或化学变化的改变量来进行分析探测的。目前,国内外用于探测硫化矿石自燃火源的方法不多,基本上应用在矿炭行业。主要方法有气体分析法、温度探测法、火灾诊断法、同位素测氡法、测电阻率法、地质雷达探测法、磁探法、红外测温探测法、无线电波法、遥感法以及计算机数值模拟法等。

（1）气体分析法。气体分析法是利用自燃介质自燃过程中产生的气体(视为指标气体)与介质温度之间存在的关系对其进行探测的。通过监测指标气体出现的初始温度和浓度变化趋势,对介质自燃发展的程度进行分析,并对其自燃位置、范围作近似的判定。目前,用于探测矿自燃的气体分析工艺方法主要有井下气体测定法、地面钻孔气体分析法以及示踪气体法三种。

1）井下气体测定法。井下气体测定法是人工取样或束管监测系统对自然发火区域的气体进行监测,通过对其成分进行分析,能够估计矿自燃的发展程度及大致范围,但该方法难以实现对火源点的准确定位。

2）地面钻孔气体分析法。地面钻孔气体分析法最早是由俄罗斯学者提出的。研究发现矿炭自燃火源区域与地面存在一定的压差和气体的扩散,在地表层能发现一些有代表性的气体从矿炭自燃源区域垂直方向放出,因此,围绕可能存在的自燃发火源布置10~30 m的方形网并钻孔取标志性气体样本以期确定火源位置,钻孔深度一般为1~1.5 m。通过钻孔,把获得的结果绘制成气体异常图,并依据最大含量的标志性气体来确定火源的大致区域和燃烧程度。地面气体探测法只能用于正压通风的矿井,因为它必须要求气体能不断地向上运移且不与其他物质发生化学变化,并能扩散至地面。该方法能大致确定自燃火源的位置,但由于其受到采深、自燃火区上覆岩层性质及地表大气流动等因素影响,难以用作主要的火源探测方法,目前只能作为探测火源的辅助手段。

3）双元示踪气体法。通过利用热稳定性较好的示踪气体测定采空区漏风量发现这些气体在某一温度条件下能发生热解,可以直接监测其分解物,从而间接测定出易发火点的温度值,实现早期预测预报。但该方法的缺点是难以对高温点的具体位置与范围进行准确确定。

（2）温度探测法。温度探测法是利用测温传感器来获取测温对象温度的方法。目前该方法使用较为广泛,淮南、兖州、大屯等矿区采用该方法测量矿温取得了一定效果。其测温传感器主要有热电偶、铂电阻、数字温度传感器等。常用的测定方法有直接测温法和预埋温度探头测温法。直接测温法是在自燃火区的上部利用仪器探测热流量或利用布置在测温钻孔内的传感器测定温度,然后根据测取的温度场用温度反演法来确定自燃火区火源的位置。对于火源深度浅、温度高的火区,使用这种方法能取得一定效果。波兰、俄罗斯应用此法探测矿层露头的自燃火区范围的实践表明,该方法能探测到深度在 30 ~ 50 m 的火源。预埋温度探头测温法是把测温传感器预埋或通过钻孔布置在易自燃发火区域(采空区和矿层内),并根据传感器的温度变化来确定高温点的位置和火源的变化规律。这种方法工作量大、投入多,但受外界干扰少,测定准确。

(3)火灾诊断法。矿井火灾诊断技术是火源定位新方法,该方法主要是用烃指数作为指标,利用钻孔采集数据的方法对矿自燃区域进行判断。通过布置一定数量的钻孔,利用抽气泵抽取测点气样并进行分析,再根据分析结果判断各测点是否存在高温火源点。目前该方法还处在试验阶段。

(4)同位素测氡法。利用同位素测氡法对矿自燃位置和范围进行探测取得了一些成果。该方法是利用矿岩介质中天然放射性氡随温度升高析出率增强的特性,在地面探测氡的变化规律,并经过一系列数据分析处理方法,从而给出火源位置、范围及发展趋势。理论研究表明该方法的探测深度可达 800 ~ 1200 m,目前的探测深度大约为 500 m。由于氡气在岩体中的传递规律还不够清楚,也较难解释地面氡气分布与地下某一地点温度的关系,目前该技术还处在研究的阶段。

(5)测电阻率法。在矿石燃烧过程中矿层的结构状态及其含水性会发生较大的变化,从而引起矿层及周围岩石电阻率的变化。燃烧初期,由于空气中的水分逐渐凝聚,使得裂隙中的水分增加、导电性增强,从而导致电阻率下降。燃烧后期,矿层燃烧比较充分,其结构状态发生了较大变化,水分也全部蒸发掉,表现为较高的电阻率值。电阻率探测法正是基于这种原理。但该方法较易受大地杂散电流、测区附近有高压线、大型电机等设备干扰,且易受地形影响。故此法目前主要应用于露天开采矿井自燃发火火源位置与范围的测定,在埋深较大的矿井探测火源位置难以取得明显的效果。

(6)地质雷达探测法。地质雷达探测法是利用超声波在介质中传播时遇有高温其反射速率会发生变化这一原理对矿石自燃火源进行探测的。用该方法探测火源时,由于波的衰减过快,并且在井下非连续介质中进行温度的定性或定量分析缺乏准确性和可靠的对比参数,所以对矿自燃火源的探测效果并不明显,目前仍处于研究阶段。

(7)磁探法。此方法包括人工磁场探测法和天然磁场探测法。由于矿石自燃时上覆岩石受到高温烘烤,其中铁质成分发生物理化学变化,形成磁性矿物,并且烧变岩(因矿层自燃而变质的岩石)由高温冷却后仍保留有较强的热剩磁。磁探法正是基于这种方法对火区火源及其边界进行探测的。该方法目前主要用于矿田自燃火区火源的探测,而对于生产矿井的自然发火火源探测应用较少。

(8)红外测温探测法。红外测温法是一种非接触的方法,包括红外测温仪和红外热像仪。这种方法能够测量一定距离内的矿岩及其他表面的温度,对检测矿岩裂隙和巷道高冒地点的自燃火源极为方便,能够准确地探测出自热点的位置。使用红外测温仪进行了井下矿自燃隐蔽火源探测的研究和应用,包括易氧化区域的预防探测、矿巷近距离自燃火源位置的红外探测与反演研究等。

此外,火源探测方法还有无线电波法、遥感法以及计算机数值模拟法等。

8.3.2 对现有探测方法的评价

以上方法大都是应用于矿炭行业,对于探测矿自燃隐蔽火源在一定条件下起到了积极作用。相比于矿自燃,硫化矿石自燃要复杂得多。研究表明,在硫化矿石自燃过程中,指标气体氧气浓度的减少只能说明矿石有氧化现象,因它保持相对稳定,不能说明氧化所处的阶段;SO_2是自热后期即临近自燃期和发火期的产物,只能在硫化矿已经自燃时才能检测到,而且气体产量较少,并随着风流流动,因此,无法确定高温区域、自燃发展速度和趋势以及矿体可能达到的温度。监测矿石的温度是预测预报其自燃发火的一个重要途径。然而,矿石温度的监测依赖于方便可靠的监测技术。现场矿堆形状各异、体积庞大、块度大小不均,甚至周围环境也不尽相同,采矿条件恶劣(特别是在矿堆出现自燃的情况下)等,往往限制了接触式温度测温技术的应用;另外,现场还要求温度的获取速度快、操作方便、成本低。这些问题使得常用的温度监测仪器(如半导体温度计、水银温度计等)不能满足上述的要求。因此,很多探测法如气体探测法、温度探测法等,在矿自燃探测中或许能够起到很好的效果,但却难以适用于硫化矿石自燃研究。

利用红外测温仪监测矿堆的自热温度并分析其误差,由误差拟合关系方程式推断出矿堆表面的真实温度。然后运用传热学、多孔介质渗流理论,结合初始边界条件,进而探测矿堆内部温度,获得了一定效果。但是红外线测温仪对于探测矿或硫化矿石自燃空间有限,其单点测温的效率对于井下复杂的环境及快速判断火源位置极不适应。而红外热像仪的出现,为这些问题的解答提供了新思路,这正是各国竞相探索的重点。使用先进可行的技术进行井下隐蔽火源探测,可以克服井下条件恶劣、环境复杂等困难,预先探测到即将演变成为火灾事故的火源,为矿山工作人员采取及时的措施提供依据,使矿石自燃火灾防患于未然,减少经济损失。研究矿石自燃火源的先进探测技术,也是矿山安全生产技术发展的需要。目前,在国内外,红外热像技术已应用于工业、农业、医学等许多个行业,取得了很好的效果。

8.4 硫化矿石自燃火灾预防与控制的研究课题

在针对硫化矿石自燃研究中存在的一些问题和不足,广泛查阅国内外文献和系统总结前人研究成果的研究基础上,提出以下研究课题:

(1)硫化矿石自燃机理的进一步完善。在已有研究成果的基础上,对典型硫化矿物的基础特性及硫化矿石自燃机理等方面相关研究的成果进行综合分析、比较、研究和总结,并就矿石与氧气复合作用生热的过程进行系统探讨和分析,为探索硫化矿石自燃发火机理提供必要、可靠的理论基础和科学依据,把硫化矿石自燃发火的研究成果融会成更完善、系统的基础理论体系。

(2)硫化矿石堆的聚热特性的研究。研究氧气在硫化矿石堆内的流动方式,并推导硫化矿石堆热量的积聚过程和聚热升温条件;采用理论和实验相结合的手段对硫化矿石堆热量积聚的影响因素进行研究分析,找出温度、孔隙率、漏风强度、堆积体积、氧气浓度以及含水量和矿石粒度等对矿石升温的影响。

(3)运用现代测试和分析技术对矿样做 TG/DSC 分析,通过测定水溶液含量、电镜扫描等实验来研究矿石氧化自燃过程的主要特征指标。

（4）在前面研究的基础上，通过现场堆矿实验，对矿石氧化自燃过程的各主要特征指标进行筛选，以确定表征矿石自燃早期的最佳指标来作为早期监测矿石自燃的基础。

（5）用于探测硫化矿石堆自燃火源的红外热像方法的研究。分析红外测温仪的选择方法及在矿山的适用条件；结合热像仪对影响矿石自燃红外探测的因素进行深入探讨，并提出相应的校正措施。

（6）新的火源探测系统的开发。利用前面研究的基础，设计可用于井下硫化矿石堆自燃火源的探测方法和工艺，在研究热传导反问题的基础上，研究一种新的硫化矿石自燃火源探测系统。

（7）具有自燃倾向性的硫化矿石堆的聚热升温特性的研究。虽然研究发现温度、孔隙率、堆场漏风强度、堆积高度、氧气浓度、含水量及矿石粒度等都是影响矿石堆聚热升温的重要因素，但矿石自然发火这些因素的综合作用，找出这些因素的相互作用机理，对于防治矿石发生自燃具有重要意义。

（8）多热源的耦合作用的研究。矿石氧化自热至自燃的过程多处具有氧化反应发生的可能，这对于仅仅定位于采用单一热源来研究内火源的传热问题会带来误差。因此，多热源的耦合作用值得进一步深入研究和探索。

（9）探测工艺的进一步优化。受井下环境的影响，探测方向、角度等问题还需做大量的实验；包括红外热图的后期处理、信息还原也值得进一步研究。

9 金属矿山地下水灾预防的前瞻研究

矿山水害是指在矿山开发过程中,不同形式、不同水源的水通过某种途径进入矿区,并给生产带来不利影响和和灾害的过程和结果。其中,矿山水害以矿山巷道施工过程中发生的突水事故危害尤为严重,一次大型突水可导致停工、人员伤亡、设备严重破坏与损失,因此矿井突水是严重威胁井下工作人员生命安全的矿井灾害之一。我国对矿井突水事故也进行了深入研究,在矿山开采过程中,地下水文地质条件复杂,在突水事故发生前对矿井水害进行预测预防是降低事故的有效途径。对突水类型进行分类,探寻突水事故发生的基本原因和提出相应的矿山地下水害防治技术是矿山水害研究的重点和热点。此外,对具体矿区水害原因进行较多的研究分析,以找出相对应的水害防治措施。

矿坑水的防治是根据矿床充水条件,制定出合理的防治水措施,以减少矿坑涌水量,消除其对矿山生产的危害,确保安全、合理地回收地下矿产资源。随着科学技术的进步和发展,人们在开采地下矿产的实践中,积累了丰富的综合防治矿坑水的经验,建立了整套行之有效的技术措施。这些技术措施概括起来有防、排、截、堵、隔等。

9.1 从井巷布置和开采方法方面预防水灾

矿坑水的防治工作,应本着"以防为主,防治结合"的原则,力争做到防患于未然。矿坑水的预防工作,实际上从矿山设计阶段就开始了,在其后的基建和生产阶段,都不能忽视。因此,矿坑水的预防应贯穿整个矿山水文地质工作的始终。

9.1.1 井巷的合理布置

所谓合理布置井巷,就是开采井巷的布局必须充分考虑矿床具体的水文地质条件,使得流入井巷和采区的水量尽可能小,否则将会使开采条件人为地复杂化。在布置开采井巷时应注意以下几点:

(1)先简后繁,先易后难。在水文地质条件复杂的矿区,矿床的开采顺序和井巷布置,应先从水文地质条件简单的、涌水量小的地段开始,在取得治水经验之后,再在复杂的地段布置井巷。例如,在大水岩溶矿区,第一批井巷应尽可能布置在岩溶化程度轻微的地段,待建成了足够的排水能力和可靠的防水设施之后,再逐步向复杂地段扩展,这样既可利用开采简单地段的疏干排水工程预先疏排复杂地段的地下水,又可进一步探明其水文地质条件。

(2)井筒和井底车场选址。井筒和井底车场是任何一个矿井的要害阵地,防排水及其他重要设施都在这里。开拓施工时,还不能形成强大的防排水能力。因此,它们的布置应避开构造破碎带、强富水岩层、岩溶发育带等危险地段,而应坐落在岩石比较完整、稳定、不会发生突水的地段。当其附近存在强富水岩层或构造时,则必须使井筒和井底车场与该富水体之间有足够的安全厚度,以避免发生突水事故。

(3)联合开采,整体疏干。对于共处于同一水文地质单元、彼此间有水力联系的大水矿区,应进行多井联合开采,整体疏干,使矿区形成统一的降落漏斗,减少各单井涌水量,从而提高各矿井的采矿效益。

(4)多阶段开采。对于同一矿井,有条件时,多阶段开采优于单一阶段开采。因为加大开采强度后,矿坑总涌水量变化不大,但是分摊到各开采阶段后,其平均涌水量比单一阶段开采时大为减少,从而降低了开采成本,提高了采矿经济效益。

9.1.2 采矿方法的合理选择

采矿方法应根据具体水文地质条件确定。一般来说,当矿体上方为强富水岩层或地表水体时,就不能采用崩落法采矿,以免地下水或地表水大量涌入矿井,造成淹井事故。在这种条件下,应考虑用充填采矿法。也可以采用间歇式采矿法,将上下分两层错开一段时间开采,使得岩移速度减缓,降低覆岩采动裂隙高度,减少矿坑涌水量。

国内外在开采大水矿床时,通常的做法是在预先疏干后,再根据具体的地质和水文条件,选择合理的采矿方法,如空场法、房柱法以及 VCR 法等。

9.2 井下防排水方法

矿山采掘活动总会直接或间接破坏含水层,引起地下水涌入矿坑,从此种意义上讲,矿坑充水难以避免。但是防止矿坑突水,尽量减少矿坑涌水量从而保证矿井正常生产不仅可能也是必须做到的。井下防水就是为此目的而采取的技术措施。根据矿床水文地质条件和采掘工作要求不同,井下防水措施也不同,如超前探放水、留设防水矿柱、建筑防水设施以及注浆堵水等。

9.2.1 超前探放水

超前探放水指在水文地质条件复杂地段进行井巷施工时,先于掘进,在坑内钻探以查明工作面前方水情,为消除隐患、保障安全而采取的井下防水措施。

"有疑必探,先探后掘"是矿山采掘施工中必须坚持的管理原则。通常遇到下列情况时都必须进行超前探水:

(1)掘进工作面临近老窿、老采空区、暗河、流沙层、淹没井等部位时;

(2)巷道接近富水断层时;

(3)巷道接近或需要穿过强含水层(带)时;

(4)巷道接近孤立或悬挂的地下水体预测区时;

(5)掘进工作面上出现发雾、冒"汗"、滴水、淋水、喷水、水响等明显出水征兆时;

(6)巷道接近尚未固结的尾砂充填采空区、未封或封闭不良的导水钻孔时。

9.2.2 留设防水矿(岩)柱

在矿体与含水层(带)接触地段,为防止井巷或采空空间突水危害,留设一定宽度(或高度)的矿(岩)体不采,以堵截水源流入矿井,这部分矿岩体称作防水矿(岩)柱(以下简称矿柱)。

通常在下列情况下应考虑留设防水矿柱:

(1)矿体埋藏于地表水体、松散空隙含水层之下,采用其他防治水措施不经济时,应留设防水矿柱,以保障矿体采动裂隙不波及地表水体或上覆含水层。

(2)矿体上覆强含水层时,应留设防水矿柱,以免因采矿破坏引起突水。

(3)因断层作用,使矿体直接与强含水层接触时,应留设防水矿柱,防止地下水溃入井巷。

(4)矿体与导水断层接触时,应留设防水矿柱,阻止地下水沿断层涌入井巷。

(5)井巷遇有底板高水头承压含水层且有底板突破危险时,应留设防水矿柱,防止井巷突水。

(6)采掘工作面邻近积水老窿、淹没井时,应留设防水矿柱,以阻隔水源突然流入井巷。

9.2.3 构筑水闸门(墙)

水闸门(墙)是大水矿山为预防突水淹井、将水害控制在一定范围内而构筑的特殊闸门(墙),是一种重要的井下堵截水措施。水闸门(墙)分为临时性的和永久性的。

水闸门或水闸墙是矿山预防淹井的重要设施,应将它们纳入矿山主要设备的维护保养范围,建立档案卡片,由专人管理,使其保持良好状态。在水闸门和水闸墙使用期限内,不允许任何工程施工破坏其防水功能。在它们完成防水使命后予以废弃时,应报送主管部门备案。

水闸门使用期间,应纳入矿区水文地质长期观测工作对象,对其渗漏、水压以及变形等情况定期观测,正确记录。所获资料应参与矿区开采条件下水文地质条件变化特征的评价分析。

9.3 注浆堵水方法

注浆堵水是指将注浆材料(水泥、水玻璃、化学材料以及黏土、砂、砾石等)制成浆液,压入地下预定位置,使其扩张固结、硬化,起到堵水截流、加固岩层和消除水患的作用。

注浆堵水是防治矿井水害的有效手段之一,当前在国内外已广泛应用于井筒开凿及成井后的注浆、截源堵水、减少矿坑涌水量、封堵充水通道、恢复被淹矿井或采区、巷道注浆、保障井巷穿越含水层(带)等。

注浆堵水在矿山生产中的应用方法有五种:

(1)井筒注浆堵水。在矿山基建开拓阶段,井筒开凿必将破坏含水层。为了顺利通过含水层或者成井后防治井壁漏水,可采用注浆堵水方法。按注浆施工与井筒施工的时间关系,井筒注浆堵水又可分为井筒地面预注浆、井筒工作面预注浆、井筒井壁注浆。

(2)巷道注浆。当巷道需穿越裂隙发育、富水性强的含水层时,则巷道掘进可与探放水作业配合进行,将探放水孔兼作注浆孔,埋没孔口管后进行注浆堵水,从而封闭了岩石裂隙或破碎带等充水通道,减少矿坑涌水量,使掘进作业条件得到改善,掘进工效大为提高。

（3）注浆升压，控制矿坑涌水量。当矿体有稳定的隔水顶底板存在时，可用注浆封堵井下突水点，并埋没孔口管、安装闸阀的方法，将地下水封闭在含水层中。当含水层中水压升高，接近顶底板隔水层抗水压的临界值时（通常用突水系数表征），则可开阀放水降压；当需要减少矿井涌水量时（雨季、隔水顶底板远未达到突水临界值、排水系统出现故障等），则关闭闸阀，升压蓄水，使大量地下水被封闭在含水层中，促使地下水位回升，缩小疏干半径，从而降低了矿井排水量，可以缓和以致防止地面塌陷等有害工程地质现象的发生。

（4）恢复被淹矿井。当矿井或采区被淹没后，采用注浆堵水方法复井生产是行之有效的措施之一。注浆效果好坏的关键在于准矿井或采区突水通道位置和充水水源。

（5）帷幕注浆。对具有丰富补给水源的大水矿区，为了减少矿坑涌水量，保障井下安全生产之目的，可在矿区主要进水通道建造地下注浆帷幕，切断充水通道，将地下水堵截在矿区之外。不仅减少矿坑涌水量，又可避免矿区地面塌陷等工程地质问题的发生，因此具有良好的发展前景。但是帷幕注浆工程量大，基建投资多，因此，确定该方法防治地下水时应十分谨慎。

9.4　矿床疏干方法

矿床疏干是指采用各种疏水构筑物及其附属排水系统，疏排地下水，使矿山采掘工作能够在适宜条件下顺利进行的一种矿山防治水技术措施。水文地质条件复杂或比较复杂的矿床，疏干既是安全采矿的必要措施，又是提高矿山经济效益的有效手段，因此是当今世界各国广为应用的一种防治矿山水害的方法。但是疏干也存在一些问题，如：长期疏干会破坏地下水资源；在一定水文地质条件下，疏干会引起地面塌陷等许多环境水文地质和工程地质问题。

矿床疏干一般分为基建疏干和生产疏干两个阶段。对于水文地质条件复杂类型矿山，通常要求在基建过程中预先进行疏干工作，为采掘作业创造正常和安全的条件。生产疏干是基建疏干的继续，以提高疏干效果，确保采矿生产安全进行。

矿床疏干方式可分地表疏干、地下疏干和联合疏干三种方式。可根据矿床具体的水文地质和技术经济合理的原则加以选择。

（1）地表疏干方式的疏水构建物及排水设施在地面建造，适用于矿山基建前疏干。

（2）地下疏干方式的疏排水系统在井下建造，多用于矿山基建和生产过程中的疏干。

（3）联合疏干方式是地表和地下疏干方式的结合，其疏排水系统一部分建在地表，另一部分建在井下，多用于复杂类型矿山的疏干，一般在基建阶段采用地表疏干，在生产阶段采用地下疏干，也可以颠倒。

9.5　矿坑排水方法

矿坑排水是指将疏干工程疏放出来（或其他来源）的地下水，经汇集输送至地表的过程，并包括为此目的使用的排水工程和设备的总称。及时、合理地输排矿坑水，是矿山生产的基本环节。它包括两部分内容：排水系统和排水方式。

（1）排水系统。排水系统指用于集中输排矿坑水的矿山生产系统。露采矿山的排水系统一般由排水沟、贮水池、泵站和泄水井(孔)等组成。坑采矿山通常由排水沟(巷)、水仓、泵房和排水管路组成。

（2）排水方式。排水方式指将矿坑水从井下输送至地表，是一次完成或分段完成的排输水方法。常用的排水方式有直接排水、分段排水和混合排水三种。

露天采场排水方式的选择，应根据具体水文地质条件、地形、采深和汇水面积等确定。只要地形有利或者允许开凿排水平硐，则应优先考虑采用排水沟或排水平硐自流排水方式。如果地形条件不允许采用自流排水，汇水面积和水量较小，矿山规模不大的小型矿山，可考虑在露天采场合适位置布置贮水池，由移动式泵站或半固定式泵站将水送出采场范围以外；而汇水面积、涌水量、采深以及平台下降速度均大的露采矿山，则可考虑采用分段截流，用永久泵站将水排出采场；若深部有巷道可供利用或者先露天后地下采矿，可排水采矿相结合，采用巷道排水方式，进行预先疏干。

9.6　矿井水害防治理论与技术研究现状

受地质条件和矿山开采历史等客观因素的影响，我国矿区水文地质条件极为复杂，无论是受水害威胁的面积、类型，还是水害威胁的严重程度，都是世界罕见的。地表水、老空水、冲积层水、岩溶水等各种类型的水害样样俱全，各区域矿井均存在不同类型水害的威胁。其中，华北地区以老空水、顶底板奥灰水害为主，华东地区以冲积层水、顶底板岩溶水害为主，华南地区以地表水、老空水、溶洞水害为主，其他地区以老空水害为主。长期以来，因矿区水害而造成的人身伤亡和经济损失极为惨重。

对矿井突水事故防治的研究，国内外的地质、力学、采矿等学者从各自不同的角度，在矿井突水的构造地质、水文地质特征及条件、采动岩体裂隙演化与突水通道形成机理、采动岩体渗流规律与突变机理、突水预测及监测、突水控制等方面进行了有益的探索，取得了一定的进展和成效；但在突水事故仿真与分析，矿井突水的控制和预测、合理的应急策略的制定等方面还需进一步的研究。

9.6.1　矿井突水预测理论与方法研究

20世纪50年代，我国科研工作者引入了苏联的斯列萨烈夫理论进行突水预测。20世纪60年代，我国科研工作者们总结了大量突水案例，提出了"突水系数"的概念。20世纪70年代，煤科总院西安分院借鉴匈牙利的经验，考虑了矿压对底板的破坏作用，对突水系数公式进行了修正。长期以来，上述两种方法在我国的矿井防治水方面发挥了重要的作用。20世纪80年代以后，随着一些新理论、新观念的引入，国内对突水预测预报的研究出现了异乎寻常的繁荣，许多新理论、新方法开始应用于矿井突水预测。目前，应用较多的突水预测方法大体上可分为两类，即条件分析法和模型拟合法。前者主要是根据工作面的水文地质条件，预测工作面有无突水发生的可能，为超前疏放水提供依据，这种预测通常是分采区或采场工作面进行的，侧重于定性分析；后者在不同程度上具有定量的特点，可以预测整个矿井存在突水的地点。模型拟合法又可以分为统计模型、GIS模型、模糊综合评判模型等，如模糊数学方法、灰色理论方法、神经元网络方法。此外，在突水预测预报中,还采用了"专家系统"、"神经网络"和"非线性理论"等方法。

目前,研究地下水运移机理主要采用地质、水文地质、水文地球化学、地球物理勘探相结合的方法;巷道掘进和工作面回采过程中,突水可能性的预测主要采用传统的平面岩体静力学法和突水系数经验公式法;突水量的预测多采用以 Darcy 流为基础的孔隙介质理论或双重介质理论;识别突水水源的方法主要有水文地质分析法、突水点位置和出水形态分析法、突水携出物分析法、水动力场法和水文地球化学法等。但是上述地下水运移机理的研究、突水预测及水源识别也存在许多问题。首先,目前矿井水探测中应用的探测技术受水文地质条件复杂、环境干扰及解译水平等许多因素的影响,仍存在隐伏导水构造(尤其是小构造)及富水带位置、地下水流速定位不准和解译不清甚至错误的现象,以至于以此为基础采取的防治水工程难以达到预期效果或出现浪费人力、物力及财力的现象。其次,突水位置预测所采用的平面岩体静力学法未考虑空间变化及时间动态变化,突水系数经验公式是浅中部小尺度工作面开采过程中总结出的经验理论,而深部开采的围岩应力条件、矿压扰动和开采破坏条件、地下水赋存条件都与浅中部有很大的差异,如继续沿用原有的突水系数经验理论来指导大埋深、高水压、高地应力、综合机械化(或放顶煤)开采条件下的矿井水害防治工作,必然会给生产和安全带来误导。再者,目前的突水水源识别方法以定性或半定量的分析为主,虽在矿井突水水源识别中得到普遍应用,但受资料和方法本身的限制,突水水源难以及时准确识别,突水地点难以准确确定,突水量往往靠估算,无法迅速采取有效的防治措施,只能靠强排水来避免淹井、伤亡等灾害性事故的发生,致使救援无的放矢,耽误抢救时间。总之,突水的预测、突水水源的识别、富水带和岩层中构造的定位、地下水流速的确定、注浆参数的选择等是否准确合理,是防治水技术及工程措施能否达到预期效果的关键,否则将造成巨大的经济损失和人员伤亡。

9.6.2 矿井水害监控技术研究现状

在矿井水害的各项研究中,最重要的莫过于对矿井水文地质条件的正确认识,尤其是对于地下水流动系统的准确描述。无论是矿井水文自动监测技术,还是水源探测技术,都是为判断地下水动态及富存状况提供技术支持的。

9.6.2.1 矿井水文自动监测技术

矿区大范围地下水文参数不仅是矿井生产过程中井下排水系统设计的重要依据,而且是现场科技人员和领导决策层预测、决策矿井水害威胁程度的重要评判指标。目前绝大多数井田地下水位动态监测孔不但数量少,而且从整个井田范围来看,分布很不合理,地下水位监测网极不完善,在水文地质条件的认识上存在诸多盲区。面对这一现状,首先应建立与完善井上、井下地下水文动态监测网,实现矿井水文重点监测项目的动态监测,掌握矿井水文动态变化规律,指导矿井水害治理,保证矿井安全生产。因此,矿井水文参数监测系统的智能化研究是一个需要不断深入研究的课题。

改革开放以来,我国金属矿山安全生产监测监控得到长足的发展,监控系统产品种类有几十种。目前,我国的重点矿山已全部安装监测监控系统。但是,现有矿井监控系统均存在着通用性差、智能化程度低等问题,既不符合智能型集中监控的要求,又不能满足矿山安全生产的需要。

运行安全可靠的矿井监测监控系统,有助于强化管理,协调生产,降低劳动强度,确保矿井安全生产。近年来,国内外都在开发综合监控系统,基本发展趋势是网络化、信息化、多媒体化、智能化。

9.6.2.2 矿井水源探测技术

电法勘探是以岩矿石的电学性质差异为基础,通过观测分析电场分布变化规律来解决地质问题的一种地球物理勘探方法。按照场源类型,电法勘探分为直流电法勘探和交流电法勘探两大类。20 世纪 80 年代以来,随着经济建设和科学技术的迅猛发展,电法勘探作为一种重要的勘探手段,无论在理论还是在施工技术方面,都有了长足进步。矿井直流电法勘探技术代表电法勘探在地下采矿、隧道工程等应用领域中的新进展。煤矿在地下水水源探测方面通常使用的是交流电法中的瞬变电磁法和直流电法中的电阻率法。其中瞬变电磁法通常用在地表应用,探测范围和探测深度都比较大,但准确率相对低。电阻率法通常用在井下,探测范围和探测深度都比较小,但准确率相对高。在直流电法研究方面,1993 年以前,人们通常以忽略巷道影响的全空间电流场理论或地下半空间电流场理论为基础,建立矿井电法的正演计算模型和反演解释方法。1993 年,我国学者通过物理模型实验研究了巷道对矿井电法的影响特征,提出了均匀介质中巷道影响的校正公式。但是,由于受实验条件的限制,当时对中、大极距巷道影响规律的认识与实际情况存在一定偏差,致使在此基础上形成的定量解释方法无法反演计算出合理的介质电阻率值。1995 年起,我国开展了矿井电法数值模拟技术的研究工作。重点研究了水平钻孔电透视曲线的边界元正演计算方法,考虑巷道影响的矿井电法 3D 有限差分法、有限元法和边界元法数值模拟技术等。在利用电法探测工作面底板富水性研究方面,一直处于二维探测阶段,即在对工作面上、下平巷采集数据后,只能获得巷道底板两条剖面。也就是说,高密度二维探测只能获得工作面上、下平巷的底板富水性情况,而工作面内部的底板富水性情况无法获知。因此,研制能够获取整个工作面底板富水性的三维探测技术及底板水动态监测技术一直是人们探索的课题。

9.6.3 矿井水害防治技术的研究

近些年为解决不断涌现出来的防治水难题,满足矿山企业降低防治水成本的要求及顺应国家加强地质灾害防治的发展趋势,研究人员不断研究开发出了一系列的矿山水害防治新技术。

9.6.3.1 帷幕注浆技术及其发展

矿区帷幕注浆由我国防治水工作者于 20 世纪 60 年代以后提出并推广实施,目前已有数十个工程实例,解决或缓解了许多大水矿山的难题,但也暴露出了工程投资高、堵水率有限、布孔针对性不强、截流能力衰减、注浆效果检测手段落后及注浆施工自动化程度低等弱点,这限制了该项技术的全面推广。为解决上述问题,我国学者做了大量的工作,已取得的成果有:1)在疏干工程保护下建造注浆帷幕。将水位降至帷幕底界以下,基本属于空洞、空隙充填注浆,故可大幅减少浆液流失、降低材料成本、提高堵水率。2)大量使用粉煤灰浆、尾砂浆、黏土水泥浆、磷石膏浆、赤泥浆等廉价注浆材料,从而可大幅节省工程投资。3)运用孔间 CT 透视探测导水构造及检测注浆效果,可提高布孔的针对性,寻找帷幕薄弱环节并补注,同时可评价帷幕截流效果。4)利用数值模拟技术动态指导帷幕施工。可在帷幕上下游布置一定数量水位观测孔,通过地下水数学模型,及时掌握帷幕线上主要渗水段的变化,从而达到动态指导后续注浆施工的目的,以保证帷幕总体堵水的效果。5)为防止地下水对注浆结石体的侵蚀及水位抬高后对溶洞充填的潜蚀作用,应采用抗侵蚀的注浆材料并对溶洞充填物进行高压注浆加固。6)将流量、压力等检测仪表、电动调节阀、微机、打印机及电控柜等集中安装于中央控制室内,采用模块化结构的系统软件,即可初步实现注浆过程智能化。

(1)地面帷幕注浆堵水新技术。地面帷幕注浆的主要原理是在矿区主要进水方向采用系列钻孔注浆的方法,用一定的压力将浆液材料压到含水层的岩溶裂隙中,经固结后减少裂隙的体积和过水断面,以截断地下水进入矿坑的补给源。地面帷幕注浆堵水要求矿区平面上具有清晰的水文地质边界,进水方向清楚,在平面和垂直方向上具有帷幕注浆的客观条件。帷幕内辅以疏干排水,可完全消除井下重大突水事故,达到矿山安全生产条件,保障人民生命财产安全;帷幕注浆堵水又可大幅度减少矿坑涌水量,为矿山取得显著的经济效益,帷幕注浆堵水投资一般四五年内即可收回;帷幕注浆堵水还可保护矿山地质环境,大幅度减少甚至避免地面岩溶塌陷;帷幕注浆堵水还能保护矿区宝贵的地下水资源,这在一些缺水的地区,作用及意义更加突出。

(2)井下顶板帷幕注浆技术。井下顶板帷幕注浆技术是地面帷幕注浆技术向井下的延伸,其主要原理是采用系列钻孔在矿体顶板注入大量浆液,以形成人工隔水层,切断地下水对矿坑的补给通道。该项技术具有节约排水费用、保护地下水资源、保护地质环境及不浪费矿产资源等显著优点,具有广泛的推广价值。其适用条件是:矿体相对集中、紧接强含水层。

(3)深井淹井注浆治理技术。深井淹井注浆治理技术的主要原理是采用注浆方法封堵突水源,其主要有三种类型:1)先抛碴注浆,再进行工作面预注浆;2)从地面进行井筒帷幕注浆;3)从地面采用高精度定向钻孔封堵突水点。三种方法主要根据井深、含水层埋藏深度以及富水性、井内设施、工期要求等综合确定。

(4)深井高压涌水注浆技术。深井高压涌水治理因其技术难度大、风险高,一直是矿山防治水领域非常重视的一个课题,国内对此进行了长期的研究与实践,主要应用的新技术新工艺有泄压诱导注浆法、高压防喷装置、地面投料注浆系统、高压涌水孔套管止水工艺、高压止浆塞、超细水泥注浆等。

9.6.3.2 控制疏干技术

控制疏干技术主要通过控制矿坑内水位降落漏斗现状,在保证井巷开拓及采矿工程安全进行的前提下,尽量不排、少排或晚排地下水,达到预防突水淹井、减少排水费用、保护地下水资源及控制地面塌陷等目的。控制疏干技术主要通过超前探水、降压疏干、注浆堵水及物理探测等综合手段来实现,是传统疏干技术的一大发展。

9.6.3.3 地面塌陷防治技术

地面岩溶塌陷是岩溶矿山疏干排水引发的普通地质灾害现象,危害较大,甚至直接影响到矿山的生存。其防治原理主要是消除产生岩溶塌陷的基本条件,即减少矿坑排水量、拦截主要导水通道或封闭隐伏岩溶洞口。

9.6.3.4 井下泥石流防治技术

井下泥石流是在狭窄的矿坑内突然发生泥砂的涌出,其危害是可想而知的。它的防治包含两方面:一是泥石流发生后,采用工程措施治理。主要有隔水墙封闭、清碴后支护。二是预计到泥石流可能发生,预先采取工程措施防范。主要有工作面预先高压注浆、加固松散破碎带。

对于其他水害形式,相应地采取疏干、注浆、隔水墙封闭、支护等措施并确定合适的施工工艺解决。我国幅员辽阔,灰岩分布广,岩溶矿床在分布的广度、问题的多样性、涌水量的大小、突水危害的程度等方面,在世界上均是最复杂的。岩溶矿山特别是大水矿山,往往表现出多种水害形式,从国内外矿山水害防治发展趋势看,应走综合防治道路,在经济技术条件允许时,应尽可能采用帷幕注浆堵水为主的防治水措施,达到消除井下突水、保护地下水资源、控制地面塌陷的根本目的。若难以采用帷幕注浆技术,则可因地制宜,采用控制疏干、井下矿体顶板帷幕、塌陷防治等技术,重点解决矿山面临的主要水文地质、工程地质问题。

9.6.4 矿井水害防治决策技术研究现状

矿井水害控制决策系统的理论研究是20世纪90年代才为广大学者探究的,主要为现代实验手段、现代力学、现代数学、现代控制理论在矿井水害防治中的应用研究。研究的内容集中表现为很多利用新方法、新理论、新技术来探究矿井突水的机理及预测预报的同时,提出突水的控制途径和方法。以决策技术研究方法划分,可归纳为实验研究、计算机数值模拟、统计分析、非线性科学应用、专家系统、物探技术应用等六大类。矿井水害决策技术研究目前处于理论探索和技术改进阶段,各类预测预报及决策技术的理论与方法从不同角度对矿井突水的防治做出了积极的探索。

9.7 矿井水害防治技术方法前瞻研究课题

矿井水害防治技术方法前瞻研究课题如下:

(1)矿井水害防治战略规划研究。包括不同类型矿井水害特征、防治方法、技术特点及适用条件,进行矿山水害治理与水资源综合利用战略研究;研究矿井水害与防治技术分类评估体系,建立适合我国矿井水文地质条件和开采条件下的实用有效矿井水害分类标准;研究老空区灾害管理信息系统;建立矿山老空区风险评价模型和评价方法,提出老空区风险分级指标体系和分级标准。

(2)矿井老空区与灾害水源电磁法探测关键技术与装备研究。针对矿井老空区和底板岩溶水害,研究开发电磁法探测矿井突水危险源技术及装备。具体包括地面三维高分辨电磁法探测技术与装备、井下瞬变电磁法超前探测技术与装备、井下随机多频探测技术与装备、工作面顶底板含水层音频电透视技术与装备、老空区地面和井下综合探测技术,以提高对隐伏灾害水源的超前探测能力,为控制矿井重特大突水事故提供技术保障。

（3）矿井突水的成因机制、矿井突水的预测预报和矿井涌水量计算理论研究。

（4）我国矿井水害形成的基本水文地质条件研究。我国华北地区奥陶系灰岩含水层的分布、岩溶发育、富水性特点及其对大水矿区形成的控制作用。

（5）矿区水文地质条件及突水特征研究。从自然地理、地质构造、水文地质条件等方面研究矿区突水频发的原因，含水层的岩溶发育规律和富水性，突水主要受断裂构造控制的基本特征，矿区突水的前兆特点和主要防治技术。

（6）矿井开采过程中水害的动态监测预警技术及装备研究。具体包括：矿井水害判别和预警指标体系、矿井水害预警数据采集系统、矿井水害预警数据处理技术和软件以及矿井水害预警应急处理预案。开发的水害实时监测预警系统，应能实现整个工作面多点、多参数实时监测预警。

（7）矿山老空区变形与灾害实时监测预警技术与装备研究。重点研究开发多通道微震监测系统以及全波形多通道岩体声发射仪，进行矿井水害预警与采空区监测预警技术与装备工程应用示范研究。

（8）矿井突水水源快速判别技术及便携式测试装置研究。井下和地面高精度定向钻探技术与快速注浆工艺和装备。

（9）动水条件下的高效注浆材料研究。开发高效经济环保注浆材料。

（10）老空区充填和岩溶水矿井安全治理技术与装备研究。实现矿山尾废等固体废弃物的零排放，研究受岩溶水威胁矿井在大范围采空区条件下的堵水隔障稳定性技术。

10 金属矿山环境工程的前瞻研究

10.1 金属矿山环境工程的内涵及意义

环境是人类赖以生存和发展的基础,人类在改造客观世界、提高生活质量的同时,也破坏了生态环境。随着人口急剧的增长、工农业生产和科学技术的飞速发展,人类正以前所未有的规模和强度开发资源。

矿产资源的开发利用对人类社会经济发展起到了巨大的促进作用,但同时也导致原有的自然环境构成或状态发生了巨大变化,环境质量下降,采、选矿过程中生成的有毒有害气体、矿渣、尾矿、废水、粉尘及噪声、振动、塌陷等,污染水源、江河和大气,挤占大量土地、农田,破坏景观和植被,给人类生产和生活带来严重影响,生态系统与人们正常生活条件被扰乱与破坏。随着经济的快速发展和社会的不断进步,人们生活水平逐步提高,生态环境问题受到越来越多的关注,金属矿山环境工程也开始受到人们的重视。

10.1.1 金属矿山环境工程涉及的范围

环境是相对于人类而存在,具有物质的属性和多层次的结构。环境层次的划分,首先是根据其属性分为自然环境和社会环境两大系统,自然环境系统又可以根据各构成部分的空间位置和物质特性层次进行划分,如图 10-1 所示。

$$
自然环境系统
\begin{cases}
宇宙环境:近地外层空间(日、月、小行星等) \\
地质环境:岩石圈(地壳及上地幔顶部坚硬岩石组成) \\
地理环境
\begin{cases}
大气环境:大气圈(对流层、平流层、电离层) \\
水环境:水圈(地表水、地下水) \\
土地环境:土壤圈(基岩以上为固结土质物) \\
生态环境:生物圈(生命物质活动场所)
\end{cases}
\end{cases}
$$

图 10-1 自然环境系统层级

为明确金属矿山环境工程涉及的范围,需要统一矿山环境问题应包含的内容。由矿业活动引起的环境问题,根据其触及的环境层次和发生原因可分为三大类:地质环境问题、生态环境问题和景观环境问题。每一类又按其对环境的作用形式分为若干亚类(表10-1)。表 10-1 中列出了各类矿山环境问题的主要特征。

表 10-1 矿山环境问题分类

类 别	发生原因	亚 类	典型实例
矿山地质环境问题	因采掘改变地形地貌,破坏岩土体力学平衡,导致岩土体变形、断裂等在重力作用下向下运动造成地质灾害	1.1 崩塌 1.2 地裂缝,危岩 1.3 滑坡 1.4 泥石流 1.5 地面沉降坍塌	远安盐池河磷矿坍塌 三峡链子崖危岩 大冶桐梓沟滑坡 宜昌磷矿泥石流 湖南多处矿山局部坍塌

类　别	发生原因	亚　类	典型实例
矿山生态环境问题	矿山建设和生产破坏植被、占用耕地,矿山三废污染空气、水、土壤,改变生态条件,造成生态系统破坏,生态平衡失调	2.1 挖树毁林,占用耕地 2.2 固体废弃物占地,污染环境 2.3 废气污染环境 2.4 废水污染环境 2.5 疏排水破坏水环境	寿王坟铜矿废渣侵占土地 金堆城钼矿尾矿污染河流 大冶有色冶炼厂污染空气 凡口铅锌矿含氰污水污染农田
矿山景观环境问题	剥土、采石、爆破、弃土影响自然风景观瞻,采石毁坏地质遗迹,爆破运输影响名胜环境	3.1 采削弃土损伤自然风景 3.2 损毁地质遗迹 3.3 影响名胜观赏	西陵峡风景区采石 三河市采石造成青山白面 四川彭县等地具有地质遗迹价值的石灰岩制石灰

由表 10-1 可知矿山生态环境问题即是大多数文献所表述的矿山环境问题,而实际上它是矿山环境问题的一个分支,在矿山环境工程研究中,其范围除包括所有对人类健康形成影响的问题外,也应包括对人类持续安全发展形成影响的环境问题。金属矿山环境工程研究的范围应由上述三类主要问题组成,涉及资源保护、污染防治、地质稳固和自然观感等多个方面。

同时,矿山环境工程与矿山职业卫生有紧密的相关性,也存在区别。其关联体现在,矿山环境工程和矿山职业卫生都有关于废水、含尘废气、固体废弃物等对人类健康影响的研究,且形成消除这些物质污染的技术体系。其区别在于,矿山环境工程从宏观角度,强调对较大范围(涵盖地理区域与人群)环境质量的影响;矿山职业卫生从微观角度,强调对生产范围(矿区及区内作业人员)作业环境质量的影响。因此,本章讨论的研究方向主要是着眼于矿业生产活动对宏观范围环境质量产生的矿山环境问题。

10.1.2　金属矿山环境工程相关的交叉学科

金属矿山环境工程涉及多个学科与技术领域,研究内容涵盖采矿工程、环境工程、安全学、流体力学、生态学等,工程实施包括通风、采矿工程、边坡护理、供排水、废水处理、排土场等。

10.1.3　金属矿山环境工程的意义和研究价值

我国是世界第三矿业大国。矿业经济在国民经济建设中具有重要的基础地位,矿业开发在为社会经济发展提供巨大的物质基础的同时,也带来大量的矿山环境问题。由于历史认识局限性,在矿产资源开发利用中忽视环境保护工作,高强度、大规模的矿业开发和无序群采,使矿山地质环境问题日趋严重。

我国矿产资源的开发利用,为我国社会主义经济的发展和建设事业做出了重要贡献,但也必须看到,金属矿业生产,特别是资源综合开发利用水平,与先进国家相比,还有较大差距,尤其是矿产资源开发所产生和遗留的环境问题很多,矿山环境形势还相当严峻。

为尽快改变矿山环境面貌,大力开展矿产资源(包括尾矿等二次资源)的综合开发利用,有效地合理开发和充分利用资源,不仅可提高资源利用率,也是从根本上治理矿山环境的最有效途径,必须引起各方面的重视。当然,依靠科技进步,改进矿山生产技术和生产条件,加强科学管理,加大土地复垦和地质灾害防治等工作的力度,也是非常重要的。保护资源、保护环境是关系到我国矿业可持续发展的大事,为此,建立和完善矿产资源保护、综合开发利用、矿山环境工程体系,采取科学规划管理和实效控制,是解决矿山环境问题最根本的保障。金属矿山环境工程的研究与技术发展,可以减少我国各类地质灾害,资源破坏与污染,保护矿区及周边人民生命健康与财产,将获得十分重要的社会意义和经济价值。

10.2 金属矿山环境工程问题分类及进展

采矿活动引发的环境问题,主要是物质的不当迁移过程和岩土力学稳定结构破坏过程。其中,物质不当迁移过程包括粉尘对空气的污染,可溶解组分对水的污染,有害物对土壤的渗透;岩土力学稳定结构破坏过程则主要包括矿山地质灾害和景观损毁等。

在实际研究当中,根据主要环境污染与灾害类型来划分具体问题领域,包括以下矿山地质问题、生态环境问题和景观环境问题。矿山环境工程的研究现状与工作进展也就主要集中于这三个方面。

10.2.1 矿山地质问题

采矿活动触及地质环境层次,采矿工程改变地形地貌和岩土体力学平衡,破坏山体的完整性,导致其局部变形、断裂、脱离母体,在重力作用下迅速运动酿成地质灾害。最常见的与采矿有关的地质灾害有崩塌、滑坡、地裂缝及危岩、泥石流、地面沉降及塌陷等。

10.2.2 生态环境问题

采、选、冶等矿业活动破坏植被、耕地,改变生物赖以生存的空气、水、土壤条件,造成生态系统破坏、生态平衡失调。

据可查文献《中国统计年鉴》数据,全国有色金属矿山一年外排工业废水 27715 万吨,工业废气 652 亿立方米(标态)。工业固体废物(产生量)14451 万吨。我国有色金属行业受传统工业和经营方式所限,至今仍把大量废石、尾矿等废渣弃于地表,造成资源流失,占用耕地,污染环境,危害人类。有色矿山的尾矿比其他矿种对环境危害更大,因为它们绝大多数含硫化物,在尾矿库中不但占用大量土地,而且受阳光暴晒、空气氧化,会造成酸性水,影响生态,威胁矿区周围的牲畜和植物生存。随废水带到环境中的有害物质:每年排放汞 5~6t,镉 30~50t,砷 120~150t,铅 150~200t,这些有害物质对一些企业所在地区河段或湖泊的水环境造成了相当大的污染。在工业废水排放量较多的 21 个行业中,有色冶炼企业排序第 6。金属矿山在全国分布广泛,这也是其造成重大危害的一个原因。在近 3000 家有色金属企业中,有一半以上分布在全国 47 个城市,这些矿山企业为当地经济发展做出了很大贡献,同时也给当地的环境造成了一定的影响。特别是位于上海、沈阳、柳州等大中城市的有色金属企业现在已经成为当地政府环境保护部门要求限期治理、搬迁改造的重点单位。另外,噪声污染也给人民群众的生活、学习、工作带来诸多危害。其作用于环境的主要方式有如下几种:

(1)砍树毁林、占用耕地。矿山建设免不了要占用土地、砍伐森林和剥离表土等,直接破坏植被、农作物及野生动物栖息地,导致绿地面积缩减。

(2)固体废弃物污染环境。矿业开发形成大量的固体废弃物,对自然环境形成极大

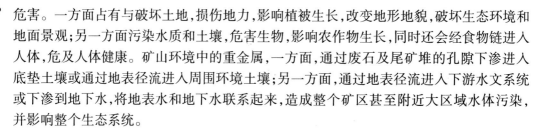

危害。一方面占有与破坏土地,损伤地力,影响植被生长,改变地形地貌,破坏生态环境和地面景观;另一方面污染水质和土壤,危害生物,影响农作物生长,同时还会经食物链进入人体,危及人体健康。矿山环境中的重金属,一方面,通过废石及尾矿堆的孔隙下渗进入底垫土壤或通过地表径流进入周围环境土壤;另一方面,通过地表径流进入下游水文系统或下渗到地下水,将地表水和地下水联系起来,造成整个矿区甚至附近大区域水体污染,并影响整个生态系统。

(3)废水污染环境。矿山开采对水资源的影响主要体现在两个方面:水体污染和区域性水资源短缺。大量采矿、选矿活动,使地表水或地下水呈酸性、含重金属与有毒元素,形成矿山污水。矿山污水危及矿区周围河道、土壤,甚至破坏整个水系,影响生活及工农业用水,其含有毒物质的污水排放给人类健康带来了潜在威胁。地下采矿破坏了地下岩层结构及地下水循环系统,矿坑疏干排水使一些地下水水源相继断流,大批深井干涸,造成水资源枯竭。

水污染的问题主要集中在关于矿山酸性排水问题的讨论。矿山废水包括矿坑水、选矿废水、冶炼废水和废渣淋滤水,水中含有重金属离子、酸、碱、氰化物、有机药剂残留物、细菌、病毒等。矿山污水超标排放,会污染农田、河流、湖泊、地下水,使农作物减产、鱼虾死亡。凡口铅锌矿过去采用氰化物作为选矿药剂,使废水中氰浓度超标,造成农田污染、牲畜中毒事故。

(4)废气污染环境。矿石的开采、加工、选冶过程中形成大量矿石粉尘及工业废气,这些粉尘、废气对人体构成极大危害,如人体吸入含 CO 的空气后,CO 会很快散布到人体的各部分组织和细胞中,导致人因缺氧而引起血液中毒。大气污染导致气候条件发生变异,如大气层中 CO_2 含量增高会破坏臭氧层,产生"温室效应"。大气污染还会危及农作物生长,破坏植被,影响生态平衡。

矿业活动引起的大气污染方面,近年来研究最多的主要是 Hg 往大气中的散发。矿山冶炼废气、粉尘、烟尘排空,降低空气质量,造成空气污染。矿山废气主要有害成分有二氧化硫、氟化物及固体悬浮物等,会使植物叶片退绿、生斑、脱落,农作物生长减缓,抗病虫害能力降低。

10.2.3 景观环境问题

采矿破坏景观的问题普遍存在,这里主要指在国家公园、风景名胜区、地质遗迹保护区进行采矿活动而引发的景观环境问题。常见的表现形式有:剥土挖树损伤自然风景,采石烧灰破坏地质遗迹,运输爆破干扰名胜观光等。例如,在长江西陵峡风景区采石,在四川彭县用具有重要地质意义的石灰岩烧制石灰等等。这些活动的作用范围可能很小,对植被和山体的破坏也很局部,但对景观的伤害可能是致命的,轻则"大煞风景",重则使奇特景观或珍贵地质遗产不复存在。

10.2.4 矿山环境问题治理进展

我国较为系统的矿山环境调查研究工作始于20世纪90年代中后期,较大规模的矿山环境治理工程则始于新世纪。由于我国矿山数量众多,生态环境问题严重,因此,矿山环境治理是一项巨大的系统工程,具有长期性、艰巨性、复杂性特点。从总体上看,取得了一些成绩,但仍有许多问题亟待解决。

10.2.4.1　国外矿山环境治理进展

1872 年美国颁布了《通用矿业法》,然而这部法律中没有任何环境保护的条款。随着经济的发展和环境问题的突出,特别是一些环境公害的出现,人类对环境问题的关注程度不断提高。1939 年美国西弗吉尼亚州首先颁布了第一个管理采矿的法律——复垦法。1977 年 8 月 3 日,国会通过并颁布第一部全国性的土地复垦法规《露天采矿管理与土地复垦法》,使美国土地生态恢复工作走上正规的法制轨道。美国土地生态恢复的含义远比我国的含义深广,美国矿山生态恢复后并不强调农用,而是强调恢复破坏前的地形地貌,要求原农田恢复到农田状态,森林恢复到森林状态,防止破坏生态,把环境保护提到极高的地位或看作唯一的生态恢复与重建目的。

俄罗斯在苏联时期的 1954 年开始立法,1968 年使其具体化,促进了土地生态恢复与重建的综合科研、科学论证。俄罗斯土地生态恢复过程分为工程技术生态恢复和生物生态恢复。它包括恢复被破坏土地肥力,造林绿化,创立适宜人类生存活动景观的综合措施。农业、林业生态恢复是最普遍的,他们极力利用自然条件进行人工林营造,可以降低人工林的投入。

法国由于工业发达,人口稠密,对土地生态恢复工作要求保持农林面积,恢复生态平衡,防止污染。

德国对矿山复垦工作十分重视,在国家科学技术委员会的领导下,成立了专门的采矿后景观研究所,其主要任务是研究复垦前后因各种生态因子的改变,而引起土壤、水分、动植物生长及对环境的影响,从而按照科学程序确定复垦方向、选择树种来恢复矿山的生态环境,效果显著。

澳大利亚政府将矿区复垦作为获得开采权的先决条件,并根据政府颁发的《国家生态可持续发展战略》,确立预防为主的原则。在澳大利亚,生态恢复已成为开采工艺的一部分,生态恢复由政府出资进行,采用综合模式和多专业联合投入,包括地质、矿冶、测量、物理、化学、环境、生态、农艺、经济学,甚至医学、社会学、计算机等多学科多专业,实现了土地、环境和生态的综合恢复,它克服了单项治理带来的弊端。

随着联合国可持续发展战略的提出和实施,矿山环境保护更是引起了发达国家的高度重视,加强了有关环保立法,并对矿山企业实行履约保证金制度,建立起了完善的矿山环境保护的法律、法规体系,明确规定了矿山开采运营之前,矿山企业必须向主管部门提交诸如环境影响评价报告、环境管理和监测计划、矿地复垦计划和保证金、补偿费等一系列报告。

国外发达国家矿山环境管理基本制度分为两类:一类是直接管制,包括矿山环境影响评价制度、矿山闭坑计划、环境许可制度、矿山环境监督检查制度;另一类是经济手段,包括环境恢复保证金制度、排污许可证制度等。

10.2.4.2　国内矿山环境治理进展

从计划经济时代相关行政部门只管矿产储量和地质资料,到改革开放初期既管储量和资料又管矿山开采,到现在全面管理地质勘察、储量、矿产开采和地质环境,矿山环境保护越来越引起政府重视和社会的广泛关注,我国广大学者对这一领域的研究也不断深入。

从矿山废料利用技术研究看,对尾矿通过再选或湿法冶金从中回收有用组分或有用矿物,综合利用(先通过再选回收尾矿中的有用组分,再将余下的尾矿直接利用)、直接利用(如某些尾矿的组分与建材、陶瓷、玻璃等原料的成分十分接近,稍加调配即可用于筑路、制作免烧砖等)、用于采空区充填或塌陷区的土地复垦四个途径进行利用,利用水平不断提高。

从矿山土地复垦情况看,1989年我国颁布了《土地复垦规定》,研究了一套比较适用的土地复垦技术,摸索了不同类型废弃土地复垦利用模式。制定了土地复垦标准,一批科研成果得到推广应用。如黄金行业砂金开采、有色金属铝土矿开采及煤炭、冶金、建材等露天矿的剥离—采矿—复垦一体化工艺设计等一批科研,技术成果达到了国内先进水平,并且填补了我国土地复垦技术的空白。

从矿山地质环境恢复治理情况看,国土资源部门选择不同类型、不同矿种、不同地区的国有老矿山,开展矿山地质环境恢复治理示范工程,一些矿山开展不同程度生态恢复工作和科研工作,如加强矿山生态恢复工艺技术研究、基质改良研究、生态恢复经济分析、土地复垦专家系统模型研究等,为我国矿山地质环境恢复治理提供了好的经验和典型。

2001年,国家在"十五"生态建设和环境保护重点专项规划中,将矿山生态环境恢复治理列为重点工程内容。2002年,国务院批准《全国矿产资源规划》,将矿山环境保护与恢复治理作为一项重要任务。全国31个省、自治区、直辖市人民政府均制订规划,并且国土资源部会同国务院其他有关部门,批准了各省区矿产资源总体规划,将矿山环境保护与治理作为主要任务之一。2003年,国土资源部为配合国家《矿产资源法》的修改工作,起草并完成了关于矿山环境保护有关条文和解释说明,开展了《矿山环境保护条例》编制的研究和实地调查工作;起草了《矿山地质环境影响评价技术要求》,并在全国大部分省区建立了矿业权会审制度,严格执行环境影响评价制度。2004年,国土资源部提出了《矿产资源法》修改中的部分专章的立法内容。2005年,国土资源部组织开展了全国省级矿山环境保护治理规划编制工作,并在此基础上编制全国矿山环境保护与治理规划;与国家环境保护总局、科技部共同发布了《矿山生态环境保护与防治技术政策》。2006年3月,十届全国人大四次会议通过了国民经济"十一五"规划纲要,提出了"健全矿产资源有偿占用制度和矿山环境恢复补偿机制"的重大战略;财政部、国土资源部与国家环境保护总局联合出台《关于逐步建立矿山环境治理和生态恢复责任机制的指导意见》(财建[2006]215号),进一步明确了矿山环境治理恢复的责任,开始在全国推行矿山环境治理恢复保证金制度。2007年,国务院在《2007年工作要点》(国发[2007]8号)中,将"加快建立生态环境补偿机制"列为一项重要工作任务;国家《节能减排综合性工作方案》(国发[2007]15号),也明确要求改进和完善资源开发生态补偿机制,开展跨流域生态补偿试点工作。同年10月,党的十七大提出了建立生态文明的战略目标。截至2007年底,全国31个省(区、市)完成了矿山环境保护与治理规划;有20个省(区、市)建立了矿山环境恢复保证金制度;国土资源部发布实施了"矿山环境保护与综合治理方案编制规范"(DZ/T223—2007)行业标准,进一步加强了对新建和已投产矿山企业的监督管理。

在国土资源部统一部署下,由中国地质环境监测院牵头并联合全国31个省级地质环境监测总站共同开展调查评估工作,以摸清全国矿山地质环境现状、查明主要地质环境问题及其危害为重点,调查评估了全国各类非油气矿山113000多个,涉及开采矿种193个,内容包括矿山位置、规模、开采方式、生产能力、生产现状、矿山面积、各类矿山环境问题的发育程度和地质灾害的危害程度等。

10.3　金属矿山环境工程研究课题

金属非金属矿山环境问题相比其他类型矿产资源开发,既有共同点,又有自身特点,在有些方面还会更加突出。目前矿山环境问题的治理对策还停留在总体表述及管理的层面,如加强环保意识、树立可持续发展观念,健全法制、依法行政、强化监督管理,坚定贯彻"以防为主,防治结合,综合治理"的方针,妥善解决矿山环境历史遗留问题等等,而少于对具体问题的详细技术对策。因此,需要结合目前金属矿山环境问题的突出危害,提出具体的研究方向。

10.3.1　金属矿山粉尘控制研究

金属矿山开采过程中,有较多粉尘产生,如凿岩过程、爆破作业、二次破碎、物料运输等。它是污染作业环境、损害劳动者健康的重要的职业病危害因素,可引起包括尘肺在内的多种职业性肺部疾病。矿山产生的粉尘的危害表现在对人体危害、对生产影响和环境污染三个方面:

(1)粉尘对人体的危害。在矿山生产过程中,有尘作业岗位的作业工人长时间吸入粉尘,能引起肺部组织纤维化病变,硬化,丧失正常的呼吸功能,导致尘肺病。尘肺病是无法痊愈的职业病。此外,部分粉尘还可以引发其他疾病,如造成刺激性疾病,急性中毒,致癌率增高。影响粉尘的致病因素有粉尘的沉积量、粉尘的致病性、吸入量。

(2)粉尘对生产的影响。粉尘会对产品的形成、产品的质量、精度产生影响;粉尘对设备有影响,影响人对设备的操作,增加转动部件的磨损;粉尘还可造成材料的消耗量增加以及大量的材料浪费等;粉尘还使光照度和能见度降低,影响室内作业人员的视野,使人员在作业中易误操作,产生不必要的生产危险因素。

(3)矿山粉尘对环境的污染。众所周知,粉尘对环境的污染是极具生态破坏力的。矿山在进行开采、选矿时,矿石经过破碎、筛分、运输、转运的过程中,会产生大量的粉尘,加之粉尘的粒度粒径小、自身重量轻等原因,粉尘会大量飞扬,特别是在风力的推动下,更是飞扬到周围地区,房屋蒙尘加大,污染空气和土壤,粉尘中部分元素使土地退化,破坏耕地,大量土地资源受到破坏,破坏了地区生物链的良性循环,形成了矿山及周围地区经济、社会问题。

然而正是如此危害极大的矿山粉尘污染,却没有得到人们足够的关注与重视,更没能使人们采取果断、有效的方法手段去遏制,因此粉尘污染持续蔓延与加重。所以应该将矿山粉尘的污染放在一个全新的高度,致力于找出一种全新的、有效的、便捷的治理和控制方法。

10.3.1.1　采矿作业粉尘防治研究

由于采矿场的产尘点多,粉尘分散度高,在粉尘防治时必须采取多点、多方式的综合防治措施。

（1）抑制钻机与浅眼凿岩工作时的粉尘。

（2）抑制爆破作业时产生的粉尘。除采用合理的炮孔网度、微差爆破以及空气间隔装药，以减少粉尘产生量外，还可采用水封爆破、向预爆区洒水、钻孔注水等措施，人为地提高矿岩湿度。

（3）岩矿装卸过程中的防尘。装卸作业现有的主要防尘方法是依靠增湿，即洒水降低空气含尘量。鉴于部分金属矿在增湿后出现结块的问题，开发新的集尘工艺，回收经济价值较高粉尘，并减小爆堆结块，就很有必要。

（4）运输路面防尘。汽车路面扬尘造成露天矿空气的严重污染是不言而喻的。当前国内外露天矿汽车路面的防尘措施主要有：

1）洒水车洒水，或沿路铺设洒水器向路面洒水；

2）路面喷洒吸湿性强的钙或镁盐溶液；

3）路面表层中掺入粉状和粒状氯化钙；

4）用乳液处理路面。

（5）单机密闭技术。在我国，大部分露天矿的大型设备均安装了空气调节装置。

10.3.1.2 粉尘检测技术研究

粉尘采样器由于测量的准确度高，在很多国家被定为标准粉尘浓度测定仪器。但用它测尘需要称重、烘干、采样、再烘干、再称重及计算等一系列烦琐的过程，因此不能及时反映作业场所粉尘的污染状况。

我国在20世纪80年代开始采用直读式快速测尘仪监测矿井下作业场所的粉尘浓度。快速测尘仪采用的测量方法大致有光电转换法、R射线衰减法及压电晶体频率变化法等三大类。这种仪器的优点是快速、直读，能及时反映出作业场所的粉尘污染状况，但受当时技术条件的限制，测量结果误差大于25%，使该类仪器无法推广应用。而同样的项目，发达国家在20世纪80年代初就采用不同原理，开发研制了各种快速测尘仪，取代了采样器的部分应用领域，使测尘人员的劳动强度大大降低。

10.3.1.3 金属矿山粉尘控制技术研究

现有粉尘控制技术措施有：

（1）尘源控制技术——减尘。减尘就是减少和抑制尘源，这是防尘工作治本性措施。为了从根本上防止和减少粉尘，需要改革生产工艺和工艺操作方法和加强防尘规划与管理，控制尘源。例如，在采矿工作面用湿式作业代替干式作业可以大大地减少粉尘的产生。随着科技的进步与发展，生产工艺和工艺操作方法也越来越趋向环保型；同时，一些工作设备常常与一些环保设备配套使用。尘源密闭的重要性在国内外防尘实践中已有共识。控制尘源通常的方法是使用密闭罩将产生粉尘的物源全部密闭在罩内。封闭尘源，无疑可达到除尘的目的。

（2）抑尘剂技术，利用抑尘剂控制粉尘的产生。抑尘剂通常分为粉尘润湿剂、粉尘凝聚剂、粉尘黏结剂三种。世界上化学抑尘剂的开发与应用一直在持续稳定地发展，该研究领域非常广阔。例如，当用于路面抑尘时，随着喷洒次数的增加，可在其有效期内，多次重复洒水,使尘土保持较高的含水率,且其洒水时间间隔比纯粹洒水的时间间隔长,从而使综合抑尘成本降低,这是它作为抑尘剂的优势。它是一种可以在不能过多用水的环境里防止粉尘的产品。

(3) 机械降尘捕尘。吸尘器和捕尘器主要是利用扩散、碰撞、直接拦截、重力、离心力等原理使粉尘与空气分离,以降低空气中的浮游粉尘浓度,或者使粉尘连同空气一起通过含水雾滤层或其他过滤材料被收集捕捉、沉淀排出。常见的除尘设备有机械除尘器(重力沉降室、惯性除尘器、旋风除尘器等)、过滤式除尘器、湿式除尘器、电除尘器等,每类除尘器都有多种形式,目前,已向多机理复合作用除尘器方向发展。吸气罩在除尘系统中处于前沿阵地,它主要借助于风机在罩口造成一定的吸气速度而有效地将生产过程中产生的粉尘吸走,经过处理达到收尘净化的目的。

(4) 通风稀释排尘。排尘是以加强通风为手段,利用新鲜风流冲淡、排除采用上述防尘措施尚未沉降的那部分浮游粉尘。也就是说,如果通过工艺设备和工艺操作的改革和其他措施,仍有粉尘进入空气中的,而且多为微细矿尘,能长时间悬浮于空气中,逐渐积累,矿尘浓度越来越高,将严重危害人身健康,则必须采取通风排尘技术。常见矿井通风方式有局部通风或全面通风方式,争取以最小的成本获得最好的效果。在选矿工艺中,矿物粉尘是破碎的筛分过程中的必然产物。矿物粉尘对操作者的身体有着严重的危害,且粉尘的散失对选矿工艺的回收率也存在一定的影响。

(5) 空气幕阻(隔)尘。阻尘是通过各种技术手段防止粉尘与人体接触的一项补救性措施。通风排尘、喷雾降尘、润湿矿体降尘等技术是矿业常见的除尘方式,但使用这些技术后仍有大量的粉尘,特别是呼吸性粉尘会扩散到工作区,很难真正达到除尘的标准,通风除尘新方式应运而生。

认为研究进展应该如下:

(1) 矿山防治污染应该是从目前侧重于污染末端治理,改为从源头抓起和控制粉尘源并减少粉尘源的产生以及实行生产工序的全过程控制。主要工艺流程逐步实现自动化,产尘作业面遥控作业,无人操作。开发无尘设备或有相应配套环保措施的设备。

(2) 超声雾化技术值得深入研究,因为它具有较高的实用价值和良好的经济效益,同时它没有负面影响。

(3) 抑尘剂的研究有待于进一步深化,开发高效、成本低的新型抑尘剂是当前的一个主要研究方向。

(4) 矿井通风方式需要改进,通风方法需要创新与完善。把一些先进的通风方式逐步运用到排尘、除尘上来。

(5) 需要大力研制各种设备如高效低能耗实用新型除尘器、适应矿山特点的空调器。除尘系统、净化设备应向系统化、大型化、智能化、节能型方向发展。

10.3.2 金属矿山重金属污染控制研究

综合已有研究,金属矿山环境问题,除了矿山通有的环境问题外,它主要的危害之处在于硫化物或重金属污染。主要表现在对地球水环境及地表土壤和植被的污染及危害。应重点研究的是重金属的迁移规律和危险评价,具体是重金属在环境中的含量分布、化学特征、环境化学行为、迁移转化及重金属对生物的毒性等,特别是回收利用及消减危害的技术和工艺措施。

重金属污染是一个长期的过程,因而更难以对其危害性进行评价,研究会更具有复杂性。这其中集中了环境地球化学、环境化学、污染生态学、矿物学、流体力学和统计学等多门学科。可选择的研究方法有野外考察采样、实验室化验分析测试、分析统计数据等。对以往数据进行统计和实验室现场分析同样重要,因为重金属污染危害的时差性,以往数据往往会更具有说服力。

10.3.2.1　废石及尾矿矿物学研究

金属污染、矿业酸水危害为金属矿产开采产生的两大环境公害。在开采过程中流失的重金属 Pb、Hg、As、Cd、Cr 等是水土生态环境的重要毒害元素。金属硫化物的氧化释放出大量的重金属离子和 H^+。文献从硫化物的氧化、酸性废水、细菌的影响、次生沉淀等方面对金属矿山造成污染的主要机理、影响因素作了详细探讨。

有色金属矿山,无论是露天开采,还是地下开采,主要产生两种类型的固体废弃物——废石和尾矿。废石堆主要由黄铁矿等硫化物、透辉石、石英、长石、方解石和黏土矿物组成。废石中黄铁矿含量很高,与其他硅酸盐矿物相比,它在风化环境中非常活泼,是酸水和重金属释放的重要来源。尾矿中原生矿物颗粒细小,特别是风化产生的次生矿物颗粒非常细小,由于氧化、淋滤作用产生含有高浓度重金属的酸性排水(AMD)。废石及尾矿淋滤的酸性水迁移到附近水体和土壤,进一步影响整个生态系统。因此,了解废石及尾矿中矿物形态、结构、化学反应和矿物转化过程,对研究矿山废弃物中有毒有害元素的潜在生态危害及其环境地球化学作用有重要意义。

尾矿矿物学特征与矿床类型、矿石品位、硫化物含量、区域气候特征密切相关。许多矿物对于环境条件的变化是敏感的,特别是温度、湿度、pH 值、Eh 值。在表生环境条件下,尾矿中的一些矿物发生氧化反应、中和作用、吸附作用、离子交换作用等一系列反应,控制着酸性排水和重金属释放的过程。

金属矿床开采产生大量的废矿石,金属硫化物氧化释放出大量的金属离子、硫酸根离子和 H^+ 进入废矿石溶液。金属离子的活动性在酸性条件下相对活跃,随着 pH 值的升高,其活动性降低。碳酸盐(方解石、白云石等)在自然界普遍存在,酸性孔隙水能够溶解碳酸盐,碱性碳酸盐溶液中和 H^+ 使溶液的 pH 值降低,从而有利于金属离子的沉淀。溶液沉淀物的成分及形成速度由孔隙溶液地球化学(pH、Eh、金属及络离子浓度)和矿石堆的水力学特性控制。铁作为普遍存在的元素,不仅是主要的沉淀矿物,而且其地球化学行为主导着其他元素沉淀的行为,铁的承载矿物(如针铁矿、纤铁矿、黄钾铁矾)和元素 S 控制着沉淀物系列的形成。硫酸盐是金属硫化物氧化 S 的主导承载矿物,而 $S_2O_3^{2-}$ 和单质 S 是硫化物不完全氧化的产物。一系列次生铁的矿物已在矿区发现,从结晶程度差的(如水铁矿、Fe_5HO_3)到结晶程度高的矿物(针铁矿、铁矾)都有出现。

10.3.2.2　金属硫化物氧化及 AMD 的形成研究

矿业酸性废水(**AMD**)是硫化物矿物暴露于地表与水圈、大气圈及微生物相互作用发生氧化性溶解而形成的,既是矿山污染的产物,也是金属污染物淋滤、扩散迁移的重要介质。许多学者对矿山酸性排水的形成机理及污染防治都进行了广泛深入的研究,取得重

要进展。

金属矿床开采产生大量的废矿石,使本处于还原状态下的矿物带到地球表面;同时采矿活动导致氧气进入地下深部。黄铁矿、磁黄铁矿等金属硫化物普遍存在于金属矿床及煤矿当中,并常与重金属元素 As、Cd、Cu、Hg、Mo、Pb、Zn 等共生。由于硫化物暴露于氧化环境而处于非稳定状态,经过一系列的复杂的化学反应,黄铁矿及其他硫化物氧化释放出大量的 H^+、Fe^{2+}、SO_4^{2-} 及重金属离子进入废矿石溶液。铁通常为孔隙水中最活跃的元素,在矿床环境(pH 值低、Eh 值高)下,铁既呈 Fe^{2+} 存在又呈 Fe^{3+} 存在,铁的价态不同,影响着硫化物氧化的程度和速度,这是硫化物的氧化方面。

酸性废水指 pH 值小于 5,产于尾矿堆、废石堆或暴露的硫化物矿石氧化形成的水体。其酸度并非直接问题,但其溶解的成分可导致有害的影响。酸性废水不但溶解大量可溶性的 Fe、Mn、Ca、Mg、Al、SO_4^{2-},而且溶解重金属 Pb、Cu、Zn、Ni、Co、As 和 Cd。酸性废水使供水变色、浑浊,污染地下水,导致水土生态环境严重恶化。具体表现为:直接污染地表水和地下水(矿坑内酸性废水含大量酸和金属硫酸盐)。

矿山酸性废物中黄铁矿的氧化作用受到嗜酸硫化物氧化细菌的影响,尤其受到氧化铁硫杆菌的影响,这种细菌,在 pH 值 $1.5 \sim 3.0$ 范围大量繁衍,为化学自氧型生物,从自然硫及铁化合物的氧化过程中获取能量,并以 CO_2 作为有机质来源。通过催化氧化亚铁硫化物转变为铁硫酸盐,这种细菌大大加速了铁硫化物的氧化进程。

10.3.2.3 重金属污染迁移机制研究

通过对矿区水体和土壤进行取样、化验和分析,可对矿区重金属污染进行系统的评价。根据采矿活动不同工序的重金属污染特性,将矿区划分为四个不同的污染片区,各片区土壤重金属污染程度递降的顺序为:尾矿污染区污染 > 精矿运输污染区污染 > 污风沉降污染区污染 > 坑道废水污染区污染,其中尾矿库是重金属向环境迁移最主要的场所,矿山治理和控制重金属污染重点应放在尾矿污染区。依据环境风险评价理论和方法,可以建立矿区重金属生态风险评价指标体系。通过对研究区重金属污染程度、重金属毒性响应系数和生态危害系数的计算,可以得出研究区土壤不同片区的生态风险指数,其风险级别属重污染级。

矿山环境中的重金属迁移途径一般包括两个方面:一方面,通过废石及尾矿堆的孔隙下渗进入底垫土壤或通过地表径流进入周围环境土壤;另一方面,通过地表径流进入下游水文系统或下渗到地下水,将地表水和地下水联系起来,造成整个矿区甚至附近大区域水体污染,并影响整个生态系统。

黄铁矿是铜、铅、锌、镍等硫化物矿床中最常见的硫化物矿物,酸性矿山废水的产生主要是由黄铁矿的氧化所引起的,对它的氧化机理的研究已十分深入,但由于在黄铁矿的氧化过程中,环境条件等影响因素较多,其反应变得十分复杂,难以定量研究。从化学反应过程可以看出,硫化物的氧化作用释放一定量的 H^+、Fe^{x+}、SO_4^{2-} 及其他金属离子进入尾矿的孔隙水中,同时释放的酸性溶液又加速硫化物及其他造岩矿物的氧化和溶解,从而使更多的元素从尾矿中释放迁移出来。实际上,并非矿物的全部都参加氧化,尾矿湿度、结构和粒径以及矿物的堆存深度、矿物形态、O_2、pH 值和有机物等多种复杂的因素都影响尾矿矿物的氧化。硫化物的氧化作用释放一定量的 H^+、Fe^{x+}、SO_4^{2-},这是金属元素向环境迁移扩散的第一步。接下来的金属迁移还受一系列复杂的沉淀-水解作用、离子交换和吸附/解吸附反应的控制。大量的地球化学研究表明,中和反应、吸附/解吸附、同沉淀与离子交换都是导致矿山环境中重金属迁移的重要机制,表 10-2 列出了一些重金属从尾矿中的释放迁移机制。

表 10-2　尾矿堆中重金属元素的释放、迁移和归宿

金属	原始矿物	迁移方式	反应	次生矿物
Fe	含铁硫化物	水解沉淀	$Fe^{3+} + 3H_2O \longrightarrow 3H^+ + Fe(OH)_3$ $Fe^{3+} + K^+ + 2SO_4^{2-} + 6H_2O \longrightarrow$ $3H^+ + KFe(SO_4)_2(OH)_6$	高铁氢氧化物、含铜褐铁矿等
Co	镍黄铁矿	同沉淀		针铁矿
Zn	闪锌矿	水解沉淀或吸附同沉淀	$Zn^{3+} + HCO_3^- \longrightarrow H^+ + ZnCO_3$	菱锌矿、针铁矿
Cr	磁铁矿	吸附或同沉淀		铁氢氧化物或 $Cr(OH)_3$
Pb	方铅矿	水解沉淀及吸附同沉淀	$Pb^{3+} + HCO_3^- \longrightarrow H^+ + PbCO_3$	白铅矿、铁氢氧化物、铅铁矾
Cd	闪锌矿	吸附		铁氢氧化物
Cu	黄铜矿等含铜硫化物	水解沉淀离子交换或吸附	$Cu^{2+} + H_2O \longrightarrow 2H^+ + CuO$ $Cu^{2+} + MS \longrightarrow M^{2+} + CuS$ （MS 金属硫化物）	黑铜矿、铜蓝、含铜褐铁矿
Ni	镍铁矿或含镍磁黄铁矿	吸附或同沉淀		铁氢氧化物或针铁矿
Al	硅酸盐矿物	水解沉淀	$Al^{3+} + 3H_2O \longrightarrow 3H^+ + Al(OH)_3$ $Al^{3+} + K^+ + 2SO_4^{2-} + 6H_2O \longrightarrow$ $3H^+ + KAl_3(OH)_6(SO_4)_2$	钼氧化物、明矾石、羟铝矾
Mn	辉石、绿泥石、角闪石或碳酸盐矿物	吸附或同沉淀		针铁矿
Ca	碳酸盐矿物	自由离子水解沉淀	$Ca^{2+} + SO_4^{2+} + 2H_2O \longrightarrow$ $CaSO_4 \cdot 2H_2O$	石膏
Na、K、Mg	碳酸盐矿物或硅酸盐矿物	自由离子为主,同沉淀次之	$K^+ + Fe^{3+} + 2SO_4^{2-} + 6H_2O \longrightarrow$ $3H^+ + KFe_3(SO_4)_2(OH)_6$	钠钾矾、黄钾铁矾

10.3.2.4　水体及沉积物中重金属行为研究

重金属在水体中的动力学特征,一方面依赖于每种形态的含量和这些形态之间的物理化学平衡,另一方面依赖于水文系统中环境差异引起的物理化学平衡的改变。重金属在水体的迁移过程几乎包括了水体中所有的物理、化学及生物过程,即溶解态和悬浮态重金属在水流中的扩散迁移过程,沉积态重金属随底泥的推移过程,溶解态重金属吸附于悬浮物和沉积物向固相迁移过程,悬浮态重金属的沉淀絮凝、沉淀过程和沉积态重金属的再悬浮过程,生物摄取、积累富集、甲基化过程,水体重金属通过水面向空气中迁移的气态迁移过程。

河流沉积物中重金属有潜在的生态影响,依赖于它们的迁移性和生物可利用性。重

金属不是一成不变地固定在沉积物中，当环境条件发生变化时，如 pH 值、氧化还原电位和有机螯合物存在时，引起其迁移性和生物可利用性的改变或重金属返回水体中。因此，无论是追踪金属的污染源，还是了解金属自污染源的扩散，都必须依赖于对沉积物的研究。

沉积物中金属元素含量不仅有人为和自然来源，还依赖于其结构特征、有机质含量、矿物组成和沉积环境等。通常认为，金属含量与颗粒粒度较小部分有关，解释为颗粒表面和覆膜上的金属的吸附，共沉淀和络合作用的结果。细小颗粒有较大的比表面积，因此含有较高的金属含量。

10.3.2.5　土壤重金属化学形态研究

积累在土壤中的重金属以多种方式间接或直接影响人类的健康，例如土壤中的重金属通过植物吸收进入生物链，或者通过地表径流或向下淋滤污染水源，从而对人类造成危害。已有研究表明，土壤重金属的积累是导致地表径流中重金属负荷增加的主要原因。

土壤中重金属的迁移、转化及其对植物的毒害和环境的影响程度，除了与土壤中重金属的含量有关外，还与重金属元素在土壤中的存在形态有很大关系。土壤中重金属的存在形态不同，其活性、生物毒性及迁移特征也不同。土壤中重金属形态的划分有两层含义：其一是指土壤中化合物或矿物的类型，由于矿物比较容易溶解，因而可以预期它们在土壤中是不会形成的。而土壤重金属形态划分的另外一层含义是指操作定义上的重金属形态。要直接区分土壤中化合物的类型相当困难，因而通常所指的"形态"为重金属与土壤组分的结合形态，即（操作定义）它是以特定的提取剂和提取步骤的不同而定义的。

10.3.2.6　重金属污染评价技术研究

目前，在对矿区重金属污染评价时，常用的评价方法主要有总量法、化学形态分析法和植物指示法等几种。

（1）总量法。它以矿区污染重金属元素含量的高低为依据，来判断尾矿和矿渣对矿区生态环境的影响。样品中重金属元素的含量越高，尾矿和矿渣潜在的环境影响就越大。国内利用总量法进行此类研究较多。但是，最近的一些研究表明，重金属在环境中的行为和作用如活动性、生物可利用性、毒性等，仅用它们在环境中的总量来预测和说明是不确切的。其主要原因是在生态系统中，生物只能利用以离子形式存在的重金属元素，而重金属含量的高低与它们在样品中存在形式之间没有直接的相关关系。有时含量可能会很高，但如果活性很差的话，动植物就不能直接吸收和利用这些重金属元素，它们也不可能富集到动植物体内去。

也就是说，重金属含量的大小并不能决定重金属对环境的污染程度，因为重金属存在的物理、化学形态与重金属的释放迁移轨迹与方向关系非常密切，重金属含量以及物理和化学形态决定了重金属元素的污染状况和潜在的生物有效性。因此，在对重金属污染评价研究中，除了了解重金属元素含量外，掌握重金属存在的物理、化学形态也非常重要，这种方法就是化学形态分析法。

（2）化学形态分析法。化学形态分析法是用一种或多种化学试剂萃取样品中的重金属元素，根据重金属萃取程度的难易，将样品中的重金属分为不同的形态。形态不同的重金属其化学活性或生物可利用性也就各不相同。依据使用萃取剂的种数和萃取步骤的次数,可将化学形态分析法分为连续萃取法和单一萃取法两大类。

（3）植物指示法。植物指示法是一种正在迅速发展的方法,也是前景最看好的方法之一。在矿区周围被污染的土壤中寻找一些植物作为生物指示剂,依据它们体内吸收的重金属的量来直接判断土壤的污染程度。

10.3.3 研究课题

金属矿山环境工程的研究课题如下:

（1）金属矿山废水重金属污染研究课题。这类课题如废石及尾矿矿物学研究、金属硫化物氧化及 AMD 的形成研究、重金属污染迁移机制研究、水体及沉积物中重金属行为研究、土壤重金属化学形态研究、重金属污染评价技术研究等等。

（2）金属矿山粉尘污染控制研究课题。这类课题如卸矿站扬尘过程粉尘污染控制技术、溜井综合防尘系统应用研究、复杂采矿系统粉尘检测技术、大爆破系统粉尘排放与除尘设备研究、多作业面粉尘污染源控制技术等等。

（3）金属矿山地质环境保护研究课题。这类课题如金属矿山边坡防护理论与景观保护技术、矿山塌陷区域处理与地表土层植被保护、矿山复垦技术与生态恢复综合研究、排土场及尾矿库综合利用与资源回收等等。

10.4 金属矿山环境工程展望

通过金属矿山环境工程研究,主要实现的发展目标有:

（1）减少矿业生产活动对区域内及周边环境的破坏,控制物质非正常扩散与危害形态,使开采资源有序放置并合理利用。

（2）综合规划资源转化途径,维护开采区域地质整体结构,以资源最大利用方式实现循环经济模式,并在终采期实现清洁生产目的。

建议增设和强化已有金属矿山环境工程研究机构,对所在省、市、自治区地域内金属矿山建立专门的环境参数信息库,确定国内各开采矿山环境破坏现状并确立长期治理计划,规定企业从其资源开采收益中按合理比例用于治理计划实施。

在矿山环评过程中设置环境参数信息表,除传统测量指标——水质监测、粉尘监测、有毒有害气体监测、固体废物和噪声监测外,还应将地表覆土剩余量、植被覆盖率、各边坡坡度及含水状况等逐步纳入环境管理范围。

应使包括新建矿山在内的企业,在开采初期的设计中就明确地质环境保护和矿山复垦方案,形成较完善的技术标准作为参照。

11 金属矿山尾矿库安全与环境的前瞻研究

11.1 尾矿库安全与环境问题

尾矿的大量堆存带来资源、环境、安全和土地等诸多问题。

（1）占用土地。尾矿堆存需要占用大量土地。截至 2005 年，我国尾矿堆放占用土地达 80 多万公顷，随着老的尾矿库闭库，新的尾矿库不断增加，必将占用更多的土地。

（2）浪费资源。我国矿产资源约有 80% 为共伴生矿。由于我国矿业起步晚，技术发展不平衡，不同时期的选冶技术差距很大，大量有价值资源存留于尾矿之中。尾矿中的非金属矿物不但存量巨大，而且有些已经具备高附加值应用的潜在特性。随着技术的进步，其潜在价值将远远超过金属元素的价值。这些尾矿资源如不能综合回收利用，将造成巨大浪费。

（3）环境污染。选矿过程中，有的矿石需要加入药剂，这些药剂会残留在尾矿中。尾矿所含重金属离子，甚至砷、汞等污染物质，会随尾矿水流入附近河流或渗入地下，严重污染河流及地下水源。自然干涸后的尾砂，遇大风形成扬尘，吹到周边地区，对环境造成危害。

（4）安全隐患。很多尾矿库超期或超负荷使用，甚至违规操作，使尾矿库存在极大安全隐患，对周边地区人民财产和生命安全造成严重威胁。新中国成立以来，我国多次发生过尾矿库溃坝事故，造成大量人员伤亡。

尾矿设施是矿山生产设施的重要组成部分，其投资较大，一般约占矿山建设总投资的 5% ~ 10%。尾矿库是尾矿设施的主要部分，包括尾矿坝和库区等。尾矿坝由初期坝和后期堆积坝组成，它的安全直接关系到下游人民生命财产和库区周边地区的生态环境。历史上，尾矿坝发生的事故曾造成巨大的灾难。如 1996 年 9 月 26 日，我国云南锡业公司火谷都尾矿库发生溃坝事故，死亡 171 人，直接经济损失达 2000 多万元。2008 年 "9·8" 山西襄汾新塔矿业有限公司尾矿溃坝，造成 270 多人死亡，更是一次血的教训。据统计，世界上发生的各种重大灾害中，尾矿坝灾害居地震、霍乱、洪水和氢弹爆炸等灾害之后第 18 位，比航空失事、火灾等事故都要严重。目前，世界上正在使用的尾矿库和工业废料库约有 20 万个，尾矿坝数量则远远超过这个数字。随着工业发展，尾矿坝数量越来越多，坝体堆积越来越高，因此，尾矿坝的安全问题极为重要。

尾矿库对环境产生的影响主要表现为库水有害物质对环境造成的危害，尤其当尾矿坝设计或管理不当造成溃坝时，给环境带来的危害更加严重。因此，对尾矿坝来说，环境与安全是一个有机统一的整体。在某金矿溃坝 3 年后，对溃坝污染区域的环境进行研究后发现，被污染土壤中氰化物的自然降解速度非常缓慢，被污染土壤成为环境中的二次污染源，对地表环境、地面水及地下水具有长期潜在危害。对于尾矿库污染，学者进行了理论研究,如在流域范围内,研究尾矿库下游金属离子的转移规律、化学存在形式及含量变化、溶解物流动和传输方程等;为了减少尾矿水对环境的污染,学者进行了污水治理方法的研究,如研究尾矿库废水净化课题,通过在坝的迎水面内侧敷设过滤和净化材料,废水通过坝体时,其悬浮物、重金属离子和其他有机物与过滤材料进行物理化学作用,从而达到净化废水的目的;对于尾矿库污染,学者进行了监测研究,例如通过重金属和放射性元素的监测数据,评价尾矿库对地表和地下水的污染,并对未来闭库后潜在的环境影响作了预测;生态复垦是尾矿库区的一个重要研究课题,特别是在尾矿库闭库后,生态复垦有利于保护环境,研究认为尾矿库复垦面临两方面的问题,即坝体稳定和渗流,强调了复垦计划的重要性,研究在不同尾砂上种植特定植物和改良土壤等。同时,相关学者进行了尾矿库生态评价研究,拓展了尾矿库研究的领域。

尾矿库安全与环境问题的研究涉及尾矿库安全评价指标体系、安全评价方法,尾矿库事故致灾机理、发生形式和稳定性技术,尾矿库事故生态风险评价理论和方法,尾矿库污染物监测、迁移规律、化学存在形式及含量变化,溶解物流动和传输方程,尾矿库生态修复工程,尾矿资源化等。

尾矿库的利用涉及地质与资源、矿山工程、安全工程、流体力学、渗流力学、环境化学、环境保护、景观美学、生物生态、灾害学、风险评价、金属毒性毒理等多门学科。

11.2 尾矿库安全与环境问题研究的价值

11.2.1 尾矿库安全问题研究意义和价值

管理好尾矿库是矿山生产的一个非常重要的环节。从构成上讲,尾矿库实质上是一座用尾砂堆筑起来的人工湖,这个湖的容量随着尾矿坝体的不断加高而增大。显而易见,一个用尾矿堆筑的坝,其内盛着大量的砂和水,形成的高山之巅"尾矿湖",时刻处在一定的危险状态中,坝体一旦溃决,库内的尾砂和水就会以泥石流形式涌出,顷刻之间,下游的生命财产将一扫而光,覆盖的土地将永久性荒芜。它的稳定与否与矿山的生产和周边农民生命财产的安全是息息相关的。

11.2.2 尾矿库生态修复研究意义和价值

我国土地资源紧缺的压力越来越大,土地问题已成为国民经济发展的一个严重制约因素。近年来,国家运用综合手段加强了土地管理,并有计划地开发荒地,以缓解人地矛盾。但是,同时,在各项生产建设中,大量土地遭到破坏。据1990年国家土地管理局公布:我国每年因生产建设而破坏的土地达2万~2.67万公顷。并预测,到2050年,全国因生产建设而人为破坏的土地将达到400万公顷。这些被破坏的土地,不但使土地和耕地面积减少,而且使环境恶化。矿区是土地资源受破坏最严重的地区之一。采矿活动一方面使许多农用地和林地被占用,另一方面造成严重的环境破坏,如植被剥离、水土流失、河道堵塞、泥石流、土地沙化等,致使大量被开采过的矿区土地很难被再利用。此外,由于占用了耕地,还会引出农民的生产与生活安置等社会问题。基于上述问题,搞好矿区土地复垦与生态重建是实现经济、社会和生态可持续发展的客观需要,其不仅可以提高土地资源利用率,保持我国耕地总量动态平衡,改善工农关系,保障城市居民和农民群众的生产和生活,而且可以保护环境,恢复生态平衡,促进生态良性循环。

11.2.3　尾矿库资源化研究意义和价值

随着我国经济快速发展,传统粗放型的经济增长方式使得我国资源短缺的矛盾越来越突出,环境压力越来越大。走中国特色新型工业化道路、大力发展循环经济、提高资源利用率,是解决当前我国资源、环境对经济发展制约的必由之路。

金属尾矿综合利用难度大、牵涉面广,既关系企业和行业生存与发展,又影响环境与安全,是社会关注的热点。与粉煤灰、煤矸石等固体废弃物相比,尾矿的综合利用技术更复杂、难度更大。目前,我国工业固体废弃物综合利用率在60%左右,而金属尾矿的综合利用率平均不到10%,相比之下,尾矿的综合利用大大滞后于其他大宗固体废弃物。尾矿已成为我国工业目前产出量最大、综合利用率最低的大宗固体废弃物。

尾矿是矿山企业将矿石粉碎磨细、选取"有用成分"后排放于堆存处的固体"废料",具有环境污染和资源浪费的双重特性。尾矿资源化管理就是我们将尾矿当作"人工矿"看待,作为二次资源来评价、勘察、开发利用与保护。尾矿"利用就是宝,丢弃就是害"。大量资源的消耗越来越要求我们善待资源,节约资源,才能可持续发展。尾矿资源化的重要意义在于:

(1) 避免资源严重浪费。

1) 在尾矿中回收原建矿时所确定主体矿石的剩存部分,利用新技术回收原来不能回收的矿物,如铅、锌矿企业回收尾矿中剩存的铅、锌。

2) 开发回收原来未作为开采对象的有用矿物,克服在单一计划经济情况下"采矿开甲弃乙,选矿留丙扔丁"的做法,建立新的生产体制,如在钨矿的尾矿中回收锡,在锰矿尾矿里回收钴和镍,在铜矿的尾矿里提取金等等。

3) 开发利用尾矿中的围岩物质,包括金属矿尾矿中的碳酸盐矿物、石英、长石、萤石、电气石及煤矿等非金属矿的围岩矿物、煤矸石等等。

(2) 开发利用尾矿是治理矿区环境的根本途径。尾矿是污染、破坏矿区环境的罪魁祸首,是众所周知的"老、大、难"问题。只有使遍及矿区的庞然大物——尾矿坝消失,才能彻底解决尾矿之害。显然,现有的任何治污防污技术都做不到,而对尾矿的综合开发利用,就是要消化这个庞然大物,是趋利避害的希望所在。

(3) 开发利用尾矿是关闭的矿山企业寿命延伸和开发新产业、创建新经济增长点的重要途径,是矿区职工再就业的重要出路。旧技术对矿产资源的开发只是第一次消化,犹如牛羊倒嚼反刍,仍然可以再次利用。充分利用尾矿资源,是老矿业城镇生命延续和转型的重要途径之一。

做好尾矿的综合利用是落实科学发展观,统筹人与自然和谐发展,发展生态文明,建设资源节约型、环境友好型社会的具体表现,也是解决我国资源短缺的一个有效的途径。

11.3　尾矿库安全与环境研究成果回顾

11.3.1　尾矿库安全方面

11.3.1.1　国外尾矿库研究现状

国外对尾矿坝的研究主要集中于坝体安全与环境两个方面,特别重视环境污染和环境保护,这充分说明了人类在进入新的历史发展时期后,对自身安全、环境保护的重视。从综述的成果可以看出,国外在尾矿坝安全管理、污染检测污染治理以及生态复垦等技术上进行了很有成效的开创性的研究工作,对我国提高尾矿坝管理工程技术水平有很好的参考价值。

11.3.1.2　国内尾矿库稳定性研究现状

我国的尾矿库问题在国外是少有的。尤其是近些年来,关于尾矿库的问题研究多了起来,这主要是对原材料需求的增加、低品位矿石的利用和矿石产量的大量增加,导致磨矿过程增加以便解离出更多的矿物,同时也产生出更多的尾矿,这就要求建设大量的尾矿库来堆存这些尾矿,而且尾矿趋向于更加细粒化。

自20世纪60~70年代起,我国在堆筑尾矿坝方面积累了一定的经验,开始采用透水性堆石坝法、旋流分级法、管式分级法筑坝、渠槽法、池田法及推土机筑坝等方法。在后期尾矿堆积坝体中,采用井管、井点、排渗设施。在坝的维护管理方面常采用坝坡植被、坝面排水等措施,使坝体的稳定性得到了增强。从检索到的文献综述可以看到,大部分理论研究及工程实践都是围绕渗流以及由渗流引发的坝体设计、排渗、地震液化、汛期管理、环境污染等展开的。

我国的尾矿库的管理体制和运行机制是在计划经济条件下逐渐形成的,是以行业为中心,以企业为基础,以设计院所为技术依托的管理体系。1995年以来,老一代的尾矿处理专业工程技术人员都陆续退休,有的研究院所尾矿库行业已经后继无人。由于尾矿库一直属于矿山的附属建筑物以及过去我们的环保意识差等原因,其在安全性等方面所存在的隐患一直未能引起足够的重视。随着矿山企业的服务年限的延长,尾矿堆存体积越来越大,其所存在的安全问题日益凸显,又加之近年来公众对环境问题的关注日益增长,尾矿库所存在的安全问题就越来越受到社会的关注。尾矿库的安全也已经引起我国政府的高度重视,政府出台了一系列相关的规定和办法,目的是使尾矿设施的安全监督管理走上科学化、规范化和法制化的轨道,以保证人民生命财产的安全。

11.3.1.3　尾矿坝坝体稳定性分析方法

由于尾矿性质相当复杂,分析条件很少是常规的,同时尾矿坝技术在我国起步较晚,尾矿坝的安全稳定性分析至今未形成自身独立的分析体系,基本上就是借用土力学中原

本为自然边坡和普通水坝边坡分析研制的传统的分析方法。目前,应用于尾矿坝的稳定性分析方法主要有三种:

(1) 极限平衡法,如瑞典法、毕肖普法、余推力法、Sarma 法等;

(2) 数值分析法,也叫应力－应变法,如有限元法(又分为二维和三维两种情况)、拉格朗日元法(FLac 法)、边界元法等;

(3) 可靠性分析方法(概率分析法),如蒙特卡洛法、统计矩阵法、可靠指标法等,是基于可靠性理论发展起来的不确定性评价方法。

极限平衡法原理简单,实用性强,能够直接提供坝体稳定性的定量结果,应用极广;数值分析法是通过建立数学模型,选择材料的本构模型,来模拟求解坝体的应力应变值,然后再按照一定的准则,判断并给出坝体的稳定性区域等指标;概率分析法则是在上述计算方法的基础上,进一步给出坝体的稳定性的概率或坝体失稳破坏的概率。

在一般情况下,对尾矿坝工程的稳定性分析,先是确定计算剖面,然后进行极限平衡分析与计算,之后再作数值分析,以检验极限平衡法的结果,最后采用概率分析法,以确定坝体工程破坏风险程度。

在尾矿坝稳定性分析中,还必须要进一步对是采用总应力分析还是有效应力分析方法进行选择。总应力分析是基于这样的假定,即水位降低后破坏面上的有效法向应力与水位降低前的有效法向应力相同,从而不考虑孔隙压力的变化对强度的影响。总应力分析方法比较简单。有效应力分析是基于估计的孔隙应力,因此有效应力分析更为合理,因为实际上是有效应力控制强度。

11.3.2　尾矿库环境及生态修复方面

11.3.2.1　矿山环境中的重金属污染研究

目前研究的内容主要包括有关矿山环境中的矿物学研究、矿山环境中氧化作用与AMD 形成研究、(重)金属迁移机制研究、矿山环境中微生物研究、矿山环境中稀土元素(REE)的行为研究、矿山环境地球化学演化过程的数学模型、水体沉积物污染研究、沉积物中重金属的环境行为研究、污染土壤中的重金属研究、矿山环境生态修复研究等。

11.3.2.2　矿区生态恢复与生态重建

土地复垦与生态重建一向为经济发达国家所重视。最早开始土地复垦与生态重建的是德国和美国。德国早在 20 世纪 20 年代初就开始对露天开采褐煤区进行绿化。20 世纪 50 年代末,一些国家的复垦区已系统地进行绿化。20 世纪 60 年代许多工业发达国家加速复垦规划的制定和复垦工程实践活动,比较自觉地进入了科学复垦时代。进入 20 世纪 70 年代以后,复垦技术逐渐形成了一门多学科、多行业、多部门联合协作的系统工程,许多企业自觉地把土地复垦纳入采矿设计、施工和生产过程中。

虽然我国早在 20 世纪 50 年代就有个别矿山和单位自发地进行一些土地复垦工作,

但真正开展土地复垦科学研究仅 10 余年时间,时间不长,但进展较快。《中华人民共和国土地管理法》、《中华人民共和国矿产资源法》和《中华人民共和国环境保护法》以及《土地复垦规定》的颁布,为我国矿山废弃地复垦提供了法律和政策依据。

矿区土地整治的主要途径是生态重建,使重建地与周围环境逐步建立起相协调的生态关系,逐渐恢复生产力而达到治理的目的。目前,国内外广泛应用的露天矿土地复垦技术主要有以下三种:

(1)生态农业复垦技术。生态农业复垦技术是根据生态学、生态经济学原理,应用复垦工程技术和生态工程技术,通过合理调配植物、动物、微生物等,进行立体种植、养殖和加工。此项复垦技术在我国的应用比较广泛,效果也比较明显。

(2)生物复垦技术。生物复垦技术指利用生物措施恢复土壤的有机肥力和生物生产能力的技术措施。

(3)微生物复垦技术。微生物复垦指利用微生物活化剂或微生物与有机物的混合剂,对复垦后的贫瘠土地进行熟化和改良,以恢复和增加土地肥力和活性,以便用于农业生产。微生物复垦技术科技含量最高,并且环保无污染。

预期达到的目标包括:

(1)露天采坑覆土造田,或植树种草恢复植被;

(2)废石场和尾矿库要有防渗措施,筑坝拦护,覆土或硬化护坡,防止水土流失,保证下游安全,废弃后平整压实,覆土造田,边坡绿化;

(3)塌陷区及地裂缝及时充填、压实,稳定区进行综合整治,土地复垦,种树种草,恢复植被,恢复生态环境;

(4)所有废弃的矿坑填平,覆土造地,植树种草,恢复自然生态景观。

11.3.3 尾矿库资源化方面

在尾矿库综合利用和资源化方面,我国目前主要的研究集中在下述几方面。

11.3.3.1 尾矿再选

开展尾矿再选,从尾矿中回收有价成分,是提高资源利用率的重要措施。近几年,由于国内外金属矿产品价格快速攀升,我国尾矿再选的规模发展非常迅速。一些特大型矿山企业在尾矿再选技术开发方面已经进行了很多探索,不仅提高了资源回收率,也给企业带来巨大的经济效益。但目前我国尾矿再选整体存在着规模小、技术落后、回收率低、能耗高、成本高等问题。由于缺乏统一的规划和管理,有的甚至造成严重的二次污染或对尾矿库安全造成危害。

11.3.3.2 尾矿生产建筑材料

尾矿的主要组分是富含 SiO_2、Al_2O_3、$CaCO_3$ 等资源的非金属矿物,可以通过现有的成熟工艺生产一种或若干种建筑材料。目前尾矿生产建筑材料已有一些成熟技术,但主要是借鉴建材行业已有的成熟工艺,原始创新性不足,产品附加值低,销售半径小,没有显示出生产成本、运输成本和产品质量的综合优势,难以大范围推广。一些尾矿高值利用技术,如尾矿制备微晶玻璃、超耐久性尾矿高强混凝土技术等,已经在关键技术和工艺方面取得了突破,有望成为将来大量利用尾矿的有效技术。

11.3.3.3 尾矿用于制作肥料

有些尾矿中含有植物生长所需要的多种微量元素,经过适当处理可制成用于改良土壤的微量元素肥料。20 世纪 90 年代,马鞍山矿山研究院将磁化尾矿加入到化肥中制成磁化尾矿复合肥,并建成一座年产 1 万吨的磁化尾矿复合肥厂,起到了变废为宝的效果。但这些只是停留在对少量尾矿的利用上,还无法减少大宗尾矿的堆存。

11.3.3.4 充填矿山采空区

矿山采空区回填是直接利用尾矿最行之有效的途径之一。尤其对于无处设置尾矿库的矿山企业,利用尾矿回填采空区就具有更大的环境和经济意义。胶结充填采矿法目前已属于成熟技术,可以使地下采矿回采率提高 20% ~50%,并使原来根本无法开采的位于水体下面、重要交通干线下面和居民区下的矿体能够被开采出来。理想的胶结充填采矿法可完全避免地表塌陷和基本避免破坏地下水平衡造成重大危害。

11.3.3.5 尾矿库复垦

尾矿库复垦是解决尾矿库表面沙化的重要措施。尾矿库复垦不仅防止扬沙,而且美化环境,减少污染,兼具经济效益、社会效益和环境效益。尾矿库复垦为我国矿山企业废弃尾矿库治理探索出了一条经济、可行的新路子。

11.4 尾矿库安全与环保发展态势

11.4.1 尾矿库环境污染研究

矿山开采和冶炼过程中产生的环境问题广泛而且异常复杂,产生的废石和尾矿砂长期堆存不仅占用大量的土地,随着地表径流、风力传送、雨水淋滤等自然地质作用下固体废物中含酸性、碱性、放射性或重金属等不断扩散,受其影响的土壤、水体和大气甚至无法恢复,即使能够恢复,也需经过很长时间,而且很难恢复到原有的水平。从矿山开采开始对土壤、植被的破坏,到矿山选冶过程中的"三废"排放,再到闭矿后重金属等有毒物质向环境中的渗透、扩散,这些过程无时无刻不对环境造成破坏和危害。

矿山环境中的(重)金属,一方面,通过废石堆及尾矿库的孔隙下渗进入底垫土壤或通过地表径流进入周围环境土壤。另一方面,通过地表径流进入下游水文系统或下渗到地下水,将地表水和地下水联系起来,造成整个矿区甚至附近大区域上的水体污染,并影响整个生态系统。矿山排出的酸性水是有害重金属元素的一个重要载体。从环境学的角度讲,研究矿山废物氧化作用及其导致金属迁移的机理和环境效应是环境地球化学研究的一个重要方面。

11.4.2 矿区生态恢复与生态重建

矿区生态环境破坏是在人类活动压力条件下环境变化超过一定限度的产物,这就要求我们充分考虑环境的承载能力,以防为主,最大限度地减轻土地的破坏。树立可持续发展的观念,走新型工业化道路,建立以最小的资源消耗和环境破坏来取得最大的经济效益的思想观念,实现经济效益和生态效益的有机结合。加强矿产资源综合利用,依靠科技进步,采用新技术、新工艺以提高矿产资源的综合利用率,把资源开发与环境保护纳入法制管理的轨道。对矿区的生态复垦要因地制宜,将景观学和景观建筑学的思想引入到矿区的生态修复中来,以新技术为指导,将传统复垦技术与生态工程复垦相结合,努力实现社会经济效益、生态环境效益的全面发展。未来发展的趋势为:

(1)因地制宜,根据矿区的破坏程度选择不同的生态重建模式。对已复垦的耕地和绿化的复垦地,要加强保护;待治理区对正在开采的矿区而言,地裂缝塌陷区在不断地变化。为防止地表雨水顺裂缝注入井下,企业应采取临时措施,对它们进行充填平整和封闭。对稳定的塌陷区,应立即进行彻底治理,或复垦造田,或恢复植被;治理煤矸石自燃、煤层自燃造成的空气污染,对煤矸石除加大综合利用力度外,对其表层进行复土、硬化或恢复植被;干线公路可视范围内的矿业开发、综合治理,停止任何矿业开发活动,对已造成的环境破坏进行恢复,填平采场,覆土造田,植树种草,恢复植被,恢复生态环境;要充分考虑当地的自然条件选择不同的种植方式和生物种类。

(2)将景观学和景观建筑学的思想引入到矿区生态修复中来。生态重建目标从以林、农业复垦为主,转向建立休闲用地、重构生物循环体和保护物种上。即建立所谓的混合型土地复垦模式:农林用地、水域及许多微生态循环体协调、统一地设立在一起,从而为人和动植物提供较大的生存空间。

(3)将传统土地复垦技术与生态工程复垦相结合。传统的土地复垦技术主要包括工程复垦技术和土壤修复技术。工程复垦的目的在于根据复垦规划用途重塑地貌并构建有利于植物生长的土壤剖面;土壤修复的目的是改善土壤的养分含量。生态工程复垦是根据生态学和生态经济学原理,应用土地复垦技术和生态工程技术,对深陷、挖损、压占等采矿破坏土地及其他各种人为活动和自然灾害损毁的土地进行整治和利用。生态工程复垦不是某单一用途的复垦,而是农、林、牧、副、渔、加工等多业联合复垦,并且是相互协调、相互促进、全面发展的。

(4)新技术的应用研究。这包括 GIS 与 VR 技术在矿区复垦规划中的应用、微生物复垦技术的应用等。

11.4.3 尾矿库资源化研究

尾矿库资源化的发展趋势为:

(1)树立科学的资源观念。正确认识地球资源的有用与无用、有利与无利、有害与无害以及矿与非矿的概念,树立地球上所有天然岩石矿物质都是资源、都可以成为有用物质、都是财富的观念。要转变观念,要从传统观念的消极治理矿山尾矿,转变到把尾矿作为资源,从而积极发掘和开发,变废为宝的观念上来。

(2)发挥政府的组织、引导职能,编制尾矿资源管理规章制度,构建尾矿资源化管理。政府要组织地质专家及相关矿业专家小组,对黑色、有色、化工、建材、非金属、煤炭矿山进行一次全面的尾矿调查,掌握尾矿资源量、类型、成分特别是有价组分含量和储量,并作综合利用的可行性技术评价和综合利用的价值评价。组织相关部门联合制定尾矿开发利用中长期发展规划,明确尾矿开发利用的发展目标和发展途径。建立尾矿有效开发的经济准则、资源准则、生态准则、社会准则。对尾矿回收利用应建立一套完整的管理办法和技术标准。

(3)政府在制定"尾矿工程"的贷款、减税、免税方面出台优惠政策。有投入才有产出,"尾矿工程"需要投入,对资金仍困难的矿山企业,给予倾斜和扶持,鼓励"尾矿工程"的开发。在政策上,对研发和积极开发利用尾矿资源的矿业者,应给予减、免税费及相关工作需要扶持等方面的政策优惠。

(4)大力引进技术和人才,建立竞争机制,培育技术与人才。政府应当制定优惠政策,引进优秀人才。

(5)建立示范性企业。高效整体利用尾矿,研究开发技术含量高和附加值大的尾矿水泥、尾矿肥料、微晶玻璃、玻璃制品、灰砂砖、墙地砖、建筑陶瓷和装饰材料、耐腐耐磨化工管道等新材料、新产品,作为矿山企业的典范。

11.5　尾矿库的研究课题

11.5.1　尾矿库风险分级及监测、预警关键技术研究

11.5.1.1　研究目标

提出尾矿库稳定性风险分级指标,建立尾矿库溃坝事故风险评价模型;开发基于位移传感器网络和 GPS 定位技术结合的尾矿库安全监测系统;提出尾矿库溃坝预警指标和方法,建立基于尾矿库危险等级、气象环境和地质条件的尾矿库灾害预警预报系统;建立我国在役尾矿库安全基础数据库。

11.5.1.2　主要研究内容

(1)尾矿库溃坝风险评价与分级技术研究。重点研究尾矿库溃坝风险评价与分级指标体系、尾矿库溃坝事故风险评价和分级方法。

(2)尾矿库溃坝监测、预警关键技术研究。重点研究尾矿库远程、实时监测与安全预警系统,以及我国尾矿库灾害的预警预报系统。

(3)在役尾矿库安全基础数据库开发。主要调查分析我国典型的险、病、超期服务尾矿库的运行情况,建立我国在役尾矿库安全基础数据库。

11.5.2　尾矿坝稳定性分析及加固关键技术研究

11.5.2.1　研究目标

由于尾矿坝稳固、污染控制等技术发展还不能适应矿物工业的发展,业已显露出或预示出潜在的工程灾害和环境污染问题:尾矿坝破坏或溃坝致使矿浆宣泄,固体物迁移,造成严重灾害;尾矿库渗漏对地下水及地表水体造成污染等问题,并且随着尾矿库高坝数量迅猛增加,这种问题显得更加突出。通过实验研究,构建尾矿坝渗流－变

形－化学过程耦合模型,分析尾矿坝排渗体淤堵对坝体稳定性的影响,为尾矿库安全评价提供技术支持。

11.5.2.2 研究内容

(1)尾矿坝现场勘探与试验研究。研究包括尾矿坝体结构研究、尾矿坝体地下水位观测、尾矿坝体地下水中化学组分观测、尾矿坝体原位渗透试验以及观测尾矿坝的筑坝过程、测定筑坝速度、测定尾矿浆液的物理特性和化学组分等。

(2)尾矿坝渗流－变形－化学过程耦合模型研究。研究包括尾矿坝二维、三维渗流场数值模拟,尾矿坝二维、三维动力稳定分析及抗震液化分析,尾矿坝渗流－动力稳定耦合模型,尾矿库渗流－化学过程耦合模型以及变形－渗流－化学过程耦合模型等。

(3)尾矿坝排渗体淤堵对坝体稳定性的影响研究。重点研究对尾矿坝稳定性有较大影响的淤堵现象,尝试模拟淤堵的发生,为稳定性分析提供依据。

(4)尾矿坝模型检验与工程应用研究。应用上述模型进行尾矿坝现状稳定性分析和环境影响分析,通过现状分析进行模型适应分析与检验;预测尾矿库加高扩容后的稳定性和环境影响;研究尾矿库加高扩容技术、尾矿坝淤堵治理技术以及尾矿库系统安全评价等。

11.5.3 尾矿库库区重金属污染模式基础研究

11.5.3.1 研究目标

阐明我国有色金属矿山开采和选冶过程及其伴随产物废弃石、尾矿砂以及岩矿石风化等造成的元素的迁移、转化的方式、条件、规模、速率等,以及重金属循环过程、富集机理、富集程度及其持续的生态环境负效应及防治对策。研究重金属元素在废石堆(包括尾矿库)、大气、土壤、水体、动植物等介质体内的环境行为和不同界面之间迁移、转化、富集规律以及在土壤、水系沉积物中的空间分布特征等,系统研究释放出的重金属在各种外界因素的影响下,其在自然界各介质的分布规律、存在形态,以及受外界因素作用后,它们之间相互转化的关系。建立金属矿山开采环境负效应行为模型,科学地评价重金属在土壤、水体和水系沉积物中潜在生态危害,制订矿区生态环境治理的生物修复方案,为矿山和类似金属矿区或重要矿业经济区的生态环境治理、修复、建设规划、地质环境影响评价,矿产资源勘探开发和利用过程中矿区地质环境的监测和监督、管理、控制、治理提供科学依据和定量指标。

11.5.3.2 研究内容

(1)通过对不同类型矿床风化剖面的研究,揭示风化过程中微量元素的释放迁移行为以及对周围环境的潜在影响。

(2)应用连续提取方法,辅以直接的观察研究,对矿山废弃物、水系沉积物、土壤等进行系统的研究,以揭示重金属元素在选冶过程及随后的风化作用等地球化学过程。

(3)研究重金属在矿区地表水体－沉积物系统中的分布规律及其相互间的关联性,

探讨重金属流水作用下存在形态特征及迁移扩散机制,以揭示重金属在硅卡岩型多金属矿区特定水环境中的沉积沉淀和释放迁移等地球化学过程。

(4)通过分析土壤中重金属元素的存在形态,探讨重金属元素的生物有效性及其潜在危害。

(5)借助于风化矿石、土壤、沉积物中稀土元素和其他微量元素地球化学行为研究,探索这些敏感元素的行为差异,以示踪和揭示矿山活动过程中重金属的释放迁移地球化学过程及其扩散范围。

(6)研究重金属元素在植物-土壤界面间的吸收、转化和富集特征,为调整矿区种植结构提供指导和矿山生态环境修复选择适宜植物物种,特别是可能的超累积植物。

11.5.4 尾矿库生态修复与复垦技术研究

11.5.4.1 研究目标

研究我国金属矿山尾矿库生态修复与重建技术与方法,保护地表的绿色开采、尾矿库微生物复垦、构建尾矿库复垦环境安全监测与评价的理论体系等方面的关键技术。

11.5.4.2 研究内容

(1)菌根真菌对矿山尾矿库复垦的营养作用机理。应用微生物技术进行矿山土地复垦与生态恢复过程中的改良与修复。

(2)尾矿库超累积植物与适宜性植物的筛选。筛选出适合于尾矿库优势微生物菌种,筛选出超累积植物和适宜性植物。

(3)有色金属矿山尾矿库无土复垦技术与示范,建成有色金属矿山尾矿库无土复垦示范工程。

(4)尾矿库复垦后环境安全监测与评价的理论体系研究。进行尾矿库复垦前后环境安全的监测,并对监测结果做对比研究,提出尾矿库复垦后环境安全评价指标、评价体系及方法等。

11.5.5 尾矿库生态风险评价方法研究

11.5.5.1 研究目标

根据矿山规划的需求,以尾矿库复合生态系统为对象,研究尾矿库生态要素、生态结构、生态功能和生态风险的定量化评价方法与模拟模型,并开展应用示范,为尾矿库规划中协调尾矿库建设与生态环境,促进尾矿库发展与自然和谐提供基础性的尾矿库生态评价方法和技术手段。

11.5.5.2 研究内容

针对当前我国尾矿库导致的生态环境问题,研究尾矿库生态要素、生态结构、生态功能和生态风险评价方法。重点开展以下四个方面的研究。

(1)尾矿库自然、社会和经济生态要素辨识与评价方法。根据尾矿库规划的要求,研究尾矿库基础生态要素(自然因子、社会因子和经济因子)和尾矿库建设中面临的问题辨析及其空间异质性的生态评价方法和定量评价方法,建立尾矿库规划的主导因子识别方法,尾矿库重要生态要素的生态适宜性、承载力与阈值的评价准则与评价方法,为促进尾矿库建设与生态要素的协调提供基础技术。

(2)尾矿库生态结构评价方法与技术。研究尾矿库复合生态系统不同要素内部的结构关系,建立尾矿库生态结构的评价技术与模拟模型,为合理构建尾矿库生态框架提供依据。

(3)尾矿库生态功能评价方法与技术。研究尾矿库生态调节功能的评价方法与关键技术,为尾矿库生态规划提供技术支撑。

(4)尾矿库生态风险评价方法与技术。研究尾矿库发展过程中可能发生的生态环境问题及其危害,重点研究尾矿库生态环境退化、水资源污染、气象与生态灾害等风险评价方法,为全面认识尾矿库生态系统及其潜在危机以及预防途径提供技术支持。

11.5.6 尾矿库资源化关键技术基础研究

目前,我国尾矿利用数量不大,效果不够理想,从某种程度上讲,也是因为我们的科技进步对这项工作的支撑力度不够。特别是如何使科研成果尽快转化为现实生产力,科研与生产的衔接、系统配套等方面还存在不少问题,能为尾矿综合利用提供的实用技术太少。新中国成立以来,我们的采矿、选矿科研攻关进展较快,对矿山生产的支撑力度确实很大,但在专门研究尾矿利用方面缺乏系统性、完整性。过去,我们比较重视在选矿生产中对提高精矿品位、提高金属回收率的研究,应该说这本身也是对搞好尾矿利用的有力支撑。但尾矿利用不仅仅局限于这两个方面,还包括其他方面许多的研究。例如,多金属伴生尾矿有用元素的综合利用技术(不仅要提铁降硅,还要提取其他元素)、对老铁矿尾矿中有用元素的综合利用技术、赤铁矿综合利用技术、尾矿胶结充填采矿技术、尾矿库闭库后的高效复垦造田技术、尾矿农用技术等等,这些技术都需要专门研究,列出专题系统研究。在这方面过去重视不够,使尾矿利用仅仅局限在很小范围、很少矿种,利用效果不够理想。

11.5.6.1 研究目标

查明矿山资源特点及其可利用途径,从资源特点出发、经过试验研究、选择可供开发产品及主攻项目;与相关行业、专业、技术进行边缘杂交、互相结合,择优组合有关工艺、技术、设备,开发新产品,形成新产业,从而开发复合矿物原料新资源;并在这个过程中,逐步化解矿山历史上遗留下来的弊端和欠负,恢复或维护矿山生态环境,清除灾害隐患;增添物质财富,提高劳动就业率及人员素质;促进科技进步,开拓新用途、新领域,和谐创新,强国富民。

11.5.6.2 研究内容

(1)开展统计调查工作,加强尾矿综合利用统计。建立基础数据统计体系和报表制度。建立尾矿资源综合利用信息网络平台,逐步建立起尾矿的数据收集、整理和统计体系,建立尾矿排放、贮存及资源综合利用状况公报制度。重点掌握不同行业、不同特点的尾矿产生、贮存、排放情况和综合利用的重点领域、重点行业、重点企业及重点利用途径的基本情况和基础数据，为尾矿综合利用工作的长期开展和分阶段重点实施提供决策依据。开展金属尾矿环境污染现状调查工作，为开展尾矿污染治理工作提供决策依据。

（2）建立尾矿资源综合利用评价系统和评价机构。针对尾矿信息的复杂性、海量性、异质性、不确定性和动态性特点，采用系统设计方法，通过过程控制、数据驱动、层次分析等技术手段，研究构建集尾矿库信息管理、综合利用安全评价、综合利用方法和方案选择于一体的尾矿综合利用评价决策支持系统，对尾矿的资源性、综合利用的经济性、合理性、安全性和环境生态友好进行综合评价。

（3）尾矿综合利用中的理论基础与技术基础。开展多金属伴生铁矿尾矿有价元素综合利用技术、有色多金属矿尾矿中有价元素综合利用技术、铁尾矿老尾矿库中可选铁矿物的高效分选技术、贵金属尾矿中多元素综合回收利用技术、赤泥综合利用技术、富硅尾矿生产超耐久性尾矿高强混凝土技术、尾矿生产微晶玻璃技术、尾矿低成本生产建筑砌块技术、尾矿高效回填采空区技术、尾矿胶结充填采矿技术、尾矿农用技术等，并开发尾矿综合利用成套技术与成套装备。大力推进尾矿综合利用成套技术与成套装备示范与推广应用。

（4）建立尾矿综合利用产品标准体系。大力推进尾矿综合利用产品标准体系建设工作，建立健全尾矿综合利用产品的质量监督检测体系和污染防治技术标准体系，积极推进尾矿综合利用产品的推广应用工作。

11.6　展　　望

11.6.1　发展方向

尾矿库属于固体废物，我国固体废物污染控制工作起步较晚，开始于20世纪80年代初期。由于技术力量和经济力有限，近期内还不可能在较大的范围内实现"资源化"。我国于20世纪80年代中期提出了以"资源化"、"无害化"、"减量化"作为控制固体废物污染的技术政策，并确定今后较长一段时间内应以"无害化"为主。我国尾矿库处理利用的发展趋势必然是从"无害化"走向"资源化"，"资源化"是以"无害化"为前提的，"无害化"和"减量化"则应以"资源化"为条件。

目前，我国对于尾矿库的大量研究处于"无害化"阶段，并处在这个阶段的初期，尾矿库坝体稳定性分析、风险评价以及重金属污染问题等都属于这个阶段。因此，矿山尾矿的处理道路依旧有很长的路要走。要彻底解决尾矿库安全与环境的问题，尾矿资源化是最终必由之路，要实现尾矿资源化的目的，未来需要从如下方向努力：

（1）改变对尾矿的认识。尾矿库不是废物，而是资源，尾矿库将作为矿业发展的一个过程，退出历史的舞台。

（2）对尾矿成分的细分，分离出有害、无害成分。对于无害的组分，研究其工业利用的工艺；对于有害组分，确定其利用价值，研究回收工艺等。

（3）研究特定尾矿成分与作物（水果、药材等）之间的关系，培育出富含人体某种微

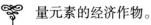

量元素的经济作物。

11.6.2　保障措施

可采取的保障措施如下：

（1）加强政府的政策引导和资金支持。

1）加强中央和地方财政对尾矿综合利用支持力度,研究制定尾矿综合利用专项扶持政策。推动将符合标准的、与政府采购密切相关的尾矿综合利用产品纳入政府采购政策扶持范围,拉动尾矿综合利用产品的消费市场;进一步体现"生产者责任制"原则,建立矿山环境治理和生态恢复责任机制,矿山企业按照规定足额提取矿山环境治理恢复保证金,加强尾矿库治理及环境修复。

2）启动尾矿综合利用示范项目。分别选择若干个资源濒临枯竭的大型矿山、生态环境破坏严重的大型矿山集中区域、尾矿库安全闭库后复垦已经有较好基础的矿山作为示范项目,进行复垦级别及高附加值大宗利用技术应用试点,国家从财政现有资金渠道、投融资政策等方面给予支持。

3）对于尾矿综合利用效率高的企业或项目在资源配置和土地使用等方面给予适当的鼓励。加大尾矿综合利用技术改造支持力度。通过国债专项资金、世界银行贷款、外国政府贷款和其他政策性银行贷款等多渠道融资,促进尾矿综合利用先进技术和成套设备的产业化,促进适用成熟技术的推广,特别是扶持高新技术产品的原创性开发、试验和生产。

4）建立尾矿减排责任制体系。对于已经建成的矿山,其尾矿新增贮存量增幅要逐年降低;对于新建矿山企业,其尾矿的综合利用率应大于20%;有条件的地方,要逐步做到尾矿综合利用与矿山开采和生态恢复"三同时"。鼓励将尾矿减排的任务纳入对企业绩效的考核;对于尾矿产出集中区和生态环境脆弱地区,将尾矿减排管理纳入对各级政府工作的考核体系。

5）以源头控制为导向,将尾矿综合利用若干基础科学问题纳入国家科学技术理论研究和基础研究项目重点范畴。夯实尾矿综合利用中的理论基础与技术基础,加强我国在尾矿资源综合利用方面的自主创新能力和原始创新能力。

6）通过国家高科技发展计划、国家科技支撑计划等渠道,加大对制约我国尾矿综合利用技术进步的基础理论问题、原始创新问题和重大共性关键技术研发的支持力度,建立尾矿综合利用科技支撑体系。

7）以原始创新带动集成创新,开发尾矿综合利用成套技术与成套装备。加强适用先进技术的引进、消化和吸收,形成自主创新与引进、吸收相结合。大力推进尾矿综合利用成套技术与成套装备的示范与推广应用。

（2）实施有效的监督管理。加强立法,明确尾矿产生企业的责任、义务,落实"生产者责任制",建立有效的政府监督管理机制。规范尾矿综合利用项目的审批制度,防止短期行为及其他不良后果。加大环境监督力度,防止二次污染。有关部门应相互协调、配合,推动规划的实施。地方主管部门应制定适合本地区情况的尾矿综合利用专项规划。对于限制开采矿种的尾矿中提取的金属量应纳入矿产资源规划确定的总规模进行统筹考虑,再确定开发利用方向。

建立尾矿综合利用后评估制度,不断总结经验,促进技术开发和先进适用技术的推广应用,提升尾矿综合利用水平,研究建立尾矿综合利用奖惩机制。

(3)加强宣传,提高尾矿综合利用意识。通过新闻媒体和社会舆论工具,广泛宣传有关尾矿综合利用的法律、行政法规及有关知识,转变企业生产观念,提高尾矿综合利用意识。对尾矿综合利用成绩突出的企业和项目大力宣传,发挥示范和带动效应。

(4)加大国内外交流力度,加大尾矿库相关的技术人才的培养。加强国内外交流与合作,引进和吸纳国外先进经验和适用技术,建立尾矿综合利用方面的技术和经验交流推广机制,促进尾矿综合利用产业良性循环,提升尾矿资源综合利用水平。

与尾矿库相关的人才是尾矿库治理和资源化的核心竞争力。建设一支尾矿库管理和研究人才梯队,对尾矿库环境与安全问题进行长期研究,是绿色矿业的需要。

12 物联网与矿山安全的前瞻研究

加强矿山的安全管理和矿山灾害预警与应急救援工作,把矿山灾害的不良影响与损失减少到最低程度,这不仅是矿山企业面临的重大问题,也是社会和国民经济可持续发展的重大问题。

建立与我国经济社会发展相适应的矿山安全管理与灾害预警系统、进一步加强灾害救助技术的研究与开发是保障矿山安全生产的基础,对国家的稳定发展、建立和谐社会具有特殊的意义。现有的矿山安全监控系统在一定程度上起到了减少事故发生的效果,但总的来说还存在很多不成熟、不完善的地方,特别是现有矿山安全保障系统的预警功能不强,基本上停留在报警而不是预警这样一个水平上,虽然各种灾害因子的监测和预报技术也有一定程度上的应用,但到目前为止还没有形成成熟的技术,没有成为一个完整预警系统的一部分。因此,构建新型的矿山预警救助技术平台,融合现有矿山安全监控监测系统,建立完善成熟的矿山危险因子检测、预警技术以及先进的安全生产管理技术,依然是亟待解决的问题。

12.1 物联网与智能矿山

国际通用的物联网的定义是:通过射频识别(RFID)、红外感应器、全球定位系统、激光扫描器等信息传感设备,按约定的协议,把任何物品与互联网连接起来,进行信息交换和通信,以实现智能化识别定位、跟踪、监控和管理的一种网络。

欧盟关于物联网的定义是:物联网是未来互联网的一部分,能够被定义为基于标准和交互通信协议的具有自配置能力的动态全球网络设施,在物联网内物理和虚拟的"物件"具有身份、物理属性、拟人化等特征,它们能够被一个综合的信息网络所连接。

实际上,物联网概念起源于比尔盖茨《未来之路》(1995 年)的一书,只是当时受限于无线网络、硬件及传感设备的发展,并未引起重视。随着技术不断进步,互联网、通信网发展到了较高的层次,国际电信联盟于 2005 年正式提出物联网概念,发布了《ITU2005 互联网报告:物联网》,指出"永远在线"的通信及其中的一些新技术:如 RFID、智能计算带来的网络化的世界、设备互联,从轮胎到牙刷,每个物体可能很快被纳入通信领域,从今天的互联网到未来的物联网预示着一个新时代的来临。但物联网的发展依然没有得到广泛关注。

直到 2009 年 1 月 28 日,在美国工商业领袖举行的"圆桌会议"上,IBM 首席执行官彭明盛(Sam Palmisano)首次提出"智慧地球"概念,希望通过加大对宽带网络等新兴技术的投入,振兴美国经济并确立美国的未来竞争优势。在获得美国总统奥巴马的积极回应后,这一计划随后上升为美国的国家战略,物联网再次引起广泛关注。物联网历经了 10 多年不被关注,如今得到欧洲联盟、日本、韩国等发达国家和地区的高度关注,并迅速上升为国家和地区发展战略,其背后有着深刻的国际背景和长远的战略意图。

从这个过程来看,物联网的提出,既有人类对物品信息网络化的需求,也有当前技术发展的推动,如传感技术、身份识别技术、通信技术、网络技术、海量数据分析技术等,但最终还是振兴经济这个大旗使物联网得到广泛追捧。物联网被称为世界信息产业第三次浪潮,代表了下一代信息发展技术,被世界各国当作应对国际金融危机、振兴经济的重点技术领域。

在物联网技术支持下的“智能矿山”是把各矿山生产现场作为数据采集源点,采用自动化数据采集设备(例如 RFID 标签、传感器),通过局域光纤网、GPRS/CDMA、微波通信网等传输手段,将井下测量的数据、设备人员的位置数据等矿井生产过程中产生的海量数据实时采集进入信息管理中心的数据仓库;按照科学的过程如数据模型进行数据的组织与管理,在此基础上通过大量的业务模型进行知识集成,通过应用智能识别、数据融合、移动计算、云计算等技术,进而支持金属矿山开采的综合研究、矿产资源分析等科学研究和在线模拟,完成生产实时诊断,科学研究的成果支持矿山生产的综合决策,决策信息反馈到生产制造现场进而完成环境监测、单元整合、过程模拟、参数优化和控制。运用物联网技术构建智能矿山,不仅可以实现跨地域协同工作,紧密连接生产经营的各个环节,还可以实现矿山生产与技术的整合、矿山数据集成、矿山状态自动监测以及地面建设全面信息化。同时,还可以利用 GIS 等技术建立虚拟的数字地质模型,实现矿山描述的可视化和互动性。

12.2 基于物联网的矿山安全

智能矿山作为一个综合矿山集成管理应用系统,待解决的问题众多,结构复杂,智能矿山的结构框图见图 12-1。

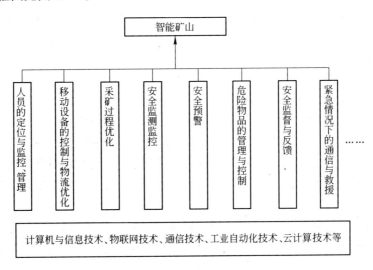

图 12-1 智能矿山的系统框图

从物理上来说,该系统的构建可分为四个部分:感知层、传输层、处理应用层、控制层。感知层是智能矿山系统的“皮肤”和“五官”,识别物体,用于采集信息;传输层主要负责将采集到的各方面信息从现场到中央处理中枢的传递;处理应用层即物联网与行业专业技术的深度融合,与行业需求结合,实现行业智能化;控制层响应经过数据分析、综合决策后的操作指令,用于实现智能矿山的智能、远程控制。图 12-2 为系统构成体系结构。

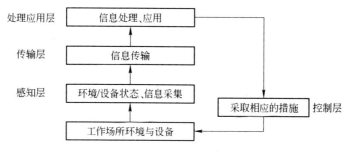

图 12-2　系统构成体系结构

12. 2. 1　感知层

感知层是各种信息采集装置和系统的总称,用于采集环境参数和生产设备运行状态。最主要的要求是信息采集的效率高、识别率高、可靠性好。主要包括:为实现人员、设备及移动设备、危险物品管理与定位的 RFID 标签,采集矿山地理信息所需要用的设备(如测量井巷与采空区实际空间情况的数字全站仪),采集矿山当前环境状态的传感器如测量风速的风速仪、测量井下有毒有害气体含量的传感器等,采集矿山安全状况的相关仪器如水仓水位及巷道顶板应力应变监测传感器、采场顶板稳定性及矿柱稳定性监测器、滑坡预测预报器、岩爆的声发射仪等。

一个工作面上信息采集装置的数量由任务的数量和完成任务需要的监测点数量决定。感知层的各设备没有决策权限。作为现场级的设备,不需要人机交互功能,其工作对于工作人员来说是透明的。

12. 2. 2　网络层

网络层主要负责将采集到的各方面信息从现场到中央处理中枢的传递。在此传输层主要考虑两个方面的问题:一是传输层网络的分布方式,由于矿山的情况较为复杂多变,选取合适的网络拓扑结构能减轻数据传输的负担、提高系统的可靠性和速度;同时要求该网络结构具有可扩充性,能随着矿山的开采而不断扩充。二是信号的传递方式,即矿山信息传输过程中采用的可靠的通信技术。矿山通信最根本的内容在于进行连续的、实时的数据传输。有两点内容需要加以研究重视:

(1) 通信系统的载体安全,针对采用有线通信还是无线通信有不同的安全要求。有线通信如同轴电缆、光纤的敷设安全、运行稳定性等;无线通信如广谱雷达等,应对其稳定性和对工作场所内人员的影响进行相应的评估,保证人员不会因此受影响。

(2) 通信系统元件的标准化。为保证通信系统在全矿范围内使用的可行性,应使该系统具有可加性、可变性和灵活性。不同的通信元件之间的不匹配必然导致通信系统的运行、发展和普及受阻。元件的标准化是一个重要的研究内容。

12.2.3 处理应用层

处理应用层是对信息进行合理适当的处理,并以直观的方式展现给管理人员,物联网与行业专业技术深度融合,与行业需求结合,实现行业智能化。主要要求是操作平台的人性化,各子系统的兼容性,操作平台操作方便易用,易于掌握和操作。数据定时被存储于数据库中,实现信息联网,功能齐全、稳定性好,减少了管理人员的工作量。

12.2.4 控制层

控制层主要响应经过数据分析、综合决策后的操作指令,如控制水仓水位、发出火灾警报等。用于实现智能矿山的智能、远程控制。

12.3 关 键 技 术

12.3.1 物联网

物联网理念指的是将无处不在的末端设备和设施,包括具备“内在智能”的传感器、移动终端、工业系统、楼控系统、家庭智能设施、视频监控系统等,和“外在使能”(enabled)的如贴上 RFID 标签的各种资产、携带无线终端的个人或车辆等“智能化物件或动物”或“智能尘埃”,通过各种无线和/或有线的长距离和/或短距离通信网络实现互联互通(M2M)、应用大集成,以及基于云计算的 SaaS 营运等模式,在内网、专网和/或互联网环境下,采用适当的信息安全保障机制,提供安全可控乃至个性化的实时在线监测、定位追溯、报警联动、调度指挥、预案管理、进程控制、安全防范、进程维保、在线升级、统计报表、决策支持、领导桌面(集中展示的 cockpit dashboard)等管理和服务功能,实现对“万物”的“高效、节能、安全、环保”的“管、控、营”一体化 TaaS 服务。

物联网的本质内涵是 3C(computation,communication,control)融合,是基于计算进程与物理进程深度融合的新计算模式,是计算、通信、控制与物理等多学科的交叉与融合。物联网的功能特征是全面感知信息、可靠传递信息和智能处理信息,以实现对物体实施智能化的控制与管理。

12.3.2 射频识别技术

RFID 是 radio frequency identification 的缩写,即射频识别,是一种非接触式的自动识别技术,它通过射频信号自动识别目标对象,可快速地进行物品追踪和数据交换。识别工作无须人工干预,可工作于各种恶劣环境。RFID 技术可识别高速运动物体并可同时识别多个标签,操作快捷方便。为 ERP、CRM 等业务系统完美实现提供了可能,并且能对业务与商业模式有较大提升。

RFID 技术诞生于第二次世界大战期间,它是传统条码技术的继承者,又称为“电子标签”。美国军方早在 20 世纪后半叶就开始研究 RFID 技术,目前这项技术已经广泛使用在武器和后勤管理系统上。美国在伊拉克战争中利用 RFID 对武器和物资进行了非常

准确的调配,保证了前线弹药和物资的准确供应。无线射频识别是一种非接触式的自动识别技术,它的工作原理:使用射频电磁波通过空间耦合在阅读器和进行识别、分类和跟踪的移动物品之间实现无接触信息传递并通过所传递的信息达到识别目的的技术。RFID 是一种利用电磁能量实现自动识别和数据捕获的技术,可以提供无人看管的自动监视与报告作业。

RFID 系统一般由阅读器、应答器和应用系统三部分组成,通过电波在响应媒介和询问媒介间传递信息。阅读器通过发射天线发送一定频率的射频信号,当应答器进入发射天线工作区域时产生感应电流,应答器获得能量被激活,应答器将自身编码等信息通过其内置发送天线发送出去,系统接收天线接收到从应答器发送来的载波信号,经天线调节器传送到阅读器,阅读器对接收的信号进行解调和解码后将其送到后台主系统进行相关处理;主系统根据逻辑运算判断该应答器的合法性,针对不同的设定做出相应的处理和控制,发出指令信号控制执行机构动作。

近年来,RFID 因其所具备的远距离读取、高储存量等特性而备受瞩目。目前包括沃尔玛在内的很多跨国公司已开始采用 RFID 技术辅助企业管理,同时,国外也有多家仓库采用 RFID 技术实现仓储自动化管理。据有关权威数据显示,射频识别产品在全世界的销量以每年 25.3% 的比例增长。RFID 系统组成包括:

(1)标签(tag,即射频卡)——由耦合元件及芯片组成,标签含有内置天线,用于和射频天线间进行通信。

(2)阅读器——读取(在读写卡中还可以写入)标签信息的设备。

(3)天线(内置)——在标签和读取器间传递射频信号。有些系统还通过阅读器的 RS232 或 RS485 接口与外部计算机(上位机主系统)连接,进行数据交换。

RFID 技术特征主要包括以下几个方面:

(1)数据的读写(read write)机能。只要通过 RFID Reader 即可不需接触,直接读取信息至数据库内,且可一次处理多个标签,并可以将物流处理的状态写入标签,供下一阶段物流处理用。

(2)容易小型化和形状多样化。RFID 在读取上并不受尺寸大小与形状之限制,不需为了读取精确度而配合纸张的固定尺寸和印刷品质。此外,RFID 电子标签更可往小型化发展与应用在不同产品上。因此,可以更加灵活地控制产品的生产,特别是在生产线上的应用。

(3)耐环境性。纸张一受到脏污就会看不到,但 RFID 对水、油和药品等物质却有强力的抗污性。RFID 在黑暗或脏污的环境之中,也可以读取数据。

(4)可重复使用。由于 RFID 为电子数据,可以反复被覆写,因此可以回收标签重复使用。如被动式 RFID,不需要电池就可以使用,没有维护保养的需要。

(5)穿透性。RFID 若被纸张、木材和塑料等非金属或非透明的材质包覆的话,也可以进行穿透性通信。不过如果是铁质金属的话,就无法进行通信。

(6)数据的记忆容量大。数据容量会随着记忆规格的发展而扩大,未来物品所需携带的资料量愈来愈大,对卷标所能扩充容量的需求也增加,对此,RFID 不会受到限制。

(7)系统安全。将产品数据从中央计算机中转存到工件上将为系统提供安全保障,大大地提高系统的安全性。

（8）数据安全。通过校验或循环冗余校验的方法来保证射频标签中存储的数据的准确性。

RFID 可以利用射频的方式进行非接触双向通信，实现人们对各类物体或设备（人员或物品）在不同状态（移动或静止）下的识别和数据交换。将射频识别技术应用于矿山管理，是通过建立一个具有完整性、实时性和灵活性的井下管理系统，实现井下管理信息化和可视化，同时提高矿山开采生产管理和作业安全的水平。RFID 技术的井下应用可行性表现为以下几种：

（1）操作可行性。读写器可以在 5 m 以上的距离实现对卡片的自动识别，符合井下作业设备力求简单、方便的要求。

（2）安全可靠性。RFID 采用射频技术，理论上不会对井下作业产生危险，该技术在国外金属矿中已经得到了应用，我国目前正在加快设备安全认证的步伐。

（3）设置可行性。矿井深度一般在 500 m 以下，读写器与后台操作可采用现场总线方式连接，把读写器设在井下工作车场平台、井上后台进行各项工作，可以解决设备布置问题。

（4）技术可行性。针对各巷道布点，安装读写器，实现人员管理和巷道管理的功能。

无线射频识别技术（RFID）是采用电子芯片进行非接触自动管理的一种先进技术，当出入人员佩戴装有射频识别芯片的身份卡通过门口时，无须任何操作，便可完成从身份识别、身份验证到通行记录的全过程操作。并可以和后台管理系统进行通信，为下井人员的安全管理提供实时、可靠的技术保证。

12.3.3　GIS 技术

地理信息系统（geographic information system 或 geo-information system，GIS）有时又称为"地学信息系统"或"资源与环境信息系统"。地理信息系统是在计算机软硬件支持下，把各种地理信息按照空间分布及属性，以一定的格式输入、存储、检索、更新、显示、制图、综合分析和应用的技术系统。其技术系统由计算机硬件、软件和相关的方法过程所组成，用以支持空间数据的采集、管理、处理、分析、建模和显示，以便解决复杂的规划和管理问题。

地理信息系统处理、管理的对象是多种地理空间实体数据及其关系，包括空间定位数据、图形数据、遥感图像数据、属性数据等，用于分析和处理在一定地理区域内分布的各种现象和过程，解决复杂的规划、决策和管理问题。

地理信息系统的特点有：

（1）GIS 的操作对象是空间数。空间数据包括地理数据、属性数据、几何数据、时间数据。GIS 对空间数据的管理与操作，是 GIS 区别于其他信息系统的根本标志，也是技术难点之一。

（2）GIS 的技术优势在于它的空间分析能力。GIS 独特的地理空间分析能力、快速的空间定位搜索和复杂的查询功能、强大的图形处理和表达、空间模拟和空间决策支持等，可产生常规方法难以获得的重要信息，这是 GIS 的重要贡献。

（3）GIS 与地理学、测绘学联系紧密。地理学是 GIS 的理论依托，为 GIS 提供有关空间分析的基本观点和方法。测绘学为 GIS 提供各种定位数据,其理论和算法可直接用于空间数据的变换和处理。

GIS 技术应用于金属矿山的主要目的是空间分析、空间决策支持。万事万物均处在一定的时空坐标系中,时间、空间和属性是地理实体的三个基本特征,时空分析是指用于描绘随时间动态变化的空间物体和空间现象特征的一系列技术,其分析结果依赖于事件的时空分布。

由于需求和描述对象的多样化,建模时需要考虑各种不同情况,集成多个动态模型,建立基于 GIS 的统一时空分析构架。例如,对空间地理事件的对比和评价可以用传统的 AHP 方法结合神经网络模型来综合评价;对空间地理事件的发展趋势如城市面积的发展演变可以通过事件驱动的仿真形式结合细胞自动机模型来描述;一些基于输入—输出的事件,例如时空经济分析等可以采用"黑箱"方法(如 Neural Networks 模型)或基于 CI 的混合方法等。同时,将对不同领域适用的空间分析模型组织整合到一个统一框架中,结合专家经验和先验知识,进行有效的组织、调度和通信,使其从环境接受感知信息,进行协同工作,执行各种智能决策行为,这也正是目前智能体(agent)所要研究和解决的问题,最终目标是使 GIS 与时空分析模型成为高度融合的时空决策集成平台。

12.3.4 计算机技术与云计算

计算机技术是物联网的计算工具和应用基础,为实现矿山安全管理的现代化、智能化,计算机技术的研究不可或缺。进入 21 世纪,计算机技术正朝着高性能、广泛应用与智能化的方向发展。适用于矿山安全的计算机技术的研究主要包括高性能计算、普适计算与云计算、数据库与数据仓库技术、人工智能技术、多媒体技术、虚拟现实技术、嵌入式技术、可穿戴计算机技术等方面。在此以云计算为例进行讨论。

云计算是网格计算、分布式计算、并行计算、效用计算、网络存储、虚拟化、负载均衡等传统计算机技术和网络技术发展融合的产物。它旨在通过网络把多个成本相对较低的计算实体整合成一个具有强大计算能力的完美系统,并借助 SaaS、PaaS、IaaS、MSP 等先进的商业模式把这强大的计算能力分布到终端用户手中。云计算的一个核心理念就是通过不断提高"云"的处理能力,进而减少用户终端的处理负担,最终使用户终端简化成一个单纯的输入输出设备,并能按需享受"云"的强大计算处理能力。云计算的核心思想,是将大量用网络连接的计算资源统一管理和调度,构成一个计算资源池向用户按需服务。

规模化是云计算与物联网结合的基础。对于矿山这一特殊行业,由于各矿山情况的特殊性,随着矿床类型、采矿方法、采选规模、初步设计的不同,一个矿山的安全信息及经验并不一定适合另一个矿山。且各矿山相对独立,各矿山的生产活动并不受其他矿山的影响,因而不大可能出现仅限于在金属矿山领域行业应用的云计算。

物联网的发展需要云计算等强大的处理和存储能力作为支撑。单个的矿山要利用物联网技术迅速、准确、智能地对整个矿山的各系统、人员和设备进行智能的控制管理,需要投入较多资金以实现数据处理、分析。对于资金相对较缺少的中小矿山,可以利用公共平台的公用云进行计算。

12.4　系统功能设计

12.4.1　人员的定位与监控、管理

12.4.1.1　系统设计原则

（1）要能够实现对井下工作人员进出的有效识别和监测监控，使管理系统体现出人性化、信息化和高度自动化。

（2）为矿山管理人员提供人员进出限制、考勤作业、监测监控等多方面的管理信息，在发生事故的时候，可以通过系统指导该作业面的人员及其数量，保证抢险的高效性。

（3）系统的设计要保证安全性、可扩容性、易维护性和易操作性。

12.4.1.2　系统工作原理

在井下坑道、作业面的交叉道口等重要位置安装人员定位分站，矿井工作人员随身携带人员识别标签，人员识别标签不断地发射载有目标识别码的无线电射频信号。当工作人员进入定位分站读取范围内的时候，接收天线收到人员识别标签发来的信号，信号经过读写器接收处理后，传送到地面计算机，从而实现目标的自动化管理。

12.4.1.3　系统设计特点

该系统自动化程度较高，并采用了较先进的通信系统，各通道的无线信息采集设备可以实时地将采集的信息发送到地面，整个过程不需要人为干预。由于使用了数据统计与信息查询软件，可以为高层管理人员的查询和管理提供全方位的服务。射频标签微型化，可以佩戴在工作人员的合适部位上，使用时间较长；定位分站具有备用电源，而且其天线没有方向性。此外，该系统还可以配置比较完善的异常报警呼叫系统。

12.4.1.4　系统的基本组成部分

系统主要由人员定位分站、人员识别标签、人员定位管理软件几部分组成。

（1）人员定位分站。由读写器、数据转换装置、电源和天线等组成，完成对人员身份的识别采集、处理，并与地面计算机进行双向通信等。

（2）人员识别标签。工作人员随身携带一个具有唯一电子编码的标签，定时发射射频信号，供分站处理识别。

（3）人员定位管理软件。实现对井下人员的跟踪定位信息的采集、分析处理、实时显示、数据库存储、报表打印等功能，并可以通过查询指令，来了解特定人员所处的位置等。

人员定位系统由主要标识卡、读卡器、网络传输系统、上位机与系统软件组成，标识卡由个人佩戴，设备定位与管理系统同人员定位与系统相同，共用读卡器、网络传输系统、上位机与系统数据库软件，以标识卡的不同分组来区分人与设备，标识卡悬挂或粘贴在设备上。

人员定位系统的扩充功能有：

（1）井下人员及重要设备查询及考勤功能。系统将 RFID 接收到的信息定时传送至远端监管中心 PC 中,可实时检测井下人员及重要设备的分布情况。通过操作平台软件可以查询各个 RFID 所在具体位置并根据需要迅速进行人员及设备的调配。同时,利用保存在 PC 机中的数据也可实现工作人员的考勤功能。

（2）安全保障功能。丢失报警:当工作人员工作超过规定时间或者超过规定位置,系统可自动报警并在操作平台上提供相关人员名单。

（3）救护搜寻。对矿难现场被困人员进行搜寻和定位,可以便于开展救护工作。

12.4.2 移动设备的控制与物流优化

目前,我国矿山井下机车定位主要以有线通信方式为主,对于有轨机车,目前采用最多的是定位继电器 + 有线通信的方式的实现。由于技术、成本与现场安装环境的限制,定位继电器无法高密度大量安装,所以只能在道岔、车站等少数关键位置实现定位,机车运行途中的精确定位无法实现;近年来,有些使用 Wi - Fi 或 ZigBee 技术进行定位的尝试,但由于这些定位技术的核心为基于对无线信号场强相对强弱的分析来实现定位,由于井下的特殊性,定位环境为链型的封闭巷道环境,难以像地面一样通过对多基准点的无线信号场强的测量与计算获得精确的定位。被定位物体在一个地点只能探测到 1~2 个基准点,现场环境中的遮挡、环境中的移动物体与电磁干扰导致定位精度很差,对移动机车的定位精度非常低。

系统将标识卡以 1~3 m 的间隔安装于井下巷道顶壁上,通过安装于矿用机车上的定位分站读取标识卡,定位精度可以达到 1~3 m。安装于矿用机车上的移动定位分站与固定安装在巷道中的矿用无线通信分站之间,采用无线以太网协议通信,可以支持视频、语音、数据等多业务,可以实时接收调度中心下传的各种指令,支持在机车上安装摄像机,实现移动机车上摄像机视频信号的实时无线上传;通过机车定位通信分站的串行通信或 I/O 端口,可将机车本身的运行监测数据实时无线上传。通过交通信号灯控制系统,地面调度中心可以根据机车位置情况实时控制道口的红绿灯。

对电机车、汽车等进行标识和定位后,进一步应该考虑物流优化的问题。运输环节是采矿工耗的重要因素,对于矿山汽车的调配、合理使用及其他决策性问题,开展物联网在矿井运输往返式运行系统的应用等方面研究。为进一步提高工效、降低成本,还需对整个运输系统进行改革,从技术、安全经济各方面谋求最合理的解决方案。

降低辅助运输的劳动强度和提高辅助运输设备的效率。主要研究和发展方向有以下几个:

（1）井下材料、设备和人员的运输设备的研制,特别注意采取辅助运输设备的研制;

（2）对于供料地点到井下用户运输线路中转载点最少的运输系统和设备的研制;

（3）对辅助材料不经转载直接运到用户的合理组织和最佳运输路线方案的研究;

（4）完善运输辅助材料的有轨运输设备,增加专用的辅助运输设备;

（5）需保证有充分的安全性能和有较高的技术经济指标;

（6）材料和设备从地面到井下工作地点尽可能进行无转载运输;

（7）辅助运输运送人员,应当解决的主要问题是:缩短至终点的运送时间,运行时,人员的疲劳度最小,安全和舒适度最高。

12.4.3　采矿过程优化

采矿过程优化主要包括以下三部分的内容。

12.4.3.1　井下工作计划安排

除了应用于人员跟踪,RFID 技术在此基础上还可以加以功能扩展。例如,通过安装在巷道和采掘面的读写器,可以进行井下工作计划安排。安装在巷道的读写器信息中除填写巷道的相关信息外,还记录巷道中采掘面数,操作员可对信息进行修改、添加、删除、查询及报表生成等操作。采掘面读写器中填写了与采掘面相关的信息。由于巷道信息中记录了采掘面数目,采掘面信息编号自动生成,并通过目录数形式在操作界面中显示,界面一目了然,操作非常简便。

功能描述:采掘面信息生成以后,就可以对其进行计划安排了。通过相关的公式计算,可以分别算出各班点所需人员数目。按工种分类,生成新的计划,同时自动选出符合要求的各工种人员,实现整个项目的时间、人员安排和参数设置。

作业安排流程:操作者在作业安排初始的时候可以选择默认参数设置和修改参数设置两种模式,前者采用默认系统设置参数,后者则可以手动调整所需参数。确定参数以后,系统通过相关公式计算自动生成该采掘面的计划表和计划时间,经系统处理以后判断是否有满足计划的人员需求,从而决定是否生成计划。

12.4.3.2　巷道安全管理

不同级别的人员可以进入的巷道权限各不相同。通过安装在巷道出/入口处的读写器对人员佩戴的电子标签进行自动识别;根据数据库中共设置的信息对巷道处的旋转门进行相应的控制,当人员允许进入时,自动门开;当人员不允许进入时,自动门关闭。对于来到巷道的人员记录都自动进行保存,以便查询和生成报表。

12.4.3.3　巡检管理

矿山经常需要管理人员及巡检人员到达现场进行监督和巡视,在一些巡检人员必须到达的区域安装 RFID 读写器,就可以记录巡检人员携带的标签号及巡检时间等,以达到监督巡检人员的巡视状况的目的。

12.4.4　安全监测监控

由于矿山安全信息是一种活跃的、动态变化的、与空间位置密切相关的信息,所涉及的数据信息量十分巨大,因此科学、高效地进行安全监测信息的采集并进行实时有效的信息管理就显得尤为重要。在矿山安全监测信息中,非常重要的内容是对井下人员进行实时动态的管理,能够及时掌握井下人员的数量、位置并对其实施有效调度,达到协调生产、提高效率的目的。地理信息技术和井下动态监测的电子产品有机结合,建立井下人员安全监测系统,采取直观友好的可视化技术和井下位置查询分析技术的支持,可使井下监测数据充分发挥效能。这样,不仅能够从电子地图上直观分析井下实际情况,动态地监测井下人员,实时查询不同目标的各种信息;而且在事故发生时,配合救护专家数据库进行GIS 空间数据分析,以最佳有效的方法寻找井下人员,把人员伤亡限制在最低线。

（1）矿山安全监测信息的采集。矿山安全监测信息所涉及的内容不论是其数量，还是类型、属性都应具有多样性和广泛性。总体来说，矿山安全监测信息可概括为三类：第一类是关于矿山有关空间点的位置的信息，它反映的是点的空间分布、相互关系及其状态，以及它们在时间和空间上的变化，如井下各种巷道中测量控制点的平面坐标及高程、井下巷道顶底板特征点的平面位置和高程、采区位置、井巷上覆岩层的岩性、倾向倾角大小、构造情况（如褶皱、断层分布、裂隙发育情况等）、瓦斯发生或突出点的位置；第二类是关于矿山井下巷道压力及其变化方面的信息；第三类关于矿井有毒有害气体、通风情况及其变化方面的信息。

（2）矿山安全信息的管理及利用。对于矿山安全监测信息来说，这是一种动态变化的、与空间位置密切相关的信息，主要需反映空间点位置的时空变化，所涉及的数据信息量十分巨大、种类繁多。

矿山安全监测监控主要包括以下几个方面的问题：

（1）监测监控：地下开采对顶底板、巷道的监测，井巷稳定性、采场稳定性的监测，地下开采过程中超前探测，溶洞、地下水的监测；

（2）露天开采边坡稳定性的监测；

（3）开发出矿山安全监控系统在线检测软件，研制出井下多功能防爆型测量设备和检测技术规范；

（4）矿山安全监测及信息化技术示范工程；

（5）矿山灾害监测，预警的信息化技术及 GIS、GPS 技术在矿山安全生产中的应用，区域数字矿山安全工程。

以实时监测有害气体的浓度数据为例，将气体传感器采集的数据（一般为有害气体，如甲烷）进行 A/D 转换后，保存在微控制器 MCU 中，数据经过井下网络传输，最终传送至监管中心 PC 的操作平台。计算机将气体浓度数据存入数据库，并进一步判断是否处于安全范围内，若超过规定阈值则自动报警。

12.4.5　安全预警

安全预警系统的目的在于对矿山情况进行监测和分析，对所采集到的结果分析后做出相应的预警反应，以避免造成人员伤亡。安全预警不仅可用于地压、突水、冒顶事故等的监测与预警，还可实现运输通道提醒行人避让及躲避、防灭火、供排水控制、爆破作业时警戒、人员撤离、封闭的采场巷道提醒人员勿入（声、光报警信号）等功能。

在此以地压安全预警系统为例（见图 12-3）。本系统由地压监测体系、预测分析体系、评价报警体系及地压灾害应急救援构成。采用声发射监测、应力应变监测实现地压实时监测，经传输层的通信系统通过综合分析与处理，并对监测数据进行保存与处理，预测模型体系对数据库中的数据进行非线性分析，预测发展趋势并输出分析结果，评价报警体系依据监测数据与预测分析结果进行单项与综合评价，数据超过限制则启动报警体系，对警情进行报警，经专家组决策，对警情采取控制措施。国内外的地压监测方法很多，目前应用于工程实际的有微震监测系统、光应力计监测、收敛位移监测、电磁辐射法监测、超声波监测以及常规的应力应变监测等。

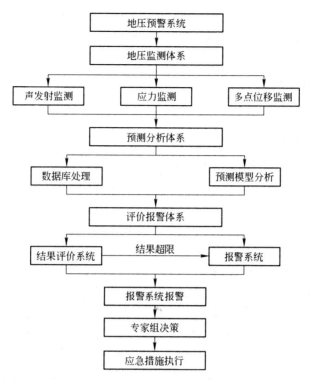

图 12-3　地压安全预警系统图

　　安全预警的另一项重要功能为安全保障功能,例如对危险及重要场所进行实时监控,禁止、警告人员进入危险场所;督促和检测瓦斯检测人员、温度检测人员、排风人员等是否履行职责;班末清点人员时,如发现人员丢失自动报警,并由操作平台提供相关人员名单;在突发事件时,可通过系统及时对井下事故现场被困人员进行搜寻和定位,及时获悉巷道作业人员的数量、位置、身份,保证抢险救灾和安全救护工作的高效运作。

12.4.6　危险物品的管理与控制

　　矿山生产过程不可避免地要用到危险物资,如爆炸器材、选厂药剂、煤油、柴油等。一旦管理不善或操作失误将产生严重的后果。在此以炸药为例进行说明。

　　矿山目前的炸药管理还停留在比较初级的登记领用状态,矿区内及井下爆破器材的运输、使用及残余爆破器材的处理等没有相应的管理技术手段。为对其进行有效的安全管理,以矿山企业从公安部门取得炸药为起始点,由矿山企业为领到的炸药加贴 RFID 识别标签,并进行相应后续领用、运输、下井等流程的管理至炸药按规程使用完毕,对未用完的残余爆破器材有相应的跟踪和监控,使用 RFID 标签对危险品生产、存储、运输、使用等过程进行信息记录,并通过网络技术保证信息的有效传输和实时显示,最终实现炸药在整个生命周期完全处于相关部门的有效监控和有效管理之内。

　　炸药的流向管理与人员定位系统可以协同工作,管理炸药的出入库、领用,领用人员的身份鉴别,使用炸药的火工人员的运行轨迹,放炮时间点危险区域内人员、车辆隔离等工作,实现安全生产管理的功能。

　　利用 RFID 技术建立一个网络化的动态危险品安全管理系统,不仅可以解决危险品管理混乱、危险品状态不准确、安全责任难以落实、在流通和使用过程中不易识别且不能保证信息的准确性的问题,克服传统管理技术的局限性,还可以确保危险品监管和监控的可操作性、实效性,规范危险品的市场秩序;确保需要定时检验的危险品按时检验,减少危险品过期带来的隐患;明确责任,一旦出现事故便于追查责任人;提高工作效率,降低劳动强度,提高企业竞争力。

12.4.7　安全监督与反馈

安全法律法规、矿山制定的安全规程只明确地要求了应该怎么做,但没有相应的监督、反馈和管理机制。大量的规程都涉及人、设备、运输工具与作业流程的协同操作,而对于规程的执行目前主要靠制度与人的自觉性,缺乏有效的监控技术手段。安全管理只有规定而无监督,无法从技术上保证安全规程的贯彻实行,安全管理较为无力,成效微薄。

为使矿山安全落到实处,应该从技术上加强矿山安全监督与反馈。基于物联网技术的智能矿山能实现技术层面的监督和管理,杜绝违规行为的发生。

以设备定位与人员定位的协同为例:通过设备定位系统自身具备的功能,可以实现对设备的位置、设备的维保、设备的数量乃至库存与备件的管理。通过与其人员定位及机车定位系统的协同,可以实现对设备巡检、设备操作、设备的运输等过程合规性的监控。辅助以无线/有线调度通信系统,地面调度人员可以做到实时合理地调度维修、运输、操作等人员,纠正违章操作;辅助以工业自动化系统,可以对设备的实时工况进行监测监控;辅助以视频监控系统,可以查看现场的视频情况。

以井下爆破的安全规程为例,通过本系统可以监控炸药的领用、运输、实施等各环节的合规性,对于爆破操作的现场环境、人员与设备条件进行监控与记录,对于违规或潜在的危险行为给出告警与纠正。

12.4.8　紧急情况下的通信与救援

矿山事故发生后搜救工作较为困难,与地面和井下工人的联系沟通不及时,井下人员工作及分布情况更新速度较慢,无法及时有效地掌握井下人员的具体位置。因此,在紧急情况下通信系统的可靠性、人员定位系统的及时性就显得尤为重要。

救灾决策问题最突出的特点是时间的紧迫性和后果的严重性。GIS 的综合优势是对各类信息进行图数结合的分图层管理模式,在信息应用方面是空间分析运用。本书根据井下人员管理信息化的需要,提出了基于 GIS 井下人员监测系统进行实时查询的设计思想,给出了实时查询的实现方法。这种方法的优点在于将井下人员空间信息的最新变化及时地反映在地图上,方便管理人员快速、直观地了解井下信息变化,为决策提供依据。

井下一旦发生危险,井下人员监测系统可以利用监测到的井下人员的位置信息,为紧急救援提供确切的救援路线。对遇险矿工搜救的基础资料进行整理,结合 GIS 其他相关图层的专业数据库,也为救护方案实施的可行性提供科学分析的依据。当然,将井下人员安全系统与救援专家数据相链接,达到智能化的 GIS 分析,为救援提供最佳方案是井下安全的更高追求。

结合物联网技术,为有效进行矿山应急与救援,矿井重大灾害应急救援关键技术研究显得十分必要,旨在以矿井重大灾害的应急救援关键技术为重点,攻克应急救援过程中灾

区探测、人员定位、通信保障、决策指挥、有效处置等方面的重大技术难题,自主开发关键
装备,初步建立矿井重大灾害应急救援的决策指挥体系、技术装备体系、技术规范体系,防
止继发性灾害发生,保障抢险救援安全,提高应急救援水平,为矿井重大事故灾难应急救
援提供技术、装备支撑。

(1) 矿井重大事故救援指挥辅助决策技术研究。进行矿井救灾适用性技术分析并建
立矿井重大事故的救灾应急预案体系,研究不同种类、不同规模矿井重大灾害事故对井巷
网络系统的破坏规律及波及范围进而开发灾害模拟分析系统,研制矿井监测系统通用型
数据采集技术与装备,研制融合矿井安全监测系统实时数据的矿井重大事故救援指挥辅
助决策软硬件系统。

(2) 井下灾区探测与灾害抑控技术与装备。研究井下灾区环境条件下混合气体光谱
分析预警技术与装备,头盔式低照度井下灾区图像的实时摄录技术与装备,大空间灾区大
流量惰气高效控灾技术与装备,井下灾区快速密闭、充填技术与装备。

(3) 人员遇险区域定位及救灾通信关键技术与装备。研究开发用于井下人员遇险及
正常作业管理用的矿井自组织无线精确定位网络系统,井下人员无线射频区域定位技术
及装备系统,矿井应急避灾引导信号系统,矿井无线救灾通信系统,岩体无缆应急救灾通
信技术与装备。

(4) 遇险人员快速救护关键技术与装备。研究开发小断面巷道快速掘进用防爆型自
带动力源小型装载机,轻质、高强度救灾用多级快速支护技术及装备,抗灾型快速排水技
术与装备,矿工自救用新型化学生氧药剂及长效、高可靠性自救技术与装备,初步攻克可
移动式井下救生舱的关键技术。

(5) 矿井重大灾害事故应急救援关键技术规范研究。分析不同救灾技术方案的合理
性,提出矿井重大灾害应急救援技术方案的制定条件与程序,研究建立矿井重大灾害应急
救援技术规范体系,提出需制定或完善的技术标准与技术规范框架,研究矿井应急救援现
场探测过程中数据采集分析关键技术规范,制定矿井应急救援装备的关键技术规范。

12.4.9　矿山新型通信技术与通信系统

我国矿井通信目前存在的主要问题:一是缺乏可靠的、覆盖面宽的移动通信系统;二
是通信系统的网络化、综合化程度不够;三是抗灾害、事故的能力差。目前,通信系统以有
线为主,一旦发生灾害事故,线路极易损坏,造成通信中断。矿山通信系统包括两部分:井
下通信系统和透地通信系统。井下通信系统现阶段多以有线方式通信,无线通信方式及
感应通信方式虽有一定应用但因技术问题还没有成为井下通信的主流。目前,处于研制
实验阶段的井下通信方式有:动力载波通信、感应通信(漏泄通信)、无线蜂窝(小灵通)通
信、超宽带通信技术、低频通信技术等。井下无线通信目前应该重点解决定向天线研究、
无源电磁中继、井下巷道电磁波吸收模型模拟等关键技术。透地通信技术是一项新出现
的技术,在国外如南非等国家从 20 世纪 60 年代就开始了低频透地通信的相关实验,我国
在此方面基本上空白,近年来随着国外低频透地通信技术的深入研究,国外一些公司已经
开发出一些商业化的透地通信技术,其中比较著名的是澳大利亚一家公司开发的 PED 应
急指挥系统。目前,我国还不具备这项技术,因此研究低频透地通信技术对于加强我国矿
山基础技术开发和打破国外技术垄断具有重要的意义。

无线/有线一体化调度通信已经成为今后的发展趋势。它是一种集井下移动通信、视频监控、人员定位、应急救援通信、工业以太环网、无线/有线一体化调度通信的六网合一的系统。系统采用模块化设计,方便用户对各子系统的选择与扩展。六网合一使系统的整体造价、设备线缆安装架设工程量、维护量大幅缩减,系统的扩展性大幅增强。集 VOIP 通信技术的优势,系统还具备应急通信的功能,系统支持多环多路由网络冗余,系统中任意一点的分站、光缆等设备发生故障或遇灾害损坏时,系统具有即时重构自愈功能,故障不影响系统的正常工作。系统中的手机具有脱网通信功能,即使井下某一段网络与地面的通信完全被中断隔离,井下的手机之间,仍然可以通过脱网通信功能发现在线的手机,并实现内部通话。

同时,由于信息联网,作为整个矿山的信息网的一部分,可以提供功能完善的数据库,随时调用该矿山在一段时间内的气体环境数据以及相关人员和设备的统计数据,以利于科学研究和对人员设备等进行管理。提供功能完善的数据库,包括:卡片人员、卡片车、卡片物数据库,阅读器信息数据库,人员、车、物计划数据库,人员、车进出记录数据库,物资流动记录数据库等等。可对历史记录和实时记录自动进行保存、分析、生成报表、打印等。

12.5　结　　语

在中国这样一个矿业大国,安全与生产的矛盾一直困扰着行业的健康发展。将物联网技术应用于金属矿山,将智能生产、智能安全、智能物流相协同,人、设备与环境相融合,上下级主管单位相融合,矿山与城市相融合,建立一个全面、综合、高效安全的系统,实现井下人员及设备定位、安全监控与预警、各项安全管理等诸多功能,从技术上解决矿山生产过程中面临的安全与生产问题。物联网在矿山安全中的应用是一个很有前途的研究方向。

另一方面,基于物联网技术的智能矿山是一个试图解决全矿所有安全问题的大型综合集成系统,由于其功能庞大,各系统的构建、系统间的匹配和兼容是一个很大的问题。同时由于物联网技术、适用于井下的射频识别技术发展还不够成熟,井下通信系统的全面性、有效性和经济性也有待提高,物联网技术在金属矿山安全方面的研究还任重道远。

13 金属矿山职业卫生的前瞻研究

13.1 职业卫生及其相关学科

当前,我国的职业安全卫生形势还相当严峻。我国现涉及有毒有害作业的企业已超过1600万家,接触职业危害的人数超过2亿,每年"显性"职业病报告病例达15000人左右。全国累计报告职业病达70多万例,其中尘肺病累计发病60多万例。此外,信息技术和高科技产业的发展,也带来了很多新型职业病病种。国家从2003年起,进一步理顺了职业卫生监管体制,明确国家安全生产监督管理总局负责作业场所职业卫生的监督检查工作,组织查处职业危害事故和有关违法行为。在各种技术风险因素中,职业危害是最严重的因素之一,从经济和社会影响的角度考虑,职业危害甚至高于工伤事故死亡。因此,加强职业卫生工作,发展职业卫生工程科学是现代社会的迫切要求。

国际劳工组织和世界卫生组织曾指出:"职业卫生旨在促进和维持所有职工在身体和精神幸福上的最高质量;防止在工人中发生由其工作环境所引起的各种有害于健康的情况;保护工人在就业期间免遭由不利于健康的因素所产生的各种危险;使工人置身于一个能适应其生理和心理特征的职业环境之中;总之,要使每一个人都能适应其工作。"

职业卫生工程科学是研究劳动条件对劳动者健康的影响以及研究改善劳动条件的一门学科。其学科的任务是:治理和评价劳动条件,而控制不良的劳动条件的根本措施是改进工艺,改进生产过程或采用一些工程技术措施,使劳动者不接触或少接触职业危害因素,从而实现一级预防。职业卫生工程科学是应用工程技术和有关学科的理论及实践来解决劳动者在生产中所面临的不利于人类健康的问题,创造良好的工作环境,保障工人健康,提高工作效率的一门综合性科学。其主要研究内容包括:消除工作环境中含毒、含尘气体和废气的处理技术,防暑降温、建筑物通风、采暖和空气调节工程,生产场所有采光和照明,生产噪声与振动控制,辐射防护,个体防护以及其他职业卫生有关的内容。

职业卫生工程科学的任务是运用通风、除尘、排毒、气体净化等工程技术措施,防止产生粉尘废气污染工作场所,经治理后达到有关健康标准,保证作业人员的身心健康,保护生产力。

职业卫生工程科学像其母体科学——安全科学技术一样,是一门交叉科学。安全与健康是人类生命过程不可分割的整体。职业卫生工程科学是人类健康重要保障科学条件之一。职业卫生工程是从预防的角度,采用工程技术措施,从"上游"以超前的策略来对付人类的健康危害。显然,它是人类健康保障对策中的一种措施、一个环节、一种技术,它必然与许多学科有着密切的关系。

职业卫生工程学的基础学科是物理学、化学、机械学、电子学和工程技术科学。职业卫生工程涉及的粉尘、噪声、辐射、光危害等是物理危害,工业废气、毒物等是化学危害,因此,要对其进行治理,必须以物理学、化学为学科基础,必须在其理论指导下进行。

职业卫生工程学是一门应用性学科。职业卫生工程科学是研究尘毒治理工程、噪声控制技术、辐射防护技术等具有工程技术特性的科学。因此,其学科性质表明它是一门工科性质的科学,是一种应用学科。

职业卫生工程与一般卫生学(如预防医学与卫生学中的环境卫生学、劳动卫生学等)存在如下关系:职业卫生工程科学的应用领域是指职业过程或称生产过程,而不含一般生活过程,所以在应用领域上职业卫生工程科学与一般卫生科学是有区别的;在学科任务上,职业卫生工程科学的研究对象显然不是人体(人体健康是学科的目的,不是学科对象),而是卫生本身(卫生的条件);职业卫生工程科学是典型的工程技术科学,而不具理科特性。但是,不管是职业卫生还是一般卫生科学,其目的都是为了人类的健康,在这一点上,职业卫生工程学科与一般卫生学科的目标是一致的。当然,由于一般卫生科学具有普遍意义,其一些基本的机理和规律对职业卫生工程技术有着重要参考和指导意义。如卫生学研究的工业尘毒危害机理,显然是尘毒治理的重要理论背景,是指导尘毒治理技术设计的重要基础数据。

职业卫生工程与职业病学存在如下关系:职业病的预防是职业卫生工程的最基本目标,从这一意义上讲,职业卫生工程科学与职业病学都具有一个共同的目的。同时,职业病学研究的成果是职业卫生工程的重要理论依据。从事物发展的过程上分析,职业卫生工程的作用是预防,职业病学的作用是医治,职业卫生工程具有超前预防、主动的意义,而职业病学是事后、被动的措施。因此,职业卫生工程科学与职业病学既有联系又有区别。职业卫生工程学的学科基础是物理、化学和工程技术等,职业病学的学科基础是生理学、毒理学等,它们担负着共同的社会责任,而来源于不同的学科基础,有各自的学科任务。

职业卫生工程科学的发展已经历了相当时期,随着科学技术的发展以及工业危害因素的不断变化和趋于复杂,职业卫生工程技术也要不断进步和适应。在未来发展过程中有如下问题和挑战:从技术角度,要采取技术防护措施、医学防护措施(康复、诊治、环境监测与健康临护等)和个体防护措施,达到三位一体;从系统工程的角度,要从职业卫生管理、职业卫生教育、职业卫生工程技术等方面采取系统对策。总之,只有采取综合、全面、系统及科学、合理、实用的对策才能使人类的职业健康水平得以提高。

13.2　金属矿山职业卫生主要研究方向

金属矿山职业卫生主要研究方向有:

(1)开展《矿山企业职业卫生、安全与健康法》研究。矿山企业作为职业危害及安全生产领域问题比较突出的行业,参考美国职业卫生法的模式,针对我国矿山企业职业卫生及安全现状,开展职业卫生与安全立法研究,通过法律等形式,加强和保障矿山企业的职业卫生及安全工作。

(2)开展全国矿山安全与健康基础数据库建设。通过政府协调,建立跨部门的联合工作机制,建立覆盖全国的矿山安全与卫生数据库系统,开展基础数据录入与研究工作,为掌握和有效开展矿山职业危害及安全工作提供决策和研究数据。

(3)建立矿山企业职业卫生标准体系。参考国家职业卫生标准体系,积极开展矿山企业职业卫生标准体系建设,可将标准体系分为基础标准、技术标准和管理标准,初步框架如图13-1所示。

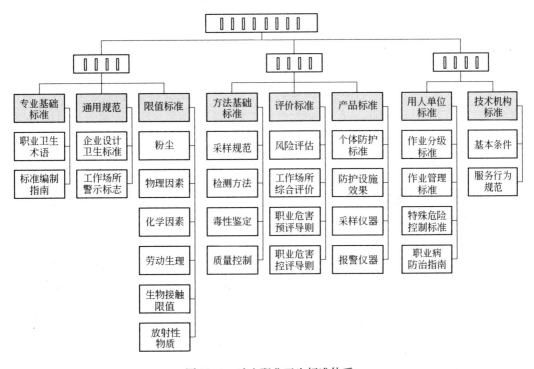

图 13-1　矿山职业卫生标准体系

（4）矿山环境遗传毒性物质暴露和效应评估关键技术。针对长期、低剂量暴露的遗传毒性物质和致癌风险,研发基于细胞试验和生物分子传感器的遗传毒性测试技术和模型,开发基于暴露和早期效应生物标志物的化学分析和毒性测试相结合的毒性甄别和诊断方法,发展多层次、特异、敏感的暴露与致癌风险评估体系,建立一套适合环境高危区的风险甄别的技术方法和风险评估的指标体系,引导环境遗传毒性物质健康风险评估的技术方向。

（5）矿井连续自动环境监测技术系统与设备。从我国矿山环境管理的重大需求出发,瞄准国际环境监测技术前沿,通过关键技术突破与技术集成,研发具有自主知识产权的空气、水质监测等连续自动监测技术与设备,并进行示范运行,为我国矿山环境监测提供有力的科技支撑。

（6）矿井空气生物性污染与控制研究。我国在此领域研究与国外相比有较大的差距,主要表现在研究面窄,国内的研究多数是空气中的细菌浓度、真菌浓度、种类等的调查,以及消毒剂灭活微生物的一般效果评价等,而生物气溶胶污染与疾病的关系、影响矿井空气生物气溶胶污染的因素和相关的基础研究、控制矿井生物气溶胶污染的方法和相关的基础研究等研究甚少,有的几乎没有开展。因此,建立矿井空气生物污染与控制的研究领域应重点解决以下问题:矿井生物气溶胶污染与疾病的关系、影响空气生物气溶胶分布规律的矿井气候、控制矿井生物气溶胶污染的技术、生物气溶胶检测仪和大流量空气微生物采样器的研制、规范矿井生物气溶胶研究方法和程序、基于环境与健康安全性的矿井空气消毒方法的评价与确定、影响矿井空气消毒效果及消毒剂残留的微环境因素、规范矿井空气消毒的研究方法和程序,从根本上预防和控制矿井生物性污染,改善空气品质,从而达到预防疾病的目的。

(7)矿井空气生物污染危害评价和控制技术研究。目前,用于室内空气生物污染控制的技术方法很多,如高效空气粒子过滤技术、紫外光杀菌技术、臭氧杀菌技术、纳米粒子消毒技术、等离子体杀菌技术、电离辐射杀菌技术等,但用于矿山开展相关研究的很少。理论和实验室研究结果,证明这些空气生物污染控制技术都能够有效控制空气的生物污染,但是,各自有不可回避的缺点。因此,在矿井空气生物污染预防和控制方面,目前应着重解决以下几个关键技术和标准问题:生物控制技术在矿山的适用性问题、矿井空气生物污染与矿井特殊地下结构之间的关系、矿井空气生物污染标准和监测技术标准、矿井空气生物污染控制的标准、评价控制技术的标准方法和标准。

(8)矿井多污染源的相互作用机理基础研究。采用流行病学和生物医学相结合的手段,全面、系统地研究矿井化学污染、微生物污染和颗粒污染对人的健康影响。进行长期的跟踪调查研究,建立翔实的数据库,进一步分析当前国内矿井空气品质问题中三类污染所占的比重,为今后研究指明方向;空气中各类污染物在时空上的形态的转换和作用;空气中颗粒和微生物污染的源解析机制研究,包括矿井颗粒物粒径和成分分布、来源和量化强度等;致敏源物质对过敏的影响研究;矿井空气质量标准相关的基础研究工作。如大规模、长期调查统计,准确的暴露剂量确定问题等等。

(9)作业场所职业危害评价分级关键技术研究。在对矿山作业场所粉尘、有毒物质、热害等职业危害因素进行识别评价的基础上,研究多种职业危害耦合作业场所的综合评价分级技术,建立相应的评价分级体系,为职业危害分级监管提供科学依据。主要研究内容有:

1)粉尘危害评价分级技术研究。建立我国尘肺发病的可接受风险指标;研究尘肺发病个人风险、可接受风险指标、作业场所工作人数、防尘技术措施水平与作业场所尘肺发病人数的关系,建立粉尘作业场所评价分级指标和方法。

2)毒物危害评价分级技术研究。根据矿山有毒作业场所分布、毒物危害整体水平和国家技术经济状况,采用宏观统计方法,给出矿山毒物作业场所职业危害的可接受风险指标;研究可接受风险指标、作业场所工作人数、防毒措施与作业场所中毒人数的关系,提出有毒作业场所评价分级指标和方法。

3)热害评价分级技术研究。通过不同矿井高温作业场所的性质、特点以及与热害致病关系的研究,结合开采、凿岩、机械、机电等作业性质特点和作业环境热害特点,建立深井热害作业评价分级指标和方法;研究不同深井作业的气候因素、环境条件、作业条件、作业人数等与高温作业危害风险的关系,建立热害作业场所评价分级指标和方法。

4)作业场所职业危害风险综合评价分级与控制技术研究。建立作业场所职业危害风险综合评价分级指标和方法;在作业场所职业危害风险综合评价分级的基础上,开展作业场所职业危害风险综合控制措施研究,制定作业场所职业危害分级控制规范。

(10)高危职业危害监测预警与防治关键技术研究。通过高危职业危害监测预警指标和预警模型的研究,建立矿山高危职业危害监测预警信息系统;研究粉尘对机体影响的综合评价技术,制定尘肺防治评价指标体系和方法。主要研究内容有:

1）粉尘职业危害综合防治策略研究。借鉴工业化国家粉尘职业危害防治的经验,开展粉尘职业危害综合防治对策研究,预测矿山粉尘职业危害发展趋势,提出适合我国国情的粉尘职业危害防治优选技术方法,以及矿山粉尘防治对策。

2）粉尘对机体影响综合评价技术研究。开展速发性硅肺早期诊断和早期防治技术的探索性研究以及尘肺大容量肺灌洗防治效果评价研究,提出尘肺综合防治效果评价指标体系和方法,从而为尘肺病的早期预防和控制提供科学依据。

（11）呼吸防护用品人机工效评价技术及装备研究。开展呼吸用具的人机工效研究,从人机工效学的角度提出呼吸防护用品设计、评价方法;研制开发复合型粉尘呼吸防护材料和装备,提高粉尘作业场所作业人员的个体防护能力,减少职业危害事故的发生。主要研究内容有:

1）呼吸防护用品人机工效设计与评价技术研究。运用人机工效学原理,从基础研究入手,提出呼吸防护用品人机适配性的设计方法。建立呼吸防护用品的指标体系,依据呼吸防护用品设计方法,结合阻尘或防毒效率、呼吸阻力、死腔等性能与结构指标,研究评价指标、评价流程、所需仪器设备、环境条件等,制定呼吸防护用品人机工效学设计与评价标准。

2）粉尘呼吸防护装备研究。开发具有良好的透气特性、较高的过滤效率、易于造型和价格适宜的防尘口罩复合滤料;通过人机工效学设计,进行鼻夹、呼吸瓣、固定带和过滤层的优化研究,开发复合型的低阻、高效、舒适、密封性好的新型防尘口罩。

（12）作业场所职业危害监管体系关键技术研究。在作业场所职业危害监管统计指标体系的基础上,建立符合我国矿山实际的作业场所职业危害监管模式以及监管信息系统。主要研究内容有:

1）作业场所职业危害统计指标体系研究。研究我国矿山作业场所职业危害统计体系,建立对作业场所职业卫生监管等工作具有指导意义的统计指标体系和统计方法,并开发形成具有统计分析功能的作业场所职业危害统计分析和信息管理软件。

2）作业场所职业危害监管模式研究。结合作业场所职业危害风险综合评价分级技术和作业场所职业危害监管现状,分析我国矿山现有作业场所职业危害监管存在的问题,与工业化国家职业危害监管模式进行对比,根据职业危害分布、现场检测数据、事故发生情况、违法处罚、职业病报告、监察力量、技术装备等参数,研究监管指标和监管模型,提出作业场所职业危害监管模式。

3）作业场所职业危害监管信息系统研究。针对作业场所职业危害分级监管的需求,开发适用于各级矿山职业卫生、安全生产监管的作业场所职业危害监管信息系统,实现监管手段的信息化。

13.3　金属矿山职业卫生分领域研究内容

13.3.1　矿山粉尘危害防治技术领域

在金属矿山生产过程中打眼、爆破、破碎、掘进、喷浆、运输等工序的作业,将会产生大量的粉尘粒子飘浮在生产环境的空气中,这部分粉尘称为生产性粉尘。

该领域主要研究方向有：

（1）开发高效、环保和低成本的新型化学抑尘剂。化学抑尘剂具有固结、凝并、吸湿、保水等多种功能，能有效控制和防止粉尘二次污染，是一种新型的粉尘技术与手段，目前国内外抑尘剂普遍存在的毒害性、腐蚀性等二次污染及难生化降解等问题，一直以来是世界抑尘领域的难题。由于矿山粉尘种类繁多，井下条件差异大，今后可开展特定区域、特定粉尘的专属化学抑尘剂的研发工作，并重点从环保、可降解材料领域开展研究。其研究成果还可适用于城市道路、建筑场地、车站、码头以及易产生粉尘的野外和室内环境，应用前景广阔。

（2）矿山粉尘特性对尘肺发生的毒理学关联研究。作业场所最常见的是混合性粉尘，粉尘中游离二氧化硅含量直接影响粉尘的毒性，现有粉尘毒理学研究已经建立一些粉尘测试和分析方法，可并展针对粉尘特性如表面构型、活性位点、粉尘的新鲜程度与包裹、粉尘致纤维化和致突变机制和能力评价等方面研究：

1）不同类型细胞对二氧化硅的反应差异很大，开展其差异性不同因素影响程度及联合作用机理研究；

2）开展新鲜粉尘的生物活性和致病性作用能力研究；

3）开展不同的表面位点或污染物影响各种自由基的产生和与抗氧化剂的反应研究，探讨其对影响粉尘的氧化活性作用；

4）粉尘中混合的其他成分对游离二氧化硅致纤维化能力具有增强或抑制作用机理研究。

（3）开展探寻合适的生物标志物识别接尘人群中易于罹患尘肺者（易感人群）研究。国内外已有研究表明，携带某些特定基因型的个体，患尘肺的风险性或尘肺的严重程度明显升高。目前，这些研究多局限于实验室研究阶段，今后，通过在较大人群中筛选更敏感的候选基因，检测其多态性标志，同时进行尘肺危险度预测和评定，避免易感个体进入粉尘危害严重的作业，可望达到主动预防尘肺病发生的目标。

（4）开展早期尘肺患者（识别潜伏期的患者）诊断方法及技术研究。国内外学者正探讨将正电子发射断层扫描技术、核磁共振技术等用于尘肺患者的早期识别和筛选；同时，通过研究与粉尘致尘肺有关的细胞因子与蛋白和免疫指标等在尘肺发生过程中的动态变化，探索尘肺发病的早期效应生物标志物，应用于接尘作业者的健康监护，更早识别亚临床患者。

（5）矿井微颗粒（粉尘）污染特性及控制技术研究。矿井环境中颗粒物的特征，包括物理、化学和生物特性以及行为；采用实验测量和数值模拟的方法研究矿井污染物的扩散，分析影响污染物的传播速度和空间分布的主要因素；开发可直接读数的仪器以便进行实时测量，即使在低浓度下也能精确识别和量化矿井某种污染物的浓度；开发用于科研和实测的颗粒物采样设备；矿井通风排尘；在不同的污染情况下对人员暴露和健康效应进行评价。

（6）矿井空气细颗粒物和气溶胶健康风险评估技术研究。针对井下粉尘污染的健康影响，建立一套综合集成采样、在线检测、暴露模拟的技术和设备，开发气溶胶远程在线监测系统；研究主要不同来源的细和超细颗粒物在大气环境中的表征特点，相关人群的暴露效应特点，建立不同来源颗粒物的相关人群健康风险预警的识别技术，开发中国人群颗粒物暴露研究的健康风险评价和预警技术。

（7）矿井大气颗粒物暴露、早期生物效应检测和诊断技术。研发大气颗粒物暴露和效应检测技术和设备，通过对典型地区易感人群和代表性普通人群的大气颗粒物暴露和效应标记物进行系统监测，结合大气细颗粒物健康影响机制研究，建立人群典型大气颗粒物暴露生物效应的暴露剂量－反应关系，开发重大人群疾病的典型大气污染物暴露早期生物效应指标和早期诊断方法。

（8）建立矿井作业人员颗粒物暴露研究的健康风险评价技术。选择典型矿山或采场，深入系统研究主要不同来源的细颗粒物及其所携带有毒污染物在空气中的特点、相关人群的暴露和效应特点，建立典型来源颗粒物的相关人群健康风险预警的识别技术，开发矿山作业人员颗粒物暴露研究的健康风险评价和预警技术。

（9）矿井微颗粒来源及变化规律研究。矿井空气中的颗粒物主要来源于凿岩、爆破和内燃机尾气等。开展炸药成分、爆破方式、炸药量及围岩等参数相互作用条件下的颗粒物产生及物理、化学特性之间的关系。分析内燃机在不同工作条件下微颗粒的排放规律。

13.3.2　矿山噪声危害防治技术领域

金属矿山开采过程中，凿岩、爆破、搬运、破碎等各个工序和环节都产生大量噪声，特别是对于地下有限空间来说，噪声的传播、叠加和反射，对井下作业人员的身体健康，特别是听力系统损伤尤为突出。噪声会损害人的内耳神经，影响听力。强度大、频率高的噪声，危害性就更大，超过 100 dB 的噪声在 2 h 内就能损害人的听觉，噪声还会影响睡眠和休息，分散注意力，影响神经系统、心血管系统、消化系统的正常生理功能，使人出现神经衰弱、血压不稳、心率加快、食欲下降等症状。

该领域主要研究方向有：

（1）噪声防护的职业接触人群听力损失的剂量－反应关系研究。金属矿山地下开采是在有限空间进行的工程作业，空间相对狭小，作业设备及工序产生的各种噪声强度大、持续时间长，对作业人员听觉系统损害明显，为有效保护工人听力，通过开展剂量－反应研究，掌握听力损失的量变质变规律，建立听力损失的噪声强度与暴露时间之间的函数关系，通过合理的工作机制，开展有针对性的预防措施，有效控制听力损失的临界作用，减少和预防噪声危害，减少职业病发生概率。

（2）开展噪声控制新技术研究——有源噪声控制技术研究。有源噪声控制的基本原理是声波的杨氏干涉原理，如在某噪声声场中，引入一个与原声场声波幅值大小相等，而相位相反的次级声波，使其产生的声波与原场的声波在一定区域内相互抵消，从而达到降低噪声的目的。针对金属矿山地下开采矿井各种噪声源的特点，通过理论研究与实践应用研究，发现选择、优化次生声波频率、幅度及强度等参数的规律。

（3）开展舒适、高效的噪声防护个体用品研究。目前，井下作业人员的噪声防护水平较差，一是普通矿工防噪声意识差，基本没有采取相应措施；二是采取的防噪声措施基本采用棉花团塞耳朵等简单措施，个体防护用品研究应结合矿井作业现场情况，可将安全帽与防噪声装置作为整体一起设计，提高噪声防护用品的使用率。

13.3.3 矿山电磁辐射危害防治技术领域

电磁辐射污染成为继废水、废气、固废、噪声污染之后的又一大影响环境的重要污染源。由于电磁辐射无形、无色、无味、无声,而且产生电磁辐射的各类设备常常与人们生产、生活息息相关,电磁辐射常被称为"充满柔情的空中杀手"。

电磁辐射危害人体的机理主要是热效应、非热效应和累积效应等。电磁辐射对人体伤害程度与下列因素有关:

(1) 电磁场强度。人体周围电磁场强度越高,人体吸收能量越多,伤害就越重,即辐射源功率越大,距辐射源越近,电磁场强度就越高,人体受伤害就越重。

(2) 电磁辐射频率。电磁辐射频率越高,机体的热效应就越明显,对人体的伤害越重,在相互作用下,脉冲波对人体的伤害比连续波严重。

(3) 电磁波进入机体的深度。电磁波进入机体越多,对人的伤害就越大,电磁波进入机体的深度与很多因素有关,如电磁波的波段、电流形式、电磁波进入机体的角度(入射角)、组织含水量与组织类别、组织的介电常数与电导率等。

(4) 照射时间。电磁场对人体的伤害具有累计效应,因此人体接受辐射的时间越长,间隔时间越短,伤害就越重。

(5) 周围环境。周围环境温度过高时,不利于人体散发由电磁能转化的热能,使机体内温度升高,电磁场伤害加重。

(6) 个体差异。电磁场对人体的伤害程度,随个体的不同而不同。

该领域主要研究方向有:

(1) 矿山开采电磁辐射产生及传播规律研究。随着矿山企业开采的机械化、自动化和智能化,各种生产设备产生各种电磁辐射,特别是地下开采问题尤为突出,在一般电磁辐射传播理论的基础上,针对井下巷道内有限空间的电磁辐射传播方式、强度变化、叠加效应以及衰减模式等特殊规律有待开展进一步研究。

(2) 矿山电磁辐射效应及防护理论研究。随着井下无线通信技术的全面应用,整个井下空间都存在电磁辐射,开展井下作业空间电磁辐射对人体的特殊生物效应机理,对积极开展对策研究具有重要意义,特别是井下存在的危险场所,如燃料、雷管、炸药库房等重点区域,应有针对性地开展电磁辐射危害程度和评价技术研究。

13.3.4 金属矿山氡及其子体防治技术领域

氡是以自由原子的形式存在于大气中的,经放射性衰变后成短寿命氡子体,人吸入氡子体可引起辐射危害。从我国72个金属矿井下氡子体浓度调查中大于3.7Bq/L的矿占34.6%,金属矿肺癌发病率增高是十分惊人的,已成为矿工的另一种主要职业性危害因素。矿工长期吸入较高浓度氡子体,在辐射量及受照时间达到一定量和年限时,可患肺癌,同时还可患支气管炎、支气管硬化和肺气肿等疾患;氡子体污染皮肤可发生皮肤癌。

该领域主要研究方向有:

(1) 金属矿山氡地质潜势及照射调查研究。目前我国金属矿山等地下场所氡、钍的照射问题突出,特别是高天然辐射背景地区、放射性伴生矿周围环境、高辐射地热矿山开发区氡浓度问题，目前还未得到政府的有效监管，也未引起社会的广泛关注，目前我国金属矿山还没有一幅完整的矿山氡浓度地质潜势图，相关部门应指定规范，组织开展全国金属矿山氡潜势地质普查，全面掌握我国金属矿山氡及其子体问题。

（2）开展矿山氡及其子体剂量学基础研究。在现有研究成果和剂量标准的基础上，根据不同金属矿山的氡及其子体的特点，开展剂量学研究，为有效预防和控制危害提供帮助。

（3）开展矿山氡、钍及其子体监测技术研究。自人类发现氡100余年来，对氡、钍及其子体的监测技术有了长足进步，目前主要问题是现有技术及测量仪器存在环境适应性和长期稳定性差、功能单一、自动化程度低等问题。为提供可靠、准确的氡、钍及其子体监测数据，建议将现代电子技术、信息技术、材料科学技术和加工制造技术应用于氡、钍子体监测仪器的研发并开展有关的应用基础研究。

（4）开展矿山氡及其子体监测、评价和治理等技术标准研究。

（5）开展矿山氡、钍射气甄别测量技术的研究。金属矿山也存在氡、钍浓度普遍较高的问题。由于氡、钍及其子体具有相对较短的物理半衰期，其监测技术难度非常大。研究开发便携、低成本的氡、钍子体浓度测量与估算测试系统，满足氡、钍子体暴露量流行病学调查及生物剂量学研究。

（6）开展矿山通风系统降氡技术研究。通风降氡作为一种常见而有效的方法，对金属矿山具有特殊意义。根据矿山井下开采实际需要，可开展矿山通风方式优化、动压通风降氡研究、通风降氡防护优化、矿山排氡风量计算等方面的研究。

（7）金属矿山氡及其子体职业危害调查。我国在20世纪70年代就注意到了非铀矿山地下工作场所氡的职业危害，开展了职业危害相关调查。结果表明，在我国各类放射工作人员中，非铀矿山人均个人剂量最大，超过剂量限值国家标准的比例较高。但是一直未开展全国性调查，非铀矿山放射性职业危害现状不清。专家认为，我国非铀矿山井下作业工人已经出现了一个尘肺发病高发期，如果不尽快采取有力措施，十几年以后还将面临另一个更加可怕的肺癌高发期。由此建议评价非铀矿山放射性职业危害及疾病负担，研究控制非铀矿山放射性职业危害的措施与方法，制定非铀矿山职业照射防护标准，以保障非铀矿山从业人员的职业健康。

（8）高放废液中发射性的防护措施。金属矿山矿石含有放射性物质或存在氡及其子体危害的矿井，在井下开采过程中，放射性矿物会进入矿山水循环系统，恶化井下作业环境和周边水系安全，针对矿山废水放射性危害应采取事前净化处理，降低或消除放射性危害。

13.3.5 金属矿山有毒有害气体防治技术领域

井下采矿作业是在受限的井巷中进行的。由于在采掘过程中，大量的炸药爆破、采用柴油机为动力的铲装设备以及矿岩和有机物氧化，使空气中氧的含量减少，并产生大量的CO、CO_2、SO_2 和 NO_x 等有毒有害气体。同时作业场所空间狭窄，空气流动性差，使作业场所空气质量降低。实验表明，当空气中氧的含量减少到17%，人们难以从事繁重体力劳动；当空气中氧的含量减少到15%，就会丧失劳动能力。而超标的有毒有害气体可能严重危害人们的身体健康和生命安全，必须引起足够的重视。

该领域主要研究方向有:

(1)研制新型炸药和完善现有炸药配方。近年来,国内外研制了许多用于金属矿山的新型炸药,在研制炸药的组合时,不仅要考虑它的氧平衡问题,还应考虑它最终反应完成的程度和途径。对于配制混合炸药,要尽量使炸药组分的化学活性相同或相近,这样反应速度相差不大,分解产物就可能充分相互作用,从而降低毒气量。

(2)优化井下爆破方式、合理选择参数。合理选择炸药类型,选择与本矿山矿岩性质相吻合的工业炸药,避免炸药爆炸后,爆炸气体与矿岩中的某些元素相互作用,而生成一些有毒有害气体,如 SO_2、H_2S、CO 等;研制安全有效、质量可靠的起爆器材,避免炸药的半爆和爆燃;优化爆破参数选择,优化孔底起爆技术,合理确定堵塞长度,控制炸药的包装材料,降低毒气量,研制新型水封爆破的液体配方,吸收和降低空气中有毒有害气体浓度。

(3)加强金属矿山开采非爆工艺研究。积极进行井下采矿的水力采掘工艺研究及应用技术开发;探索井下作业方式的物理切割技术开发,减少爆破作业数量。通过这些新工艺的投入生产,从源头减少有毒有害气体的产生,实现井下作业的"无烟化"开采。

(4)井下无轨采矿方法的"电气化"改造研究。随着无轨设备的大量投入地下矿山的开采作业,运输车辆、铲运机等以燃油为动力的设备产生大量有毒有害气体,严重污染井下空气,降低氧气浓度,恶化作业环境,通过进行电气化改造技术研究,实现尾气"零排放",基本消除井下有毒有害气体危害。

(5)井下有毒有害气体监测网络技术应用研究。构建井下作业区有毒有害气体监测网络,通过实时显示及数据传输技术,实现井下环境的动态监测,为井下通风网络的有效运行、通风排烟、人员警示发挥不可替代的作用。

(6)研制井下典型空气污染物净化关键技术与设备。主要包含几个部分:

1)特征污染物现场快速检测功能材料;

2)特征污染物现场快速诊断方法及试剂盒技术;

3)特征污染物便携式检测技术及设备;

4)特征污染物在线式检测技术及设备;

5)特征污染物现场快速检测技术系统;

6)作业场所空气污染物的解析与调控技术;

7)新型独立空气净化器和适用于主扇风洞的空气净化单元样机的研制。

(7)突发性井下空气污染事件模拟与风险控制技术。针对井下火灾、爆炸、泄漏等突发性井下空气污染事件,研究特征污染物的监测、风险场模拟与预警、风险源控制与处置、风险评估与后处置等内容,通过技术集成,为矿山突发性空气污染事件风险控制提供技术支持。研究内容有:

1)突发性空气污染事件特征污染物的监测技术。开发传感器和数据传送处理技术,形成突发性大气污染事件特征污染物监测技术体系。

2)突发性空气污染事件模拟及预警技术。研发突发性大气污染事件污染扩散动态仿真模拟技术,建立大气环境风险场预警指标体系,形成突发性大气污染事件预警技术平台。

3）突发性空气污染事件风险源控制及处置技术。研发突发性大气污染事件风险源规避技术,开发突发性大气污染事件发生后事故源快速封堵、污染物快速削减和防止污染物扩散等处置技术。

4）突发性空气污染事件风险评估及后处置技术。研发突发性大气污染事件风险评估及后处理技术。

5）突发性空气污染事件的分类预案。针对爆炸、泄漏等典型突发性空气污染事件,构建典型空气污染事件分级应急预案体系。

14 海洋采矿的安全与环境的前瞻研究

14.1 深海采矿技术综述

14.1.1 海洋矿产资源

深海底包括了国际海底区域和部分国家管辖的陆架区(包括法律大陆架)。深海的战略地位根植于其广阔的空间和丰富的资源。深海底资源包括:

(1)分布于水深4000~6000 m海底,富含铜、镍、钴、锰等金属的多金属结核;

(2)分布于海底山表面的富钴结壳和分布于大洋中脊和断裂活动带的热液多金属硫化物;

(3)生活于深海热液喷口区和海山区的生物群落,因其生存的特殊环境,其保护和利用已引起国际社会的高度重视;

(4)目前主要发现于大陆边缘的天然气水合物,其总量换算成甲烷气体相当于全世界煤、石油和天然气等总储量的两倍,被认为是一种潜力很大、可供开发的新型能源。

深海将成为21世纪多种自然资源的战略性开发基地,可能形成包括深海采矿业、深海生物技术业、深海技术装备制造业等产业门类的深海产业群。

过去几十年来,有关深海底资源的知识迅速发展,不但将显著地增加世界的资源基础,而且有可能为世界未来带来可观的经济收益。新发现的资源大多是在国家管辖范围之外的国际海底,其中一些比任何陆地矿床都更丰富。为此,组织和管理国际海底区域勘探与开发活动的国际海底管理局正致力于有关规章的制定工作。国际海底管理局已于2000年通过了国际海底区域内多金属结核探矿和勘探规章,之后还为多金属硫化物和富钴结壳制定一套类似的探矿和勘探规章。

14.1.2 多金属结核

14.1.2.1 结核的矿物性质

多金属结核是1868年首先在西伯利亚岸外的北冰洋喀拉海中发现的。1872~1876年,英国"挑战者"号考察船进行科学考察期间,发现世界大多数海洋都有多金属结核。

多金属结核又称锰结核,系由包围核心的铁、锰氢氧化物壳层组成的核形石。核心可能极小,有时完全晶化成锰矿。肉眼可见的可能是微化石介壳、磷化鲨鱼牙齿、玄武岩碎屑,甚至是先前结核的碎片。壳层的厚度和匀称性由生成的先后阶段决定。有些结核的壳层间断,两面明显不同。结核大小不等,小的颗粒用显微镜才能看到,大的球体直径达20多cm。结核直径一般在5~10cm,大小如土豆。表面多为光滑,也有粗糙、呈椭球状或其他不规则形状的。底部埋在沉积物中,往往比顶部粗糙。

结核位于海底沉积物上,往往处于半埋藏状态。有些结核完全被沉积物掩埋,有些地方照片没有显示任何迹象,却采集到结核。结核丰度差别很大。有些地方结核鳞次栉比,遍布70%的海底。但一般认为,丰度须超过 $10\,kg/m^2$,在不足 $1\,km^2$ 的范围内,平均丰度要达到 $15\,kg/m^2$,才具有经济价值。结核在不同深度海底都存在,但4000~6000m深度赋存量最丰富。

化学成分因锰矿的种类和核心的大小和特征不同而异。具有经济价值的结核主要成分大致为锰(29%),其次为铁(6%)、硅(5%)和铝(3%)。最有价值的金属含量较少:镍(1.4%)、铜(1.3%)和钴(0.25%)。其他成分主要为氧和氢,以及钠和钙(各约1.5%)、镁和钾(各约0.5%)、钛和钡(各约0.2%)。

14.1.2.2 富钴结壳

富钴铁锰结壳氧化矿床遍布全球海洋,集中在海山、海脊和海台的斜坡和顶部。数百万年以来,海底洋流扫清了这些洋底的沉积物。这些海山有一些和陆地上的山脉一样大。太平洋约有50000座海山,其富钴结壳贮存量最丰,但经过详细勘测及取样的海山却寥寥无几。大西洋和印度洋的海山要少得多。

结壳中的矿物很可能是借细菌活动之助,从周围冰冷的海水中析出沉淀到岩石表面。结壳形成厚度可达25cm,面积宽达许多平方千米的铺砌层。据估计,大约635万平方千米的海底(约占海底面积1.7%)为富钴结壳所覆盖。据此推算,钴总量约为10亿吨。

结壳无法在岩石表面为沉积物覆盖之处形成。结壳分布于约400~4000m水深的海底,多金属结核则分布在4000~5000m水深的海底。最厚的结壳钴含量最为丰富,形成于800~2500m水深的海山外缘阶地及顶部的宽阔鞍状地带上。

除钴之外,结壳还是其他许多金属和稀土元素的重要潜在来源,如钛、铈、镍、铂、锰、磷、铊、碲、锆、钨、铋和钼。结壳由水羟锰矿(氧化锰)和水纤铁矿(氧化铁)组成。较厚结壳有一定数量的碳磷灰石,大部分结壳含少量石英和长石。结壳钴含量很高,可高达1.7%;在某些海山的大片面积上,结壳的钴平均含量可高达1%。这些钴的含量比陆基钴矿0.1%~0.2%的含量高得多。在钴之后,结壳中最有价值的矿物依次为钛、铈、镍和锆。

14.1.2.3 热液硫化物

1979年在北纬21°下加利福尼亚(墨西哥)岸外的东太平洋海隆,科学家在勘探洋底时发现位于硫化物丘上的烟囱状黑色岩石构造,烟囱涌喷热液,周围的动物物种前所未见。后来的研究表明,这些黑烟囱体是新大洋地壳形成时所产生的,为地表下面的构造板块会聚或移动和海底扩张所致。此外,这一活动与海底金属矿床的形成密切相关。

在水深至3700m之处,海水从海洋渗入地层空间,被地壳下的熔岩(岩浆)加热后,从黑烟囱里排出,热液温度高达400℃。这些热液在与周围的冷海水混合时,水中的金属硫化物沉淀到烟囱和附近的海底上。这些硫化物,包括方铅矿(铅)、闪锌矿(锌)和黄铜矿(铜),积聚在海底或海底表层内,形成几千吨至上亿吨的块状矿床。一些块状硫化物矿床富含铜、锌、铅等金属,特别是富含贵金属(金、银)的事实,近年来引起了国际采矿业的兴趣。在已没有火山活动的地方,也发现了许多多金属硫化物矿床。

科学家在对海底硫化物作了近1300项化学分析比较后发现,位于不同的火山和构造环境的矿床有不同的金属比例。与缺少沉积物的洋中脊样品相比,在弧后扩张中心的玄武岩至安山岩环境生成的块状硫化物(573个样品)中平均含量较高的金属有:锌(17%)、铅(0.4%)和钡(13%),铁含量不高。大陆地壳后弧裂谷的多金属硫化物(40个样品)的含铁量也很低,但通常富含锌(20%)和铅(12%),而且含银量高(1.1%,或2304 g/t)。总的来说,各种构造环境的海底硫化物矿床的总成分取决于这些金属是从什么性质的火山岩淋滤出的。

在弧后扩张中心的硫化物样品中发现金的含量甚高,而洋中脊的矿床中金的平均含量只有1.2 g/t(1259个样品)。劳弧后海盆硫化物的含金量高达29 g/t,平均为2.8 g/t(103个样品)。在冲绳海槽,位于大陆地壳内的一个后弧裂谷的硫化物矿床含金量高达14 g/t(平均为3.1 g/t,40个样品)。对东马努斯海盆的硫化物进行的初步分析表明,含金量为15 g/t,最高达55 g/t(26个样品)。在伍德拉克海盆的重晶石烟囱中发现高达21 g/t的含金量。迄今发现的含金量最丰富的海底矿床位于巴布亚新几内亚领水内利希尔岛附近的锥形海山。从该海山山顶平台(基部水深1600 m,直径2.8 km,山顶水深1050 m)采集的样品含金量最高达230 g/t,平均为26 g/t(40个样品),10倍于有开采价值的陆地金矿的平均值。

14.1.2.4 海底天然气水合物——可燃冰

海底天然气水合物是一种由气体和水合成的类冰固态物质,具有极强的储载气体的能力,一个单位体积的天然气水合物可储载100~200倍于这个体积的气体储载量。天然气水合物中的有用组分主要为甲烷,此外还含有少量的H_2S、CO_2、N_2和其他烃类气体。

发育天然气水合物的地点主要分布在北半球,以太平洋边缘海域最多,其次是大西洋西岸。从构造环境来看主要分布于大陆边缘:一类是分布在被动大陆边缘的大陆斜坡和坡脚,另一类是分布在活动边缘增生楔发育区。近年已通过钻探发现和根据海底模拟反射层推测的天然气水合物地点有57处,其中太平洋25处,印度洋1处,北极海6处,南大洋6处,大西洋17处,湖沼区(黑海、贝加尔湖)2处。但是对占大洋大部分面积的深海洋盆中的天然气水合物分布情况目前还知之甚少。造成这种情况的原因在于目前所从事天然气水合物调查的区域还没有涉足洋盆。

与常规天然气气田储量相比,海底天然气水合物中潜在天然气资源量极其巨大。另外,海底天然气水合物作为潜在地质灾害与全球气候变化的不稳定因素也引起了科学界的高度关注。

14.1.2.5 其他

除了上述几种资源外,深海中还有许多有重要价值的矿产资源,例如:

(1)磷酸盐。形成于中等水深的结核状磷灰石和团块状的磷酸钙,主要存在于外陆架边缘或孤立的陆地上。大多数产地沿着美洲西海岸和非洲海岸呈线状分布,不过也有若干其他的远景区。美国在其加利福尼亚滨外,对磷钙土已做过广泛的勘探。20世纪80年代在新西兰附近的查塔姆海隆也做了探查,那里的结核在一个长160 km、宽16 km的地带内,产于大约400 m水深处。

（2）深海黏土。深海中的黏土矿物是潜在的建筑材料和工业用料,它的储量是异常巨大的,与其他海洋资源相比,其开采运输技术简单得多。日本等国已经开始探索性地开发深海黏土矿物资源,并已试制成产品。从环境的角度考虑,人类将来对深海中的黏土和碳酸盐的利用恐怕要早于和大于其他金属矿产。

（3）碳酸盐。现代海洋碳酸盐沉积和碳酸盐岩可部分用作建筑材料,主要用于生产水泥。各种海洋生物从海水中吸收碳酸盐进入他们的介壳和组织中。

（4）海水中的溶解矿物。海水中溶解有大量的具有经济价值的化合物或金属单质,例如氯化钠、溴、铀等。海水中相对含量较高的化合物已促使人们加强研究用离子交换法直接从海水中提取金属,或者通过藻类海水养殖法间接取得。

14.1.3　近岸海底矿产资源

14.1.3.1　煤、铁等固体矿产

世界许多近岸海底已开采煤铁矿藏。日本海底煤矿开采量占其总产量的 30%;智利、英国、加拿大、土耳其也有开采。日本九州附近海底发现了世界上最大的铁矿之一。亚洲一些国家还发现许多海底锡矿。已发现的海底固体矿产有 20 多种。我国大陆架浅海区广泛分布有铜、煤、硫、磷、石灰石等矿。

14.1.3.2　海滨砂矿

海滨沉积物中有许多贵重矿物,如金红石、铌、钽、锆铁矿、锆英石、黄金、白金和银等。我国近海海域也分布有金、锆英石、钛铁矿、独居石、铬尖晶石等经济价值极高的砂矿。

14.2　深海开采技术

目前,深海开采对象主要有多金属结核、富钴结壳、热液硫化物、石油以及天然气水合物。其中,对石油的开采早已实现商业化。而对多金属结核、富钴结壳等矿产资源的开采技术虽然从 20 世纪 60～70 年代就已开始研究,但是其研究仍集中于理论实验研究和深海开采技术研发储备,距离大规模商业开发应用还尚有时日。而且深海开采技术研究的复杂性、系统性以及多学科性足以媲美航天技术的研究与发展,甚至更甚于研究航天技术。这也意味着深海开采技术从理论研究、设计到实际应用的过程的艰难性。

深海采矿与陆地采矿不同,因为必须用遥感技术在水下作业,由海面浮式平台控制。视矿床性质而定,矿物在作业的每个阶段都经筛选,尾砂作为废物抛弃。每种矿床都不同,可利用技术也会有所不同。

迄今为止,尚未在水深超过 200 m 之处就固体矿物的商业回收进行持续作业。但对于可轻易从海底采集的多金属结核,在水深 5000 m 处对集矿系统的试验表明,开采多金属结核或类似矿床不存在技术障碍。另外,对于需要破碎的矿床,采矿技术的设计尚在探讨中。现已提出若干富钴结壳和热液硫化物表层矿床开采系统,但在收集个别矿床的更详细资料之前,这些系统的效率纯属猜测。钻探能力提高及在管道铺设技术和深海油田生产方面取得的进展极大增强了现有采矿技术能力,但需要按照开采硬矿床所要求的高

选择性采掘工艺作出重大调整。

除了结核采掘技术这一明显例外，目前大多数海底勘探和开发技术都用于浅水区，其用途随着需要而扩大。因此，今后很可能通过改进许多其他工业采用的传统系统来弥补深海底采矿技术的一些现有差距。最终成果可能包括：新钻探系统；改进开发所需能量的转移；增加原料的海底加工量；以湿法冶金工艺（如浸滤法）通过钻孔分异回收预选金属。

14.2.1 国外深海采矿技术发展

国外对深海采矿系统的研究比较多。深海开采系统的研制最开始是为了开采海底多金属结核。随着海底富钴结壳与热液硫化物的发现，也开始了对富钴结壳与热液硫化物开采系统方案设计的探讨与研究。

目前，多金属结核的开采技术可行性已得到验证。以下则是多金属结核开采技术发展过程中具有标志性意义的成果：

（1）拖斗式采矿系统。该系统由美国加利福尼亚大学 Mero 教授 1960 年提出，由采矿船、拖缆和铲斗三部分组成。其后虽有人在单斗基础上提出了双斗采矿的改进系统，但因该系统难以实现商业价值，研究工作未持续展开。

（2）连续绳斗法采矿系统（CLB 采矿法）。1967 年，日本孟田善雄根据河道疏浚设备的作业原理，提出了单船采矿系统。1973 年初，法国提出了双船采矿系统。这两套系统均由采矿船、拖缆、索斗和牵引机等部分组成。1968 年和 1970 年，日本住友商事社等单位分别在 1410 m 水深和 3760~4500 m 水深进行了单船采矿系统开采试验，取得了预期效果。试验完成后，由来自日本、法国、美国、德国等的 20 余家公司组成了 CLB 采矿法国际协会，并于 1972 年 8 月在北太平洋进行了一次目标为日产结核百吨级的试验，但仅采到十余吨结核。双船采矿系统的详细试验计划由法国等在 1973 年 9 月至 1974 年 5 月完成，因经费问题计划最终被放弃。CLB 采矿法存在铲斗在海底不能得到有效控制、作业不能适应海底地形和丰度的变化等问题，尤其是无法达到工业开采的要求，国际社会的这一研究工作在 1970 年代末期基本终止。

（3）穿梭潜器采矿系统。该项研究始于 1972 年，由法国人提出，系统有两种形式，分别是飞艇型和梭车型潜水遥控车。1980 年前后，法国 Vertut 等人研制了梭车型潜水遥控车，该车实现了集矿扬矿一体化，基本工作原理是利用压载物和自重（550 t）遥控潜入海底，集矿装置采集矿物的同时排出压载物，装满矿物后，浮至海面。水下行驶由阿基米德螺旋推进器驱动。主要由于动力、控制和成本问题，该系统完成模型试验后暂停了研究工作，但国际社会认为此系统可能成为第二代的商业开采系统。

（4）流体提升采矿系统。该系统技术由集矿、提升、水面支持三大部分构成。因采用的提升方式不同，又有水力提升采矿系统、气力提升采矿系统、轻介质提升采矿系统之分。因后者作业成本高，不能达到工业开采的要求，且使用煤油会污染海洋环境，故仅将其视为采集结核的一种方法。水力和气力提升开采系统，是基于美国梅洛设想开发的，被国际社会列为重点研究试验的锰结核开采系统。美国、英国、加拿大、日本四国的有关公司于 1974 年 1 月成立的肯尼柯特集团公司（KCON），其后于 1978 年完成了由集矿器 - 管道提升组成的模拟系统在 5000 m 水深的陆地采矿模拟试验。成立于 1974 年 10 月的海洋采矿协会（OMA）由美国、比利时、意大利三国有关公司创建，1978 年夏秋之际，在大西洋的布莱克海底台地进行了拖曳式水力式集矿机－气力提升采矿系统试验,连续作业22h,采集结核约500t,试验于当年11月结束。美国、加拿大、日本、德国的有关公司在1975年2月组建了海洋管理公司(OMI)。1978年在太平洋的克拉里昂－克里帕顿断裂带,用拖曳式水力集矿机/拖曳式机械集矿机－气力/水力提升组成的采矿系统,进行了3次开采试验,实际作业40h,从5200m海底采集结核800t。试验中机械式集矿机在下放过程中丢失。1977年11月成立的海洋矿业公司(OMCO)由美国的三大公司共同设立。1978年公司进行了1800m水深集矿机试验,1979年3月完成了由阿基米德螺旋驱动自行式集矿机－气力/水力提升系统组成的采矿系统在5000m水深的海上试采试验。法国大洋结核研究开发协会早在1972年就开展了集矿机－管道提升式采矿法的研究工作,1976年暂停了该研究。1984年又重开水力提升采矿系统研究工作,在暂停穿梭潜器采矿系统的研制工作后,1985年与德国联合提出了一项开发流体提升采矿系统的计划。日本于1970年代末期也调整了研究方向,重点开展了拖曳式水力集矿机集矿－水力管道提升矿物的采矿系统研制,并于1990年进行了集矿机构和扬矿装置的单体试验。1987年和1990年,苏联在黑海79m水深同一区域进行了采矿系统试验,参试系统为自行式集矿机－水力管道提升系统,试验的生产能力达到了7.2t/h。印度于2000年9月在400~500m水深处进行海上采集试验,验证了抽吸头式集矿机和软管输送的可行性。

14.2.2　国内深海采矿技术发展

国内对多金属结核开采技术的研究始于"八五"和"九五"计划时期,以长沙矿山研究院、长沙矿冶研究院等几个单位为主,在跟踪国际深海采矿技术发展动态、分析当时国际主流深海采矿技术的基础上,完成了国内深海采矿技术的理论研究和实验研究,并在该时期完成室内实验室建设与实验,为今后的研究打下了基础。2001年在云南抚仙湖对深海采矿系统的部分子系统完成综合湖试实验,进一步验证了我国深海采矿系统的可行性。

从我国20世纪80年代开始对深海多金属结核开采技术进行研究,取得的工艺及关键性技术典型成果主要有:

(1)回采工艺研究。回采的基本要求是:回采效率高、集矿机采集的轨迹基本不重复交叉、集矿机和采矿船相对转向少、避免管线扭曲和沉积物云雾对集矿摄像机的影响等。多金属结核在海底呈二维分布,赋存于海底沉积物表面,根据管道提升采矿系统的特点和海底地质条件,可选择的回采方式通常有四种:折返式回采、阿基米德螺线式回采、重叠式折返回采,当采用全软管提升方案时,扇形折返式回采方法也被列为选择方式之一。通过专题研究,我国将折返式回采工艺确定为中试采矿系统试验的首选方案。

(2)关键技术研究。在基础研究阶段,开展的关键技术研究工作主要是:水力式、机械式、复合式集矿方法与模型机的研究,气力提升技术研究,水力提升技术研究,轻介质提升技术研究,过程级和控制回路的研究,通用级和通信系统的研究,多金属结核物理力学特性研究及模拟结核试样制作。通过上述研究,对多金属结核物理力学特性有了系统全面的定量表达,取得了一系列的可作为集矿、扬矿技术设计依据的技术理论成果。

在扩大试验研究阶段,进行关键技术研究的工作主要是:深海采矿中试整体、集矿、扬矿、监控及动力配置系统的技术设计研究和水面系统方案设计研究,深海采矿中试集矿机构研究,自行式海底作业车的研究,深海采矿中试破碎机的研究,输送软管对集矿机行驶性能影响的研究,扬矿硬管、软管输送系统工艺和参数研究,深海采矿中试扬矿中间仓研究,自行式海底集矿机监控、测控系统研究,中试硬管、软管输送监控研究,深海采矿中试系统运动学和动力学研究,深海沉积物土力学参数测试及测试系统研究。通过上述研究,确定了矿区开采的条件、开采规划及海上中试方案,高齿履带行走机构行驶和水力式集矿机构采集矿物的集矿机机型,潜水矿浆泵扬矿系统及其工艺流程、工作参数、设备配套方式,通过罗盘导航和声学定位对集矿机行走进行控制的方案,水下高压供电、水面低压侧软启动和控制的动力配置系统。

在系统集成与制造、海试技术设计等阶段,深入开展了大洋多金属结核采矿系统虚拟现实研究,大洋多金属结核采矿系统1000m海上试验总体系统研究,集矿机控制技术研究,深潜硬管提升电泵、软管输送泵及其潜水电机的研制,扬矿硬管及接头的研制,恶劣环境水下高精度水声定位系统研究等关键技术研究。

(3)开采系统实验装备制造。完成了水下采集输送作业的单体模型设备及成套流程试验主要设备的研制。同时开展了水面支持系统设备的选型及改造设计工作。

14.3 深海采矿系统及其研究重点

从以上国内外深海采矿系统的发展来看,设计的采矿方式及采矿系统有多种,同时,它们的实验及测试结果也表明,以上方法均是可行的。但是,在综合考虑采矿系统控制性、效率、可靠性和海洋环境保护等方面后,流体提升式采矿方法被认为是目前唯一一种比较适用于深海多金属结核开采的方法,有可能成为深海大规模商业开采的第一代深海采矿系统。

国外研制的深海采矿系统到目前为止,基本都完成了中试实验,相关研究成果也已转化为技术储备,等待大规模的商业开发时机的到来,再结合最新技术进行相关改进就可投入使用。此后,鲜见国外对深海采矿新方法、新理论研究的报道,深海采矿系统的发展也有所减缓,同时国外将深海采矿系统的研究重点转到了深海环境影响、水下声呐探测技术、采矿车行驶控制技术以及数据信号传递采集技术等方面。

与国外相比,国内深海采矿技术的研制、实验则相对落后,目前还没有进入海上中试环节。需要进一步地完善深海采矿系统及实验,以达到完成深海采矿技术储备的目的,为将来的商业开发做好技术准备。

国际上公认最早有实用价值的是流体提升采矿系统。其原理是通过一根垂直提升管道借助流体上升动力将海底集矿机采集的结核矿石提升至海面采矿平台上。其一般由以下几个子系统构成:

(1)集矿子系统。在海底破采集矿石,并进行处理,向扬矿子系统供矿。

(2)扬矿子系统。将采集的矿石经管道提升到海面采矿船。

(3)监控子系统。进行采矿系统定位、作业控制和管理。

(4)采矿船(平台)。深海采矿作业平台,为海下设备提供支承、动力、设备存放和维修,同时完成矿石储存和向运输船转运。

(5)运输支持子系统。将矿石运输到口岸,向采矿船(平台)供应补给品及人员轮班。

14.3.1　集矿子系统

集矿子系统主要由以下几部分组成:行进装置,集矿装置,分选装置,碎矿装置,稳定装置,漂浮装置,给料机构及收集仓,机架,电力、检测控制装置,液压装置。

集矿子系统是大洋深海采矿系统中难度最大、最关键的部分,要求其能在 4800 ~ 5300 m 的大洋软海底正常、可靠、高效地进行采矿作业。在对其进行设计的主要技术难点有:集矿头的设计制造,要求能够可靠、高效采集海底矿石;能在剪切强度极低的软海底上行走,满足承载能力高、牵引力大、破坏海底最轻的行走装置;要求集矿机的各连接部件、运动副在 30 ~ 60 MPa 的海底高压环境下,能够防腐蚀、密封良好、密切配合,并且可以正常运转;集矿机从海面平台下放和回收系统的设计。

深海采矿是一种高新技术,一套成熟的深海采矿系统的开发使用,也还需要多个学科作为支撑,需要整合不同领域行业的专家学者来共同研究。在查阅国内外公开发表的一些文献资料、总结他人经验的基础上,本书提出一些今后可能的研究思路或方向。

实验室条件以及综合湖试实验都难以模拟出海底的真实环境,如海底的高压低温、海底的地质环境等。德国锡根大学设计的一套可模拟 6000 m 海深高压环境的容器,对液压泵、液压马达、阀等液压件及电机、密封件等均进行了深入的研究和模拟试验,并开展了高压下材料尺寸和性能变化的研究,研制了高压下使用的密封容器及动力机组等。相似装置研制与实验国内未见报道,因此建立国家自主创新的高压低温实验设备对深海采矿系统具有重大的现实意义。

集矿机从采矿平台上下放至海底海床上,重达几十、上百吨的设备要能够以正确平稳的姿态到达海底,并能够在海底高效采集矿石,不陷入海底沉积物中。那么对划归我国的采矿区的海底沉积物、地质条件、水文资料还需要进行更详细的调查。国外的海试经验表明,在海底沉积物表层呈过饱和或者呈半液化状态的条件下,为了使集矿机有更大的牵引力,只能使用阿基米德螺旋机构,履带底盘则不行。而我国目前经过室内试验以及综合湖试的集矿机为履带式,计划中的中试系统也为履带式。深海采矿系统的研制成功,必要的实验室试验是离不开的,在今后的实验室建设过程中,增加海底环境模拟,使实验室内的环境尽可能地满足深海采矿系统实验的需要,这也是保证我国深海采矿系统今后深海开采成功的必要条件。为了使模拟海底环境接近真实情况,在对海洋海床沉积物进行取样调查时,使用的仪器设备能够尽可能地保证取样的海底沉积物在取样提升到进入实验室研究的过程中能够保持其真实性,那么海底沉积物保真取样技术的研究就是必不可少的。

深海采矿系统本身自重很大,其从海面采矿平台下放直到接触海底,特别是大海深的情况下,其下放过程受力复杂,有潮流引起的流体力和由于船体摇动引起的扬矿管下端变化,这对深海采矿系统下放过程时的稳定性要求很高,室内实验室除了仿真技术,其他的现场试验很难模拟这一过程。那么对深海虚拟技术的研究也就是必需的。目前,我国在这方面的研究同国际处于同一起跑线上。集矿机下放过程的姿态、触底姿态、触底速度、触底时海底对系统的反冲击有多大、反冲击对系统的影响情况、是否会陷入海底淤泥,这些对深海集系统能否正常运转都可能会有很大的影响。那么借助虚拟技术,对集矿系统下放速度、下放姿态进行模拟,可以大致了解其全过程姿态变化、速度变化、触底速度、离底速度、提升速度等参数变化情况,然后再基于模拟结果进而对采矿集矿系统提出一些预防控制改进措施。因此,针对深海采矿系统(集矿机、扬矿管)下放回收过程的复杂性,有必要对深海采矿系统(集矿机、扬矿管)下放回收过程的速度轨迹模拟研究、集矿机触底缓冲技术研究以及海面牵引技术(缆绳材料、强度)研究进行更深入的研究。当然,提到的计算机仿真虚拟模拟研究的有效性也需要研究。

国内研制的集矿机行走装置只有履带式行走装置和阿基米德螺线模型行驶机构。履带式行走装置的有效性已经经过实验室和综合湖试的验证。探讨如何减小现有的履带式行走装置的接地地压以及提高低剪切强度时集矿机的采集率也就具有很现实的意义。

在海底采矿系统行走装置设计实验方面,结合浮体技术或 ROV 技术研究,使海底集矿机悬浮于海床上方一定距离,使用螺旋桨推进。因此,在研制我国第一代深海开采系统,适当预研我国第二代深海采矿系统,确定我国今后深海采矿技术发展方向,制订方案,这有利于我国自主创新能力的提高。例如,将深海穿梭式采矿系统或 ROV 技术同流体提升采矿系统结合起来,海底集矿机作为一个浮体悬浮在海床上方一定高度,整个装置由除了穿梭式采矿系统的矿石装载仓以外的集矿装置、破碎装置、浮体装置、扬矿水泵等装置组成,这样整个集矿机除了集矿装置接触海底矿床收集矿石外,其余部分悬浮在水中,装置行进由螺旋桨驱动其前进或转弯,用软管连接集矿机和采矿平台,此外,在设计集矿装置时结合坦克稳定器的研究使用,克服海底矿床地形变化,提高集矿头对地形的适应力,保证集矿头与海底保持一个合适的高度和方向以提高装置采集率。设想的采矿系统的采矿步骤就是将新型采矿系统用软管连接从采矿船上下放(软管既作为输矿装置,又要起到承重作用,还要兼作控制线路),待新型采矿系统下放到海底时,利用自身浮力漂浮在海底上一定距离的位置,然后利用其集矿装置收集海底矿石,集矿头在稳定器的作用下可以保持一个适当的方向和距离收集矿石,减少海流和软管对装置移动的影响。收集的矿石经破碎到一定规格后被送入集矿机中的扬矿装置,再经软管道水力输送至海面采矿平台。新系统为避免穿梭式采矿系往返海底和水面采卸矿石的繁杂,取消了压载仓(装载仓),有利于减小整个系统的体积与重量,同时又不用将集矿机的全部重量压在海底,除了集矿头接触海底外,可以尽可能减少对海底沉积物的扰动。

14.3.2 扬矿子系统

海底集矿机负责收集破碎海底矿石,就必须要有合适的扬矿装置将它们送出水面。扬矿子系统是开采系统的重要组成部分。其主要作用有:泵升或抽吸矿浆;控制泵浆的流动;作为矿浆的导管,与其下的集矿机有机械的连接装置;如果用的是拖曳集矿机,为集矿机提供前进的动力;作为连接集矿子系统电缆和通信线的支撑物;能抵抗由于船体摇摆产生的不稳定状态;能抵抗由于集矿机遇到地形变化时对管道产生的影响;能够支撑其自身及安装于其上的各种仪器设备的重量。

对扬矿技术的研发主要包括扬矿设备的开发研究、扬矿工艺及扬矿参数的研究。

14.3.2.1 扬矿设备的研究

扬矿工艺有很多种,针对不同的扬矿工艺,其采用的设备也有所不同。国内外对矿浆泵、气举泵和射流泵的实验结果表明:矿浆泵的效率最高,气举泵和射流泵的效率依次减小,但是它们长时间(2500 h 以上)连续工作的可靠性还没有得到验证。矿浆泵及电机是在约1000 m深的海水下工作,工作环境恶劣,要保证其长时间的可靠运转,解决泵和电机的结构、材料和加工工艺等一系列难题就非常重要。总的来说,就是对扬矿系统动力设备的研究,要求动力设备具有高扬程、低流量、大功率和通过大颗粒物的能力,同时要求电机具有绝缘、防海水腐蚀和密封耐压的能力。

扬矿子系统既是矿石输送设备,又是连接采矿平台(采矿船)与海底集矿机的装置。它从海面到海底这段海水流体中,受力非常复杂,如采矿船运动对其施加的负载力、管道在水体中运动时水流体对管道的拉力、自身的重力、浮力,如果管道上装有水泵类似的设备时,水泵叶轮转动还会对管道施加扭矩,等等。管道在这种复杂应力条件下,如何保证其完固性、工作可靠性,就需要从材料、材料力学、流体力学等多学科角度来进行研究。结合实验室与深海开采的矿石参数研究,建立深海采矿扬矿管的设计制造标准也具有一定的意义。

14.3.2.2　新的扬矿方式探讨

目前经过试验或正在研究的扬矿方式大致可分为硬管式及软管式两种。硬管输送系统的可行性早已得到验证。但是它也存在不可忽视的缺点,硬管输送系统参照了部分深海石油采矿管道的设计,却和深海石油钻探用的管道又有所不同,硬管输送系统在采矿过程中需要随采矿船移动作业,而石油勘采则是定点作业。首先,由于自重及泵组中继舱等的重力作用,扬矿管要承受很大的轴向载荷,同时受海流海浪的影响产生横向偏移和纵向振动,因此它的受力情况相对更复杂;其次,在其运行过程中,难以绕开遇到的障碍物;最后,硬管输送系统外形尺寸很大,造成输送管道和采矿装置的下放很困难,而且因为其软管长度不大,这就对海底采矿车运行区域产生很大的限制,对采矿船的航行要求也非常高,这在现实采矿中几乎不可能实现。目前,国内研制的水力输送系统也是属于硬管输送系统的一种。

借鉴硬管输送系统中的中继舱设计,同时结合软管输送系统的优点,构思一种新的扬矿系统——分段式软管系统。在软管系统中利用浮体材料将中继舱或泵组悬浮在水中,然后用多段软管实现采矿船、中继舱(泵组)以及海底采矿机输送矿石混流体。这样就可避免高扬程泵的设计困难的难点,同时在现有技术条件范围内实现像硬管输送系统设多组水泵完成多级加压输送矿石的目的。当然,这一思路的可行性还有待进一步论证。

今后,软管系统的研究重点应该在软管结构材料的研制,使其既能满足矿石输送的要求,又能够承受住集矿系统下放回收时受到的多种应力。

14.4　开采深海富钴结壳和热液硫化物的采矿系统设计要求

在开采深海富钴结壳和热液硫化物时,很多技术均可参照深海多金属结核开采系统。但是,因为富钴结壳和热液硫化物在海底存在的形态与多金属结核有所不同,对它们开采技术的研究可以在目前多金属结核开采技术研究的基础上,根据不同的矿产资源重点研究相应的集矿装置。

集矿装置的研究应该要有针对性,海底矿产资源丰富多样,在海底存在的形态也有所不同。

国外在深海采矿方面的研究成果主要有：

（1）"海王星"公司设计了两种可能的开采系统。第一种是分拣破碎系统，主要用于开采突起的海底热液烟囱和上层矿。该系统运行的基本步骤是，先由采矿船将 ROV 下放至海底开采区和岩石分拣器之间，ROV 上的抓岩机械手抓取海底热液烟囱和上层矿，快速地对突起的矿体进行分拣。开采区域分拣破碎后，由海底履带式集矿车采集输送。第二种是装载有切割头的履带式采矿车，利用其切割头切削硫化物矿石，采用挖泥泵抽吸，然后输送至立管基座。

（2）"鹦鹉螺"公司的针对巴布亚新几内亚的索瓦纳矿藏提出的硫化物采矿方法，采用特定的海底采矿设备，立柱插入海底，带有旋转的切割头，边切割边输送，破碎后经软管输送至软管接头，通过立管提升至水面船。

（3）美国企业根据热液矿床的不同形式，对块状和软泥状采取不同的开采方式。对于块状，由于分布集中、矿石硬度高、密度大，需用自动控制的海底钻探，然后钻孔内爆破矿体，随后用集矿机和扬矿机采集矿石并输送到水面进行加工。正在研制的自动钻探爆破采矿技术用于开采 3000m 水深的海底热液矿，它由爆破装置、矿石破碎机、吸矿管以及采矿船、运输船、钻探供应船组成，计划 21 世纪初进行试验，2020 年可投入生产。对于软泥状，需要在采矿船下拖一根约 2000m 长的钢管，管末端有一个抽吸装置。在抽吸装置内装一种电控摆筛，使黏稠的软泥变稀，并使抽吸装置进一步穿透泥层。通过真空抽吸装置和吸矿管将金属软泥吸到采矿船上。

（4）日本企业，包括三菱商事、住友商事、大型综合性商社、新日铁集团、采矿及精炼厂商和海洋开发公司在内的 30 家日本民营企业计划共同对海底热液矿床开展调查，为日本近海海底金属资源商业化开采做准备，并在 2008 年内制定出包括所需技术和投资额度在内的具体方案。

与国外研究情况相比，我国海底热液活动的调查和研究起步较晚，自 20 世纪 80 年代初才逐步开始对海底热液沉积矿床进行研究。1985 年，我国学者提出了热液成矿的多元理论，并注意了洋脊地下热液在 Fe、Cu 等硫化物沉淀中的作用，但这一时期我国在这方面的研究仅限于理论研究和以国际合作的形式参与国外的调查研究；1988 年 9 月～1989年 1 月，中国科学院海洋研究所参加苏联科学院组织的为期 5 个月的太平洋综合调查，沿太平洋海岭采到热水沉积物样品；1988 年中国和联邦德国合作，对马里亚纳海槽区热液硫化物的分布情况和形成机理进行调查和研究；1988 年和 1990 年，中国、德国、美国合作利用德国的太阳号科学考察船两次对马里亚纳海槽的热液硫化物进行调查。

1992 年，在国家基金委的支持下，中国科学院海洋研究所首次在国内独立组队对冲绳海槽热液活动区进行调查采样。对海水化学成分和表层沉积物进行研究并取得一定成果。所采水样、表层沉积物和柱状岩芯样品的初步分析结果表明，冲绳海槽的海底热液活动对该区的海水化学成分和底质沉积物均有不容忽视的贡献，并且正在形成一些富 Cu、Zn、Fe、Mn 和 Hg 的沉积物。1993 年，中国科学院海洋研究所首次用科学一号在冲绳海槽进行了一个航次的热液矿床的调查，并在 1994 年 3 月再度组队对冲绳海槽的热液硫化物进行实地调查。1998 年，我国的大洋一号在马里亚纳海槽开展了首次大洋热液矿点实验调查。2003 年，我国首次独立地进行了海底热液硫化物的调查研究工作，在"大洋一号"

第六航段"热液硫化物与深海生物"的考察中,在东太平洋海脊附近的 E46～E47 区块,首次获得了一批海底热液硫化物样品。2007 年,在我国第 19 次大洋科考任务中,"大洋一号"科考船在 2800 m 水深的西南印度洋中脊上发现了新的海底热液硫化物活动区域,并利用水下机器人拍到了大量正在"冒烟"的海底热液硫化物喷口,通过电视抓斗,先后两次从海底抓获了多于 120 kg 的热液硫化物样品,实现了中国在该领域"零"的突破。但迄今为止,我国尚没有在海底发现大型热液硫化物矿床。

我国曾于 2003 年针对大洋富钴结壳开展了开采方法的探讨,但没有进行后续的深入研究。海底热液硫化物是一种具有潜在开采价值和相对更具经济效益的海底矿产资源,针对海底热液硫化物的开采研究相关的技术和装备具有积极的意义。

14.5　机械收放系统研究

管道和集矿系统的快速布放和回收,特别是在暴风雨前和暴风雨中至关重要。日本进行的锰结核深采实验的一个子系统实验即为收放系统的实验。其已开发出来的收放系统包括摇臂吊机、提升管的连接与拆分机、提升管把持器、电缆收放机构和其他支持设备。布放与回收速度主要决定于管道接收所用时间、气候、现场海底地形和其他条件。在管道着底和回收时,其行为都精确仿真过。这方面系统的研究应可由国内船舶机械相关行业完成。目前专门针对深海采矿系统进行收放的系统研制,在国内没有相关报道。

14.6　海洋采矿安全环境研究展望

我国发展海洋采矿系统主要是以深海多金属结核为潜在的开采对象,进行采矿系统和采矿系统关键技术和装备样机的研究。

现阶段海洋采矿主要集中于深海开采技术研究,由于还未形成较大生产规模,以海洋采矿安全技术为对象的研究课题相当少。今后在该类技术研究中,应逐步对各类技术的危险有害因素、人的作业过程与环境、主要设备操作特征、海洋开采安全管理特征、海洋环境条件进行综合研究,以便在未来海洋资源开采的大规模生产中,为生产单位提供有效的安全防护策略。

在海洋资源开采过程中,主要安全生产技术与管理的研究方向有:海洋气候对海面设施与水下生产系统设备的影响、深水视频和声呐系统在深海采矿系统中的应用、水下激光扫描和测距方法确定海洋地质环境的研究、海洋开采设备防腐与过程自动控制技术研究、海底金属矿产资源提取形态与设备安全性、海洋作业过程中的人机行为特征和心理影响因素研究、采矿产物在海面或海下排放对海洋环境影响的评价、集矿机动作对产生沉积物羽状体的关系。

随着技术进步与生产工艺的成熟,相关研究机构与研究经费设置必将逐步增加。为保护我国陆地生存环境,金属矿山开采方向也将向海洋拓展,因而确立海洋开采安全生产技术体系,将是我国未来重要的研究方向。

15 金属矿山安全与环境科技发展前瞻研究课题及其评价

结合我国金属矿资源情况和矿山开采技术条件及其发展战略,通过调查研究近年来我国在"国家科技支撑计划项目"、"973 计划项目"、"863 计划项目"、"国家自然科学基金项目"、"各部委科技计划项目"等课题来源中的与采矿安全和环境相关的研究课题,统计分析国外发达国家的采矿安全与环境科研课题和科技规划,搜索国内外各高校采矿领域研究生导师和有关矿业重点实验室的研究方向,特提出以下研究课题。

15.1 金属矿山安全类课题

15.1.1 采矿本质安全工艺技术

安全与采矿方法和工艺技术密切相关。设计和运用科学先进的采矿方法和工艺技术,可以实现采矿本质安全。关于采矿本质安全工艺技术,可开展如下研究:

(1)矿山防灾减灾和重大建设工程中的安全科学问题研究。研究矿山开采过程中重大灾害的致灾机理、防控理论与安全性评价的基础问题,矿山城镇建设的生态和能耗控制以及工程安全的基础问题,矿山开拓、水、电、交通等重大建设工程中的质量保证与评估、健康服役与环境影响等关键问题。

(2)快速钻井凿井关键技术及装备研究。针对目前钻井法凿井技术存在多次扩孔、钻进工效低、岩石地层钻进困难、综合成井速度较慢的问题,研究一扩成井钻井新工艺,包括开发高效吸收钻头、新型岩石滚刀、一扩成井钻进扰动作用下井帮稳定性分析等。

(3)多金属资源综合利用关键技术及设备研究。研究多灾源矿床高效率采矿与安全环境控制综合技术,重点研究高品位碎裂矿段诱导崩落安全高效回收技术、硫化矿床空区积水探测与突水灾害预防技术、井下热环境监测与调节技术、高应力条件下矿柱群安全开采技术、空区形态探测与地压数值模拟及处理技术、开采区域灾害微震监测与灾害控制技术等。

(4)大深度、高精度矿井地球物理探测技术研究。主要研究复杂地形重、磁三维反演新技术,金属矿多波多分量地震处理解释新技术、新方法,井中高精度地球物理测量和探测新技术。

(5)复杂富水矿床开采关键技术开发与研究。研究复杂富水矿床安全高效采矿方法,全尾矿浓缩、充填材料、工艺设备及自控技术,长距离全尾砂 – 水淬渣物料泵送充填技术及自控技术,水患和地压突变规律及监测预报控制技术。

(6)复杂难采地下残留矿体开采关键技术研究。针对复杂难采地下残留矿体,研究开发复杂空区残留资源探查技术、大参数集束孔整体崩落技术、残留资源开采条件再造技术、复杂充填体下矿柱回收技术以及复杂残留矿体安全回采监测预警技术,解决复杂残留资源回采的地压安全隐患处理难题。

（7）复杂难开发铜钴资源开采关键技术研究。针对资源开发中存在的矿体缓倾斜中厚矿碎、地压大、矿石品位较低、矿物种类多、性质复杂、含较多氧化矿等的铜钴矿床条件,研究缓倾斜破碎中厚难采矿体的高效开采技术、采准工程稳固技术、矿山高效开发综合评价技术,解决该类矿体开采中的成本高、效率低、采准巷道冒落严重、矿石损失贫化大等问题。

（8）铜镍资源高效开发及产业化技术研究。针对高应力破碎矿岩条件下的自然崩落采矿技术,重点开展高应力、破碎矿岩条件下的拉底切割工艺、底部结构的稳定性和形式、全面放矿控制和地应力控制技术等方面的研究。

（9）掘进机械可视化遥控技术与装备研究。研究掘进巷道截割断面监测技术、掘进机运行姿态测量及掘进定向技术、掘进工作面远距离多视频传输技术、掘进机工作状态显示技术、掘进机远程遥控技术。

（10）矿井地电阻率成像技术及系统研制。针对目前固体矿产资源探测技术存在探测深度浅、精度和分辨率低、抗干扰能力差等问题,研发大功率矿井地电阻率成像技术和仪器,有效提高矿产资源探测精度和深度。

（11）矿产资源快速勘查与评价技术研究。主要研究现场成矿元素定量、半定量分析和浅覆盖区矿化信息快速提取技术,特殊矿床类型、特殊矿种（铀、铂、钯等）的地球化学和地球物理评价技术,快速钻探采样和地质岩心提取技术,多分量高精度磁力测量技术。

（12）露天转地下开采平稳过渡关键技术研究。研究露天转地下开采覆盖层的安全结构与合理厚度、露天转地下平稳过渡方式及联合开拓运输系统最佳衔接技术、露天转地下开采岩层变形影响预测预报及决策系统、露天转地下及联合开采仿真技术、露天地下相互协调安全高效采矿工艺技术、安全生产管理与生态恢复环境技术。

（13）矿山绿色开采与保护技术研究。研制充填开采成套装备,研究条带充填开采技术参数、地面沉陷预测与控制技术。

（14）难利用资源开发利用技术研究。主要研究极低品位金属矿经济利用新技术、伴生矿物高质增值化利用技术、矿物的高纯化与功能化材料技术。

（15）深井基岩快速掘砌关键技术及装备研究。通过对深井基岩掘砌快速施工工艺、深孔液压凿岩钻架、深孔控制爆破技术、大型中心回转式抓岩机、迈步式液压模板等关键技术及装备进行攻关研究,满足深井安全、高效、快速建设的需要。

（16）深井特殊地层注浆材料及注浆工艺研究。针对深井井筒穿过的地层复杂性,研究适合大裂隙、大溶洞地层的塑性早强注浆材料,适合细小裂隙、空隙性地层的低黏度化学注浆材料,钻井废弃泥浆作为注浆材料技术,解决深井特殊地层注浆材料及工艺需求。

（17）深孔安全保障技术与装备研究。开发防耐腐蚀固井水泥浆,建立水泥环封固性能评价方法;研发高温条件下封堵孔眼的凝胶、弃井挤水泥的封堵孔眼水泥浆;研发固井施工参数实时采集和井下顶替过程的实时监控设备和技术;得到深孔安全可靠性评价技术。

（18）深部有色金属矿山资源增储与高效利用关键技术研究。针对深部有色金属矿山目前所面临的资源量快速消耗、矿石质量下降、开采条件恶化、环境保护问题突出、资源综合利用水平不高等突出困难和问题,研究提高开采效率与有用金属综合回收率,建立地质灾害动态预测、监测及控制技术系统,减少重大灾害事故发生。

（19）深穿透地球化学探测与识别技术研究。研发能适应不同比例尺、不同矿种的地球化学定性与定量探测与识别技术,显著提高地球化学技术对隐伏矿信息的分辨能力和集成探测能力。

（20）松软破碎金属矿床安全、高效开采综合技术研究。研究松软破碎矿床开采技术条件评价、松软破碎矿床采矿方案创新与优化、缓倾斜松软交替矿层与群脉矿体高效分采技术、松软破碎矿体回采崩落技术与工艺、采矿过程地压动态演化规律与灾害控制技术。

（21）特大型矿床深部开采综合技术研究。针对超大型、矿岩破碎、高地压力深部难采矿体,研究安全、经济、高效开采新工艺、新技术和新装备,深部多中段作业衔接开采工艺,高应力条件下卸荷开采技术,大范围充填体强度特性,深部高浓度尾砂充填工艺技术,高压头低倍线充填管路输送技术,大面积开采地压及灾变控制技术。

（22）岩矿分析测试新技术研究。主要研究成矿年代精确定年技术,微区、微量和原位元素、同位素分析技术,超纯同位素物质的同位素纯度测试技术,新型同位素分析技术,大型分析仪器开发中的关键配套技术及装置。

（23）重磁电数据处理解释新技术与系统集成。针对金属矿区起伏地形和复杂地质模型结构的特点,创新重、磁、电数据处理与解释技术,研究适合金属矿勘察的综合数据处理、解释软件集成系统。

（24）全断面掘进装备远程控制关键技术研究。研究全断面掘进机运行状态检测技术、智能控制技术、辅助设备协调运行控制技术、全断面掘进机工况可视化技术、全断面掘进机数字化宽带综合信息传输技术。

（25）钻－注平行作业关键技术研究。通过钻－注平行作业合理时空关系、深注浆钻孔高精度随钻测斜仪器、注浆对钻井泥浆安全影响监测方法、钻井法与注浆法合理安全时空距离研究,实现竖井上部冲积层钻井施工与下部基岩含水层注浆施工平行作业,缩短建井工期。

（26）地下无人采矿技术研究。主要研究井下无人采矿工艺仿真技术、采场地压和井下灾害智能监测与预报技术、井下复杂物理场环境中数据和图像的无线传输技术。

15.1.2 地下开采安全技术

安全技术是保证安全的关键手段。矿山安全开采离不开先进的安全技术和装备。关于地下开采安全技术,可开展如下研究:

（1）深井开采过程动力灾害监测预警与控制关键技术研究。研究岩爆、冲击性灾害的危险性评价和分级指标体系、岩爆灾害危险性识别技术,实现岩爆动态连续监测;开发动态连续观测仪器与分析系统、现场岩爆灾害监测系统;建立冲击性灾害监测网络系统;建立大型冲击性灾害的危险性评价和预测、预警指标体系;研究定量化的冲击性灾害预测、预警技术;建立帷幕注浆堵水隔障地压监测方法与监测技术标准。

（2）采空区、沉陷区地基处理与工程建设技术研究。研究采空区地表建筑地基稳定性评价与加固技术、废石充填复垦建筑地基处理关键技术、采矿沉陷区大规模工程建设技术、环境建设和预防二次污染。

（3）复杂地形矿浆管道输送安全运行关键技术研究。研究复杂地形下管线安全输送参数、多级泵送管线停泵再启动规律与控制技术、管线安全运行计算机仿真模拟、低温恶劣气候环境管线安全运行措施。

（4）复杂空区群条件下的矿床高效采矿与地压灾害监控综合技术研究。针对形成的复杂空区群，研究精确的空区探查和测量技术、复杂空区群条件下不完整矿床的安全高效采矿及空区治理综合技术；研究复杂空区群的探查技术；研究空区三维形态和空间分布位置的精确测量技术；研究复杂空区群条件下不完整矿床的安全高效采矿技术；研究复杂空区群条件下矿床开采的岩体稳定性分析和开采优化；研究复杂空区群条件下矿床开采的地压灾害与爆破震动监控技术。

（5）高地压围岩控制技术与装备研究。研究水力压裂控制围岩强烈来压技术与装备，高地压破碎围岩变形与支护机理，高强度、高冲击韧性钻锚注一体化锚杆材料，低黏度、快速固化脲醛加固材料，化学加固配套机具与工艺。

（6）矿井水害监测预警技术与装备研究。研究矿井开采过程中水害动态监测预警技术及装备、矿井水害判别和预警指标体系、矿井水害预警数据采集系统、矿井水害预警数据处理技术和软件以及矿井水害预警应急处理预案；研究矿山大空区变形与灾害实时监测预警技术与装备、多通道微震监测系统以及全波形多通道岩体声发射仪。

（7）矿井水害快速治理技术与装备研究。研究矿井突水水源快速判别技术及便携式测试装置、井下和地面高精度定向钻探技术与快速注浆工艺和装备、动水条件下的高效注浆材料、老空区充填和岩溶水矿井安全治理技术与装备、大范围采空区条件下岩溶水堵水隔障稳定性技术。

（8）典型灾害事故模拟仿真与虚拟现实关键技术研究。研究有毒有害物质重气的迁移及转化规律，火灾、爆炸、气体泄漏扩散等事故的虚拟再现关键技术，三维数值仿真模拟、人员疏散动态仿真模拟及虚拟现实技术。

（9）矿井重大事故救援指挥辅助决策技术研究。研究矿井救灾适用性技术分析，矿井重大事故的救灾应急预案体系，不同种类、不同规模矿井重大灾害事故对井巷网络系统的破坏规律及波及范围，矿井监测系统通用型数据采集技术与装备，矿井重大事故救援指挥辅助决策软硬件系统。

（10）矿井重大灾害事故应急救援关键技术规范研究。研究不同救灾技术方案的合理性、矿井重大灾害应急救援技术方案的制定条件与程序、矿井重大灾害应急救援技术规范体系、矿井应急救援现场探测过程中数据采集分析关键技术规范、矿井应急救援装备的关键技术规范。

（11）矿区水害防治技术方法研究。研究不同类型矿井水害特征、防治方法、技术特点及适用条件，矿井水害防治战略规划，矿山水害治理与水资源综合利用战略，矿井水害与防治技术分类评估体系，矿井水害分类标准，老空区灾害管理信息系统，老空区风险评价模型和评价方法，老空区风险分级指标体系和分级标准。

（12）矿井安全管理关键技术与标准研究。研究矿山的准入条件、人员准入和安全生产基本条件的标准，火灾、水灾、爆炸、粉尘、地质及动力灾害等不同危险程度灾害防治的技术措施要求和管理标准，矿山安全管理、评价技术体系和安全评价技术标准，矿山安全生产评价方法与动态评价系统及标准。

（13）矿山火灾综合防治关键技术研究。研究矿石自燃发火期快速定量分析技术，火区环境检测及封闭与启封条件判别技术，大面积矿石爆堆防灭火材料、装备，无毒生态防火材料及高稳定性阻化灭火材料及装备，火灾高温火源点定位与控制技术，矿用多功能阻爆灭火、水改性灭火技术及装置。

（14）矿井有毒有害气体测定关键技术研究。研究矿井有毒有害气体综合检测的网络平台关键技术、有毒有害气体的检测传感技术、连续实时监测系统、实时安全信息采集与管理系统及可视化技术。

（15）深井高压注浆关键装备研究。研究高压大泵量注浆泵、高压耐腐蚀化学注浆泵、高耐压止浆机具、注浆参数自动检测与高效制浆系统，解决超过千米深井注浆的装备问题。

（16）井口安全设备配套与安全评价技术研究。研究井口设备强度的评价方法；建立有效的设备安全评价标准；研发钻井井口设备损伤适时动态检测方法及装置；研究得到气侵随钻早期诊断技术，井涌自动控制技术；开发井筒管柱损伤强磁记忆监测装置。

（17）深部开采矿岩动力灾害多参量识别与解危关键技术及装备研究。研究开发动力灾害电磁、微震等连续实时监测设备、深部开采矿井动力灾害多参量判别技术、矿井动力灾害多参量信息监测系统、冲击地压灾害解危技术及装备研究、深部巷道岩石稳定性监测与控制技术和装备、深部开采岩爆危险区域的特征及多参量动态识别技术。

（18）深井空区大变形及岩壁垮落激光扫描智能化监测技术与装备研究。研究适用于深井高温、潮湿、粉尘条件下的空区三维激光扫描仪的系统，空区变形监测仪的远距离智能化遥测技术及仪器，空区大变形及岩壁垮落监测的数据分析技术及相关软件。

（19）深井热害评价与高效冰浆载冷降温成套技术及装备研究。研究深井热害预测与评价软件系统、冰浆制备系统、载冷剂的蓄冷技术及井下长距离冷量传输系统、高效冰浆空冷器、工作面高效冰浆降温系统。

（20）深井岩爆灾害动态监测与危险性分析技术研究。研究基于深部岩体地应力精确点测量的区域应力场分析和应力异常区识别技术、深井高地应力岩体开采扰动效应测试与分析技术、深井高地应力岩体岩爆灾源识别及危险性分析技术。

（21）矿尘防治及继发性灾害防治关键技术研究。研究矿尘和多种可燃性气体共存情况下爆炸防治技术与装备，采场粉尘治理技术，井下粉尘沉积强度测试装备，放矿设备、采掘机等自动喷水抑尘技术与装备。

15.1.3 露天矿安全保障技术

关于露天矿安全保障技术，可开展如下研究：

（1）排土场堤防工程安全评价关键技术研究。研究以地质数理统计分析理论为基础，预测和模拟具有空间变异特性的堤基土体物理、强度参数的数值模型；研究考虑堤防工程土工参数空间变异特性的安全评价方法。

（2）露天坑地下水控制方法与渗漏监测技术研究。研究进行抽水条件下渗流场模拟与水位、水量预测，降水井的平面布置、井深、工期等的优化设计方法，三维地球物理正演计算方法、观测数据的高保真数据处理方法，多参数、多场同时探测的地下水渗漏监测仪器和解译方法，地下水渗漏监测技术方法体系。

（3）露天坑工程安全关键技术与方法研究。研究在开挖效应下影响边坡结构稳定性的主要因素，水、土与支护结构协同作用的综合试验，支护结构的受力特点、变形破坏机制及开挖技术，不同基础形式与土体的相互作用下有限土体土压力的分布特点及规律、有限土体土压力的非线性计算模型和计算方法，具有不同应力应变属性介质相互作用的非线性理论、水－土耦合力学模型、屈服准则及相应的大变形数值分析理论。

（4）露天基坑支护新工艺与新材料研究。研究多种复合支护材料选型与工作机理、施工工艺，新型复合支护材料和支护技术。

（5）露天基坑支护优化设计集成系统研究。研究影响露天坑支护稳定性与变形的主要因素及关键参数，露天坑工程安全、周边环境保护、节省成本的优化标准体系，露天坑支护动态设计力学模型，不同支护结构的优化设计系统，露天坑支护优化计算软件。

（6）露天矿境界外驻留矿体矿开采关键技术与装备研究。针对大型露天矿境界外驻留矿开采，研究露天矿境界外驻留矿地压活动特征及边坡危害控制技术、驻留矿体开采与原开采的耦合开采技术，大吨位双动力交流驱动铰接式自卸汽车整体装备，为大型露天矿境界外驻留矿的规模化开采提供技术支撑。

（7）矿山生命线工程安全保障关键技术研究。围绕矿山埋地管道安全保障技术体系的建立，研究埋地管道性能评价方法、埋地管道外腐蚀综合评价方法、金属埋地管道典型复杂工况和不良地质条件下安全评定方法。

（8）特大型滑坡早期识别及空间预测研究。研究特大型滑坡的早期识别与空间预测，特大滑坡灾害链成灾过程，不同类型滑坡形成的地质模型，模拟分析在地下水、暴雨、雪线变化、地震等作用下滑坡远距离滑动的机理，特大型滑坡的成灾模式及灾害风险。

（9）露天矿山安全高效爆破数字化设计技术研究。研究矿山岩体与矿体的非均质不连续特性，形成实时地质地形条件下的矿山爆破工程设计与效果预测数字化信息处理技术平台。

（10）矿山地质灾害应急处置快速治理技术研究。研究复杂地层预应力锚索快速施工技术，适用于大直径长孔段潜孔锤跟管钻具和配套机具以及跟管钻进工艺、锚索快速下锚和快速注浆技术，小口径钻孔组合抗滑桩的结构形式、抗滑机理和施工技术，锚索预应力实时监测系统。

（11）矿山防洪工程体系关键技术研究。研究集成地理信息系统技术，建立复杂防洪体系多目标优化数学模型；研究山沟河道行洪风险的评价方法、洪水风险因子识别与定量分析的方法、防洪风险度的风险管理策略。

（12）尾矿库风险分级及监测、预警关键技术研究。研究尾矿库风险分级指标，尾矿库溃坝事故风险评价模型；基于位移传感器网络和 GPS 定位技术结合的尾矿库安全监测系统；尾矿库溃坝预警指标和方法，基于尾矿库危险等级、气象环境和地质条件的尾矿库灾害预警预报系统；在役尾矿库安全基础数据库。

（13）尾矿坝安全评价技术研究。从尾矿坝可能溃决机理及各防护区的重要性和状态评估出发，研究服役尾矿坝工程病险状态评价指标体系，并提出相关评估参数的量化标准和堤防状态指数的计算方法，实现尾矿坝安全状态和病险程度的定量评估。

（14）尾矿泥砂淤积及其影响与对策研究。研究泥砂沉积数学模型，定量预测尾矿淤积过程、数量和规律，分析泥砂冲淤变化对排水的可能影响，研究提出相应的对策措施。

15.1.4 矿山地质灾害防治技术

关于矿山地质灾害防治技术,可进行如下研究:

(1)火山与成矿地应力关系及矿震预测预报关键技术研究。研究火山区深部介质性质与应力状态,探索火山活动与火山灾害评估的方法。研究采矿诱发矿震的活动特征、主要影响因素及其成因机理,探索采矿诱发矿震预测的有效方法。

(2)矿震危险区划关键技术研究。研究矿山地表活动断裂带、活动褶皱、中强地震构造带和构造盆地发震条件;开展断裂活动性调查和矿震活动性分析;研究矿震复发周期与年平均发生率的评价技术、矿震近场衰减关系、场地条件与矿震参数之间的定量关系。

(3)矿坝安全保障关键技术研究。研究矿坝病险与溃坝规律、溃坝试验和模拟技术、基于风险的矿坝安全评价方法体系、病险尾矿库除险加固关键技术、矿坝风险控制非工程措施、矿坝安全信息监测与预测预警技术、矿坝风险标准。

(4)矿震应急灾情识别评估与决策技术研究。研究矿震区信息的快速获取、评估分析技术、矿震区重点目标与交通线快速评估技术和智能辅助救灾决策等指挥技术,形成实用化的矿震应急灾情识别、评估与决策模型。

(5)重大工程地震参数确定技术研究。研究重大工程抗震设防要求及概率水准,重大工程的位移、速度、时程等测震输入关键技术,特殊地震环境下复杂结构抗震性能的实验方法和评价关键技术,地震近场工程结构减隔震优化技术。

15.1.5 职业危害防治技术与人因研究

关于职业危害防治技术与人因研究,可开展如下研究:

(1)矿山高危工种危害监测预警与防治关键技术研究。研究矿山高危工种危害监测预警指标和预警模型,建立我国高危职业危害监测预警信息系统;研究粉尘对机体影响综合评价技术,制定尘肺防治评价指标体系和方法。

(2)呼吸防护用品人机工效评价技术及装备研究。研究呼吸用具的人机工效原理,从人机工效学的角度提出呼吸防护用品设计、评价方法;研制开发复合型粉尘呼吸防护材料和装备,提高粉尘作业场所作业人员的个体防护能力,减少职业危害事故的发生。

(3)作业场所职业危害监管体系关键技术研究。研究作业场所职业危害监管统计指标体系,建立符合我国国情的作业场所职业危害监管模式以及监管信息系统。

(4)作业场所职业危害评价分级关键技术研究。在对我国作业场所粉尘、有毒物质、热害等职业危害因素进行识别评价的基础上,研究多种职业危害耦合作业场所的综合评价分级技术,建立相应的评价分级体系,为职业危害分级监管提供科学依据。

(5)矿工呼吸系统疾病的病理与预防技术研究。

(6)矿工噪声性听力损失的病理与预防技术研究。

(7)矿工累积性肌肉骨骼损伤的预防技术研究。

(8)矿工外伤性损伤的预防技术研究。

(9)露天矿凿岩与爆破粉尘控制新技术与装备研究。

(10)井下作业面粉尘控制新技术与装备研究。

(11)矿井空气净化新技术与装备研究。

（12）矿井高温环境对人的生理和心理及行为危害评价研究。

（13）矿井作业面降温关键技术与装备研究。

（14）矿井通风智能化技术与装备研究。

（15）矿井重要污染源密闭与净化技术和装备研究。

（16）矿山事故与人的不安全行为关系及其测量方法研究。

（17）矿山事故与人的心理因素关系及其测量技术研究。

（18）矿山安全系统自组织和安全文化建设机制研究。

（19）矿山人群行为安全的虚拟现实训练方法研究。

15.1.6　矿山重大装备器材安全检测技术

关于矿山重大装备器材安全检测技术，可开展如下研究：

（1）矿用危险化学品事故监控与应急救援关键技术研究。通过开展矿用危化品热爆炸、反应危险性分析、生产装置安全检验、典型装置的安全预警与自愈防范、矿山控制爆破与安全预测系统、安全高效矿用爆破器材等关键技术研究，开发矿用危险化学品危险性评价预测方法，研制典型装置事故隐患检测、预警与自愈防范的装备及软件系统，提供急需的危险化学品生产安全保障关键技术。

（2）矿用大型高参数高危险性成套装置长周期运行安全保障关键技术研究。围绕矿山成套装置长周期运行安全保障技术体系的建立，研究典型承压设备损伤模式基础数据库和承压设备损伤模式判别方法，成套装置风险评估方法，高温、腐蚀环境下承压设备剩余寿命预测方法，提交强化极限分析准则及典型结构强化极限载荷工程计算方法，高温损伤及氢损伤的早期诊断技术方法，承压结构金属磁记忆检测评价方法，疲劳早期微损伤的无损检测及定量评价方法，使用微型试件的材料性能测试方法，基于故障概率和装备运行状态的动态维修决策方法和典型转动设备的失效概率数据，安全联锁系统的优化方法。

（3）矿用大型机电类特种设备安全保障关键技术研究。围绕机电类特种设备安全保障技术体系的建立，研究机电类特种设备的安全状况等级评价方法，矿用设施剩余寿命评估方法，起重机械剩余寿命评估方法，起重机械模拟仿真分析方法，起重机械声发射检测方法。

（4）矿井救灾救援危险作业机器人技术。研究矿井新型救灾救援机器人系统的机构设计、优化，控制系统的设计与开发，研制完成可在矿堆上行走的、可进入采空区运动的、能够探测和定位受伤者并引导救援的机器人系统。针对防尘、防水、防爆等井下作业特殊要求，研究开发适合在井下复杂环境内运动的，可搭载视觉、氧气浓度、粉尘浓度等检测装置的，可完成与控制中心双向通信和检测数据实时传输的井下搜索机器人系统。

（5）露天矿雷电信息管理系统的开发研究。建立我国露天矿雷电监测和雷电灾害信息系统，开发能够满足多行业应用需求的雷电信息共享应用软件。对我国露天矿雷电监测网的建设提出合理性的建议，为我国露天矿雷电监测网的建设提供依据。

（6）露天矿防汛决策支持平台研制。研制露天矿三维场景，防洪工程的三维虚拟现实模型，三维平台信息管理专用数据库与防汛雨情、水情、工情数据库衔接，实现三维平台下的防汛信息综合管理。

（7）露天矿重大设施防雷电仿真系统开发。建立露天矿雷电计算与仿真模型，开发集新型雷电网络化观测体系、雷电监测数据共享平台、雷电放电全过程仿真平台、雷电预警预报、雷电灾害评估于一体的监测、采集、计算、分析的综合服务支撑系统。

（8）矿山现场灾情监控与救援装备研究。研究矿山灾害现场灾情监控仪研制及布控技术，现场灾情救援场景模拟技术；研制智能化电磁波生命探测技术与装备、基于模拟现场建筑物破坏场景的救援技术系统、现场结构形变峰值测试仪。

（9）高硫矿石自燃倾向性鉴定与检测预报关键技术研究。研究提出高硫矿石自燃倾向性鉴定指标和鉴定标准，高硫矿石自燃发火预报指标、方法及标准，高硫矿石自燃倾向性鉴定仪器和设备，高硫矿石自燃发火预测预报仪器和设备，高硫矿石矿井自燃发火防治关键技术。

15.1.7 矿山安全检测检验技术与装备

关于矿山安全检测检验技术与装备，可开展如下研究：

（1）矿山安全生产检测检验体系与技术规范研究。研究矿山安全生产检测检验体系及其运行机制、监督管理机制和对安全生产、事故调查分析、安全监管监察的支撑保障机制；研究安全标志的技术体系、技术规范和安全标志审核评判基本规则；研究安全生产检测检验技术规范体系、安全检测检验目录和典型在用设备安全判别准则；研究强制性安全检测周期及其相关技术要求。

（2）矿震立体观测技术研究。通过对精密可控人工震源观测系统和井下综合观测，研究新型矿震观测仪器、传感器网络技术，建立具有抗干扰能力的井下综合观测系统和适用于矿震短临跟踪的观测仪器。为矿震预测研究获取地球物理场、应力应变场、孕震区介质物性等动态变化信息。

（3）矿山地质灾害监测光纤传感技术应用研究。研究矿用光纤传感监测技术，开展适用于极端环境下的光纤传感器研制，利用波分复用技术开发准分布式光纤光栅解调器，利用微波电光调制技术，研究适合于矿山地质灾害监测的光纤传感系统。

（4）矿山灾害事故调查和物证分析关键技术与规范研究。研究矿山重大灾害事故调查分析技术规范、现场勘察技术、关键物证取证技术及事故调查决策支持系统；分析爆炸、动力灾害、火灾等灾害事故在不同致灾时期的破坏规律、致灾特征、标志性特点和关键表征物、表征现象，研究事故痕迹、关键表征物和关键物品等检测验证技术。

（5）矿山在用设备安全检测检验关键技术与规范研究。研究在用矿山安全监控系统检测关键技术、装备与检测规范；模拟静电产生数量、积聚状况和能量，研究静电试验装置与检测装置、标准和技术规范；研究矿山井下环境现场使用的非接触式提升速度测量技术、装置和规范；研究矿用斜井人车现场检测检测技术和规范；研究火灾区环境典型有毒有害气体快速检测技术和标准方法。

（6）极地矿山采暖电站锅炉长周期运行安全保障关键技术研究。围绕极地采暖电站锅炉安全保障技术体系的建立，研究超临界、超超临界电站锅炉承压部件典型耐热金属材料性能综合评价方法，复杂服役环境电站锅炉热交换管失效预警与预防方法，电站锅炉热交换管安全等级分类和风险评估方法，电站锅炉再热器与过热器剩余寿命评估方法。

（7）矿用高精度地震数字采集系统研究。研制有线传输高精度地震数据采集记录系统，包括中央控制操作系统、地震数据网络传输系统、地震信号采集系统、数字地震检波器、野外采集控制软件系统等。

（8）金属矿产资源开发信息管理与决策支持系统研究。研究金属矿产资源供需与有效资源配置、金属矿产资源经济储量综合评价、我国主要进口矿种境外资源利用模式与优化配置、金属矿产资源开发信息管理与决策支持系统整体设计、金属矿产资源开发主要决策模型。

（9）井下灾区探测与灾害抑控技术与装备研究。研究井下灾区环境条件下混合气体光谱分析预警技术与装备，头盔式低照度井下灾区图像的实时摄录技术与装备，大空间灾区大流量惰气高效控灾技术与装备，井下灾区快速密闭、充填技术与装备。

（10）矿井老空区与构造弹性波探测关键技术与装备研究。研究超前探测井下老空区与构造的弹性波探测关键技术与装备，包括地震波超前探测装备、瑞利波探测装备、核磁共振探测装备，以提高对隐伏老空区与构造的超前探测能力，为控制矿井重特大突水事故提供技术保障。

（11）矿井老空区与灾害水源电磁法探测关键技术与装备研究。研究针对矿井老空区和底板岩溶水害，开发电磁法探测矿井突水危险源技术及装备，包括地面三维高分辨电法探测技术与装备、井下瞬变电磁法超前探测技术与装备、井下伪随机多频探测技术与装备、工作面顶底板含水层音频电透视技术与装备、老空区地面和井下综合探测技术。

（12）矿井灾害监测、预警与管理信息系统研究。研究矿井安全监测、监控和预警系统标准，矿山矿井重大灾害监测、预警、应急辅助决策方法库和知识库，开发基于 GIS 的矿井重大灾害监测、预警和管理信息系统平台。

（13）矿区雷电监测及临近预报技术研究和应用系统研究。研究矿区雷电活动特征与天气过程的相关性、不同时间尺度和空间尺度的雷电预警预报模型、雷电观测数据时空分析处理平台和雷电预警预报软件系统。

（14）矿区强震综合预测方法与预警技术研究。研究地震前兆变化物理机理，不同阶段强震预测方法、异常特征，提出分区地震短期预测预警指标和判据，典型地区的强震分级分区预警技术方案。

（15）矿区强震动力动态图像预测技术研究。研究提取各种物理参量时空动态信息和多种动态图像的方法技术、具有动力学含义的强震预测指标和判据，为实现有减灾实效的强震预报提供技术支撑。

（16）人员遇险区域定位及救灾通信关键技术与装备研究。研究用于井下人员遇险及正常作业管理用的矿井自组织无线精确定位网络系统、井下人员无线射频区域定位技术及装备系统、矿井应急避灾引导信号系统、矿井无线救灾通信系统、岩体无缆应急救灾通信技术与装备。

（17）矿区特高压输变电关键问题研究。研究特高压交、直流输变电技术中电磁场关键科学问题，特高压交、直流电压下长空气间隙放电机理，特高压交、直流电压下材料绝缘机理，特高压交、直流输电系统中过电压及其控制机理等。

（18）尾矿库地震监测与预测技术研究。研究尾矿库地震近场监测技术、尾矿库地震发生条件探测技术、尾矿库地震预测方法、典型尾矿库诱发矿震危险性评定技术及预警技术。

（19）遇险人员快速救护关键技术与装备。研究小断面巷道快速掘进自带动力源小型装载机,轻质、高强度救灾用多级快速支护技术及装备,抗灾型快速排水技术与装备,矿工自救用新型化学生氧药剂及长效、高可靠性自救技术与装备,可移动式井下救生舱的关键技术。

（20）矿山爆破物品安全生产检测检验关键技术与规范研究。研究不同电路形式混合交替影响下的爆炸能量,本安系统防爆理论、关联配接参数,安全检测技术及标准;研究新型、多功能矿灯安全检测技术及标准,应急救援防护服安全性能检测技术、标准和技术规范,危险化学品高危环境下安全监控系统检测技术和规范。

（21）矿山原地溶浸有毒溶剂在线监测技术与设备研究。研发矿山原地溶浸有毒溶剂在线监测技术和成套监测设备,完成系统连续监测解决方案,用于监控有害化学液体的渗透轨迹,防止和避免突发污染事故的发生。

（22）矿山生产安全与环境物联网技术研究。研究运用物联网技术感知矿山灾害风险,实现各种灾害事故的预警预报;感知矿工周围安全环境,实现主动式安全保障;感知矿山设备健康与环境状况,实现预知维修。

15.2 金属矿山环保类课题

15.2.1 矿山地表土污染防治技术

在矿山地表土污染防治技术方面,可开展如下研究:

（1）低污染溶浸采矿新技术新工艺研究。研究溶浸采矿短流程高效提取技术,复杂稀有金属溶浸新技术,伴生稀贵金属元素富集提取新技术,高效分离提取技术,在线检测技术、传感器、专用仪器仪表等。

（2）矿山铬渣污染场地土壤修复技术设备研究。针对矿山铬渣堆存场地土壤污染问题,结合场地再利用功能和修复目标,研发铬渣堆存场地土壤固化/稳定化修复技术和土壤淋洗修复技术,优化相关工艺,研制配套设备,集成典型铬渣污染场地土壤修复技术集成体系。

（3）矿山有机物污染场地土壤修复技术和设备研究。针对矿山有机物污染问题,结合场地再利用功能和修复目标,研发有机物污染场地土壤的高效气提修复技术、尾气处理技术与设备,以及有机物污染场地土壤的生物通风及其强化降解技术与设备。

（4）金属矿区及周边重金属污染土壤联合修复技术。研究有色金属矿区及周边的重金属（砷、镉、铅、铜等）污染土壤,针对矿区重度污染土壤,重点研究以控制土壤重金属污染扩散为主要目标的重金属稳定化和钝化联合修复技术与示范;针对矿区周边的中轻度污染耕地土壤,重点研究以防止重金属进入食物链为主要目标的重金属去除和阻隔化联合修复技术;研究植物、微生物和物化的联合修复技术体系和技术规范。

（5）矿区微生物复垦关键技术研究。研究菌根真菌对矿山土地复垦的营养作用机理,应用微生物技术进行矿山土地复垦与生态恢复过程中的改良与修复,筛选矿区超累积植物与适宜性植物。

（6）矿山沉陷区土地复垦与农业生态再塑研究。研究矿山沉陷区农业生态系统演变监测系统、农业生态系统演变规律、矿山沉陷地区域性农业景观再塑技术、不同介质复垦土壤剖面的构建方法、沉陷区生物多样性保护技术。

（7）矿区耕地保护监控与预警关键技术研究。研究包括耕地与基本农田数量与质量监控与预警体系，建立区域耕地保护监控与预警系统，探讨耕地和基本农田保护的创新制度。

（8）矿区土地集约利用与节地关键技术研究。研究矿区土地集约利用评价指标体系和方法体系、集约用地标准和节地控制技术、基于节地的交通设计系统、矿山城镇存量建设用地潜力评估与挖潜技术。

（9）矿区土地利用协同耦合与规划关键技术研究。综合研究矿区土地资源与其他资源利用、土地利用规划与其他规划的协同耦合，开发支撑矿区土地利用总体规划和年度用地计划编制的用地预测与土地利用规划的决策支持系统。

（10）矿区土地综合承载能力评价方法与技术研究。研究矿区土地资源综合承载能力评价技术体系、土地资源综合承载能力评价方法与模型、区域土地资源综合承载能力评价技术系统、区域土地资源承载能力评价技术导则。

（11）矿区及周边土壤污染控制与修复技术研究。研究有机物污染土壤控制与修复技术、重金属污染土壤控制与修复技术、放射性核素污染土壤控制与修复技术、多环芳烃污染农田土壤的微生物修复技术。

（12）氰化物类污染场地土壤修复技术与设备研究。研究氰化物等污染场地土壤的增效洗脱修复技术及设备，污染场地土壤的催化氧化修复技术及设备，污染场地土壤修复技术体系，污染场地土壤风险评估和修复技术导则。

15.2.2 矿山大气污染防治技术

在矿山大气污染防治技术方面，可开展如下研究：

（1）矿区大气多组分污染物及其时空分布连续自动监测技术与设备研究。研发矿区大气污染多组分排放通量的自动监测技术和设备、污染面源排放的颗粒物污染时空分布立体监测技术和设备。

（2）袋式除尘高性能滤料研制及应用研究。研究开发用于矿山粉尘净化的 PPS 纤维，耐高温、耐腐蚀、低阻力 PPS 滤料生产工艺和专用设备，延长滤料寿命的后处理技术，建立针对不同烟气条件的复合滤料结构性能、质量检验方法和仪器。

（3）矿井空气污染物净化关键技术与设备研究。研究矿井空气中污染物的解析与调控，空气污染物种类、浓度水平、污染特征以及与气流组织等因素之间的相关性，新型高效多功能的吸附净化材料、技术及相应的功能组件，低能耗、高效率的非热等离子体空气净化技术，具有吸附、催化等协同/耦合技术，净化装置匹配的功能组件和配套技术。

（4）钢铁行业二噁英类污染物控制技术研究。研究烧结/电炉炼钢源头减排二噁英类技术、烟气综合污染控制成套设备。

（5）含氨典型废气净化技术与设备研究。针对冶金等行业中产生的含氨废气排放量大、浓度低、成分复杂、污染重、难处理等难题，研究开发以深度净化为目标的含氨典型废气净化技术与设备，氨吸收/吸附材料和高效催化材料及其规模化制备技术，吸收/吸附和催化氧化分解的关键工艺及设备、过程优化集成技术和成套设备装置。

（6）矿用环境污染控制先进功能材料研究。研究分离、转化和高效去除污染物的先进功能材料(如催化剂、吸附剂、过滤材料等),物理性污染(热、光、噪声、辐射等)防治材料。

(7)矿用机动车尾气净化技术研究。研究柴油车尾气四效催化技术,稀燃发动机的排气NO_x净化技术,生物柴油、LPG等替代燃料机动车的非常规污染控制技术,重型柴油车排放控制在线诊断技术(OBD),机动车尾气净化器载体材料,其他机动车排气污染控制新技术。

(8)矿山空气细颗粒物和气溶胶健康风险评估技术研究。研究针对矿山大气细粒子污染的健康影响,建立综合集成采样、在线检测、暴露模拟的技术和设备,气溶胶远程在线监测系统;开发硅肺病人群疾病的典型大气污染物暴露早期生物效应指标和早期诊断方法;研究主要不同来源的细和超细颗粒物在大气环境中的表征特点、相关人群的暴露效应特点,建立不同来源颗粒物的相关人群健康风险预警的识别技术和预警技术。

(9)露天矿气溶胶–云–辐射反馈过程及其相互作用研究。研究露天矿气溶胶的变化规律,气溶胶的云(雾)/辐射效应,气溶胶变化对大气和地面能量平衡以及大尺度环流系统的影响,阐明气溶胶产生/传播与云/辐射和大气降水/环流的相互作用机制。

(10)矿井气态污染物控制技术研究。研究尾气或炮烟中二氧化硫、氮氧化物、重金属、细粒子和挥发性有机物等有毒有害污染物控制技术,受限空间的空气有毒有害污染物净化技术。

(11)矿车尾气排放控制在线诊断技术研究。研究矿车尾气在线排放诊断技术、故障模拟技术和匹配标定技术;研制高性能低成本的车载排放自动监测装置;研究高性能低成本车载排放监测装置的器件化集成、规模化生产及匹配应用技术。

(12)矿井含硫矿石自燃气体排放控制技术研究。研发矿井含硫矿石自燃气体的水解转化技术及工艺、二氧化硫的吸收脱除技术、脱硫液中二次污染控制技术。

(13)露天矿排土场和尾矿库沙尘数值预报技术研究。研究露天矿和尾矿库沙尘飞扬数值分析和预报系统、沙尘气溶胶辐射参数、沙尘气溶胶辐射强迫的分布特征。

(14)露天矿排土场和尾矿库沙尘的长时间序列遥感数据分析系统研究。利用卫星遥感沙尘数据,分析沙尘发生、发展、运移规律,并结合气候、天气背景和生态变化,分析气象因子对沙尘的影响,建立沙尘长时间序列遥感数据分析系统和沙尘遥感监测预报平台。

(15)露天矿排土场和尾矿库人居环境安全保障与工程防沙技术研究。确定露天矿排土场和尾矿库生态安全条件下的自然资源合理利用方式,农、林产业结构优化技术,土地资源合理利用方式,建立农、林可持续经营的优化模式。

(16)沙尘定量遥感和模式预报技术研究。研究采集露天矿排土场和尾矿库沙尘土壤样品以及沙尘期间的干沉降样品,同步获取沙尘期间的各项关键参数,建立比较系统的沙尘气溶胶基础参数支持平台。

15.2.3 矿山水污染防治技术

在矿山水污染防治技术方面,可开展如下研究:

(1)矿山污水生物处理过程污泥减量技术研究。研究矿山污水生物处理过程污泥减量化的回流污泥旁路或剩余污泥细胞溶解、循环降解和无机物分离关键技术(设备),形成矿山污水生物处理过程污泥减量化的成套技术(设备)与运行管理方法。

（2）矿山地下水污染控制与修复技术研究。研究受有机物、重金属、硝酸盐等污染的矿山地下水污染控制和原位修复技术。

（3）矿区流域水环境信息系统及其关键技术研究。研究矿区流域水环境基础信息收集、挖掘与分析技术，矿区流域水环境监测网络的综合布局优化与监测、监控信息集成技术。

（4）矿区流域水环境综合管理专家决策系统及构建技术研究。研究矿区流域水环境综合管理专家决策系统框架设计、矿区流域水环境综合管理模型库与方法库建设、矿区流域水环境综合管理模型集成的关键技术。

（5）矿山废（污）水处理与回用技术研究。研究矿山有毒有害、难降解工业废水处理新技术，工业废水的回用处理新技术，污水深度同步生物脱氮除磷技术与设备。

（6）矿山污水重金属处理技术研究。在处理污水、回收资源的同时，研发废水中重金属去除的生化、物化关键技术及其组合工艺，进行出水水质安全性评价，形成废水处理成套系统。

（7）浅层地下水石油类污染原位修复技术研究。研发地下水石油类污染原位修复技术，如渗透性反应屏障、生物强化技术等；筛选适应不同水文地质条件的反应器结构、填充材料、菌种等，并进行优化组合；定量监测和模拟污染物的迁移转化特征，形成地下水修复的技术系统。

（8）尾矿库下游水沙变化趋势研究。辨析尾矿库下游水沙变化趋势及其影响，利用现场调研、原型观测资料分析、遥感技术、数学模型计算等方法分析研究尾矿库下游水沙量变化发展趋势。

（9）矿区水土资源优化配置与高效利用技术研究。通过矿区土壤－植被系统水量平衡与生态需水量研究，提出水分平衡条件下的适宜植被盖度，确定水资源高效利用的乔、灌、草优化配置模式，提出适用于干旱区、半干旱区和高原高寒干旱区的水土资源优化配置模式。

（10）矿坑水处理新材料制备和应用关键技术研究。研究高效生物复合絮凝剂的生产与复配关键技术、生物复合絮凝剂的应用技术、生物复合絮凝剂的产业化技术、新型生物悬浮载体配方与制备技术、新型生物载体的应用技术、新型生物载体的生产与应用技术、新型超/微滤膜材料及高效率膜组器制备关键技术、新型超/微滤膜材料及高效率膜组器的应用。

（11）矿山水环境质量与水污染源连续自动监测技术与设备研究。研究开发水环境质量连续自动监测 COD、TOC、总氮、总磷、氨氮、水中活性磷、亚硝酸盐氮、硝酸盐氮、重金属等的监测设备，为矿区水污染总量控制及环境管理部门掌握环境状况服务。

（12）尾矿库下游防洪的影响研究。研究尾矿库下游防洪、生态、泥沙的数学模型，下游干流河道的冲淤变化、干流河道河势与河型关系调整变化趋势。

（13）缺水矿区饮用水低浓度有毒物质深度处理技术研究。研究高效去除低浓度有毒污染物的饮用水深度处理新方法，如新型吸附技术、高级氧化技术、高效生物技术等；发展深度处理过程中水质二次污染的阻断技术；建立优化组合的深度处理技术系统；形成以毒性作为主要评价指标的饮用水深度处理新工艺。

（14）缺水矿区饮用水水质安全保障技术研究。研究饮用水消毒和消毒副产物控制技术、配水管网水质保障技术、饮用水消毒过程健康风险控制技术、饮用水源水质在线监测及预警技术与设备。

（15）矿区再生水补给地下水的水质安全保障技术研究。研发再生水回灌地下的安全评价技术,适宜于地下水人工回灌的再生水高效预处理和深度处理技术,适用于典型土壤条件、高效利用土壤净化能力、防止含水层污染的再生水回灌技术,预处理、回灌、污染控制与水质改善的集成技术,形成再生水补给地下水的水质安全保障技术系统。

（16）矿区再生水回用的风险控制技术研究。研究矿区再生水中的病原微生物和有毒物质的潜在健康风险、再生水的健康风险因子甄别测试技术方法、多使用用途的再生水健康风险暴露评价方法、再生水健康风险因素控制的高效组合处理工艺和深度处理技术。

15.2.4 矿山固体污染防治技术

在矿山固体污染防治技术方面,可开展如下研究:

（1）矿区垃圾填埋过程温室气体减排技术研究。研究矿区垃圾填埋场被动式空气流通技术,加速稳定技术和生物覆盖技术等温室气体分解转化技术,有效抑制温室气体产生和促进其转化的最佳工艺组合和相应的工艺参数。

（2）高原矿区人工固沙与植被恢复技术研究。研究干旱矿区沙地生物治理与开发相结合的防沙治沙技术体系,完善沙化草地和农田综合治理的技术与模式,为矿区防沙治沙提供技术保障。

（3）矿区防沙治沙植物材料筛选与扩繁研究。研究筛选适应沙区迫切需求的抗干旱、耐盐碱、抗寒以及经济型优良植物材料,并建立相应的快速繁殖技术、优化的沙地植被快速恢复技术体系、风沙灾害监测与经济损失评估技术体系。

（4）干旱矿区绿洲植被修复与绿洲防护体系构建技术研究。研究遏制矿区沙化土地的扩展,促进荒漠－绿洲过渡带植被恢复,建立干旱荒漠区绿洲边缘带退化植被修复技术体系与模式和绿洲防护技术体系与模式,为干旱区绿洲防沙治沙提供示范样板。

（5）高寒矿区沙地退化植被恢复技术研究。研究高寒沙区抗寒(旱)优良植物材料筛选与快速扩繁技术、沙地水土资源优化配置与高效利用技术,以及高寒沙区沙地植被封育恢复技术等,建立沙化土地区域综合治理技术体系,为加快高寒矿区防沙治沙进程提供技术支撑。

（6）矿山危险废物集中处理处置关键技术研究。建立矿山危险废物集中式综合性处理处置设施和运营管理技术体系,形成危险废物焚烧关键设备和装置,危险废物填埋场安全保障系统和装备,危险废物(预)处理专用药剂和装备,以及综合处理处置场技术支撑系统。

（7）尾矿库安全运行技术和工艺研究。研究在不同矿山尾矿库特定生产条件下,尾矿库安全运行技术和规范,如不同时间、不同地点的回采深度、开采路线、安全距离、排尾方式的确定,以及尾矿水下安息角和渗透系数等指标的测定,以有效保障尾矿工业化规模回采利用过程中尾矿库的绝对安全。

（8）尾矿综合利用技术研究。研究热液蚀变过程工艺参数优化及设备、以赤泥为主要原料生产凝石材料工艺优化、凝石生产关键设备优化、凝石混凝土配合比优化与凝石成岩过程优化控制、凝石应用试验及检测技术、凝石性能评价方法与标准。

（9）冶金矿山排土场生态恢复与重建集成技术研究。研究冶金矿山生态重建规范、排土场排土工艺优化与排土场复垦均衡技术、排土场生物复垦技术。

（10）有色金属矿山废弃物堆场生态修复技术研究。研究有色金属矿山尾矿库无土复垦技术、有色金属矿山酸性废石堆场复垦技术、有色金属矿山赤泥堆场生态稳定化技术。

15.2.5 矿山放射性与生物污染防治技术

在矿山放射性与生物污染防治技术方面，可开展如下研究：

（1）废放射源管理与处置技术方案研究。研究废放射源回收利用技术的可行性、无主源的管理对策和降低无主源产生的预防机制、废放射源整备后长期贮存安全要求并研究其风险控制、废放射源近地表处置风险评价、整体地考虑放射性废物处置、废放射源钻孔处置的策略和安全。

（2）矿区病源性生物污染土壤控制与修复技术研究。研究具有高度传染性病原菌污染和致病性害虫污染土壤，筛选高效安全的化学、生物修复剂，研究修复剂生产制备方法；研发土壤中病源性生物污染控制和修复技术，建立高效修复剂的安全使用和环境安全性评价方法。

（3）矿区环境遗传毒性物质暴露和效应评估关键技术研究。研究针对长期、低剂量暴露的遗传毒性物质和致癌风险，基于暴露和早期效应生物标志物的化学分析和毒性测试相结合的毒性甄别和诊断方法，发展多层次、特异、敏感的暴露与致癌风险评估体系。

（4）矿区卫生信息技术和服务模式研究。研究矿区和医院间双向转诊指征和双向转诊模式，利于医院－矿区－居民方便、及时、有效交流、资源共享的卫生服务模式，矿区卫生服务人员培训指导和技术咨询、矿区居民健康教育、居民和患者健康管理和双向转诊、矿区居民健康信息收集等相结合的新型矿区卫生服务电子网络。

（5）矿山物理和化学有害环境因素的危害机理及防护研究。通过多学科交叉，研究矿山物理和化学等有害环境因素对人体、人群及人类遗传作用的生物学基础和危害机理，为提出切实可行的防治措施提供科学依据。

15.2.6 矿山环境管理技术

在矿山环境管理技术方面，可开展如下研究：

（1）矿山环境风险评价关键技术研究。研究矿山毒害化学品环境安全性评价的关键技术，化学品和环境样品生物毒性测试技术，复合污染生态效应的测试、诊断和甄别技术。

（2）矿山环境污染与人体健康风险评价技术研究。研究影响矿区人体健康的重要环境污染物的源解析、多介质暴露和生物有效性评价技术，暴露标记、效应标记和易感性标记及测试技术，环境基因组、蛋白组、代谢组和毒理组学关键技术。

（3）土壤污染生态风险评价技术研究。研究土壤污染快速诊断技术，如检测土壤污染所产生的遗传毒性效应、砷/汞毒性效应的土壤污染快速诊断技术，土壤中植物有效态重金属和持久性有机污染物的现场测试技术和装置，典型污染物的化学选择性提取法和相应的技术规程，基于土壤功能微生物（如氨氧化菌）、动物（如蚯蚓）和植物的污染物毒性测试方法。

（4）矿区生态修复技术软件集成研究。针对矿区人居环境的生态问题,研究矿区生态修复与优化调控机理和关键技术,如人居环境的生态修复技术集成,矿区受损生态系统绿地重建及景观修复技术集成,矿区河道保护性修复的关键技术的软件集成等。

（5）矿区建设中生态规划关键技术与方法研究。研究不同矿区生态规划方法和关键技术,矿区生态要素、生态结构、生态功能和生态风险评价方法。

（6）矿区重大环境污染事件风险防范与应急技术系统研究。研究矿区重大环境污染事件,环境风险源识别、评估、预测和预警技术,污染事件综合协调机制,形成应急处置技术体系,构建应急决策指挥系统。

（7）矿区复垦环境安全监测与评价技术研究。研究采矿引起地表沉陷的生态评价体系、矿区生态恢复与补偿的机制、生态恢复安全评价体系。

（8）矿区土地资源安全保障与调控系统技术集成研究。研究矿区土地资源安全保障与调控技术集成、矿区土地资源安全保障与调控软件集成。

（9）矿山重大环境污染事件风险场预警技术研究。研究矿山重大环境污染事件多尺度风险场模拟技术、重大环境污染事件全过程风险评估技术、重大环境污染事件环境风险预警指标体系及模型、重大环境污染事件环境风险预警技术平台。

（10）矿山重大环境污染事件特征污染物现场快速检测技术系统研究。研究矿山环境污染事件特征污染物现场快速检测方法、关键技术和装置,建立特征污染物现场快速检测系统,研究重大环境污染事件高强度场地污染、高浓度重金属等原位和异位快速处理处置及污染场地综合修复技术。

15.2.7 极地和海洋采矿安全与环保技术

在极地和海洋采矿安全与环保技术方面,可开展如下研究:

（1）高寒环境条件下复杂铜矿高效提取新技术研究。研究高寒缺氧环境下氧化矿、次生硫化铜矿堆浸提铜工程技术,采选冶联合流程处理原生硫化铜矿提铜技术,高原地区资源开发中的环保技术。

（2）海洋采矿摆式波浪能电站关键技术研究。研究海洋开采用电的需要,研建具有长期运行与维护能力、最大抗风能力强的摆式波浪能电站。

（3）采油废水与油泥污染处理及资源化利用关键技术研究。针对开发采油生产过程中产生的采油废水、含油污泥,开展采油废水外排深度处理技术研究,提高外排水质;进行含油污泥的可用资源回收及无害化技术研究,消减对环境的危害。

（4）海洋采矿超大型浮式结构物关键技术研究。研究海洋采矿需要的超大型浮式结构物总体功能设置、单体、组合式方案,并开展模型试验;完成移动式超大型浮式补给基地概念设计,满足海洋资源开发物的物资补给、台风期间的船舶停靠的需求。

（5）海洋采矿需要的潮流能电站关键技术研究。研究针对海洋采矿用电需要,研建装机连续长运行时间、具有长期运行与维护能力、最大抗风能力强的垂直轴潮流能电站。

（6）海洋采矿需要的海流能装置关键技术研究。研究针对海洋采矿的特点和用电需求,研建装机具有长期运行与维护能力、最大抗风能力强的水平轴海流能发电装置。

（7）海洋开采污染生态风险评估技术研究。研究海洋开采区污染源及其特征污染物识别、诊断、分级指标体系,确立相应的识别方法与诊断技术,实现对污染区的分级分类与快速识别;提出不同污染物扩散效应监测指标及监测规范,确立生态风险评价受体,构建开采对不同介质的污染风险表征模型和参数,研发开采过程中污染物暴露的生态风险评价技术。

（8）海洋采矿井筒压力控制技术研究。研究海洋深井井筒临界和超临界条件下流体在井筒内的流动特性,建立井控过程中的井筒多相流动态力学模型,提出钻完井全过程井底压力控制方法,研制适合于不同情况的堵漏材料和堵漏技术体系。

（9）近海采矿生态系统演变及生态安全研究。研究近海采矿生态系统与海洋生物地球化学循环的相互作用的关键过程,分析海洋酸化、富营养化以及过度开发利用等多重压力对近海生态系统服务功能和食物产出的影响,大规模海洋采矿诱发次生灾害的关键过程。

（10）深水海洋采矿平台海上安全作业模拟操作系统研制。研究海洋采矿平台布锚、起抛锚模拟操作,开发软件模拟水深和海底地质情况,提供锚链和锚的选择、布锚方案选择等功能,同时研制抛锚及起锚操作的模拟装置,配以场景画面准确体现起抛锚过程,水下管串的起下模拟操作,模拟水下管串的应急操作过程并判断其正确性等。

（11）用于海洋采矿用电的温差能发电装置研究。研究针对海洋采矿供电需求,研建装机连续运行长时间的温差能实验装置。解决温差能发电装置的关键技术。

（12）海洋采矿灾害预警及应急技术研究。研究海洋采矿灾害预评估技术、航空和卫星遥感监测系统技术,污染物输运扩散应急预报技术,海上失事目标搜救应急预报技术。

（13）海洋气候对海面设施与水下生产系统设备的影响研究。

（14）深水视频和声呐系统在深海采矿系统中的应用研究。

（15）水下激光扫描和测距方法确定海洋地质环境的研究。

（16）海洋开采设备防腐与过程自动控制技术研究。

（17）海底金属矿产资源提取形态与设备安全性。

（18）海洋作业过程中的人机行为特征和心理影响因素研究。

（19）采矿产物在海面或海下排放对海洋环境影响的评价研究。

15.3 金属矿山安全与环境科技发展前瞻研究课题"三性"评价

根据前面的研究成果和提出的金属矿山安全与环境科技发展前瞻研究课题,我们组织专家对这些课题进行评估,从迫切性、重要性、相关性(简称"三性")三个方面评估他们与我国金属矿山安全与环境科技发展的相关关系。"三性"的每个方面分为三个等级。迫切性分为:近期 A,中期 B,远期 C;重要性分为:急要 A,重要 B,需要 C;相关性分为:关键 A,密切 B,相关 C。评估结果见表 15-1。

表 15-1　金属矿山安全与环境科技发展前瞻研究课题"三性"评价结果

研究课题	迫切性分类	重要性分类	相关性分类	备注
1 金属矿山安全类课题				
1.1 采矿本质安全工艺技术				

研 究 课 题	迫切性分类	重要性分类	相关性分类	备注
(1) 矿山防灾减灾和重大建设工程中的安全科学问题研究	A	A	A	
(2) 快速钻井凿井关键技术及装备研究	A	A	A	
(3) 多金属资源综合利用关键技术及设备研究	A	A	A	
(4) 大深度、高精度矿井地球物理探测技术研究	A	A	A	
(5) 复杂富水矿床开采关键技术开发与研究	A	A	A	
(6) 复杂难采地下残留矿体开采关键技术研究	A	A	A	
(7) 复杂难开发铜钴资源开采关键技术研究	A	A	A	
(8) 铜镍资源高效开发及产业化技术研究	A	A	A	
(9) 掘进机械可视化遥控技术与装备研究	A	A	A	
(10) 矿井地电阻率成像技术及系统研制	A	A	A	
(11) 矿产资源快速勘察与评价技术研究	A	A	A	
(12) 露天转地下开采平稳过渡关键技术研究	A	A	A	
(13) 矿山绿色开采与保护技术研究	A	A	A	
(14) 难利用资源开发利用技术研究	A	A	A	
(15) 深井基岩快速掘砌关键技术及装备研究	A	A	A	
(16) 深井特殊地层注浆材料及注浆工艺研究	A	A	A	
(17) 深孔安全保障技术与装备研究	A	A	A	
(18) 深部有色金属矿山资源增储与高效利用关键技术研究	A	A	A	
(19) 深穿透地球化学探测与识别技术研究	A	A	A	
(20) 松软破碎金属矿床安全高效开采综合技术研究	A	A	A	
(21) 特大型矿床深部开采综合技术研究	A	A	A	
(22) 岩矿分析测试新技术研究	A	A	A	
(23) 重磁电数据处理解释新技术与系统集成	A	A	A	
(24) 全断面掘进装备远程控制关键技术研究	A	A	A	
(25) 钻－注平行作业关键技术研究	A	A	A	
(26) 地下无人采矿技术研究	A	A	A	
1.2 地下开采安全技术				
(1) 深井开采过程动力灾害监测预警与控制关键技术研究	A	A	A	
(2) 采空区沉陷区地基处理与工程建设技术研究	A	A	A	
(3) 复杂地形矿浆管道输送安全运行关键技术研究	A	A	A	
(4) 复杂空区群条件下的矿床高效采矿与地压灾害监控综合技术研究	A	A	A	
(5) 高地压围岩控制技术与装备研究	A	A	A	
(6) 矿井水害监测预警技术与装备研究	A	A	A	
(7) 矿井水害快速治理技术与装备研究	A	A	A	
(8) 典型灾害事故模拟仿真与虚拟现实关键技术研究	A	A	A	

研 究 课 题	迫切性分类	重要性分类	相关性分类	备注
(9) 矿井重大事故救援指挥辅助决策技术研究	A	A	A	
(10) 矿井重大灾害事故应急救援关键技术规范研究	A	A	A	
(11) 矿区水害防治技术方法研究	A	A	A	
(12) 矿井安全管理关键技术与标准研究	A	A	A	
(13) 矿山火灾综合防治关键技术研究	A	A	A	
(14) 矿井有毒有害气体测定关键技术研究	A	A	A	
(15) 深井高压注浆关键装备研究	A	A	A	
(16) 井口安全设备配套与安全评价技术研究	A	A	A	
(17) 深部开采矿岩动力灾害多参量识别与解危关键技术及装备研究	A	A	A	
(18) 深井空区大变形及岩壁垮落激光扫描智能化监测技术与装备研究	A	A	A	
(19) 深井热害评价与高效冰浆载冷降温成套技术及装备研究	A	A	A	
(20) 深井岩爆灾害动态监测与危险性分析技术研究	A	A	A	
(21) 矿尘防治及继发性灾害防治关键技术研究	A	A	A	
1.3 露天矿安全保障技术				
(1) 排土场堤防工程安全评价关键技术研究	A	A	A	
(2) 露天坑地下水控制方法与渗漏监测技术研究	A	A	A	
(3) 露天坑工程安全关键技术与方法研究	A	A	A	
(4) 露天基坑支护新工艺与新材料研究	A	A	A	
(5) 露天基坑支护优化设计集成系统研究	A	A	A	
(6) 露天矿境界外驻留矿体开采关键技术与装备研究	A	A	A	
(7) 矿山生命线工程安全保障关键技术研究	A	A	A	
(8) 特大型滑坡早期识别及空间预测研究	A	A	A	
(9) 露天矿山安全高效爆破数字化设计技术研究	A	A	A	
(10) 矿山地质灾害应急处置快速治理技术研究	A	A	A	
(11) 矿山防洪工程体系关键技术研究	A	A	A	
(12) 尾矿库风险分级及监测、预警关键技术研究	A	A	A	
(13) 尾矿坝安全评价技术研究	A	A	A	
(14) 尾矿泥沙淤积及其影响与对策研究	A	A	A	
1.4 矿山地质灾害防治技术				
(1) 火山与成矿地应力关系及矿震预测预报关键技术研究	B	A	A	
(2) 矿震危险区划关键技术研究	A	A	B	
(3) 矿坝安全保障关键技术研究	A	A	B	
(4) 矿震应急灾情识别评估与决策技术研究	B	A	B	
(5) 重大工程地震参数确定技术研究	B	A	B	
1.5 职业危害防治技术与人因研究				

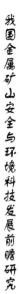

研 究 课 题	迫切性分类	重要性分类	相关性分类	备注
（1）矿山高危工种危害监测预警与防治关键技术研究	A	A	A	
（2）呼吸防护用品人机工效评价技术及装备研究	A	A	A	
（3）作业场所职业危害监管体系关键技术研究	A	A	A	
（4）作业场所职业危害评价分级关键技术研究	A	A	A	
（5）矿工呼吸系统疾病的病理与预防技术研究	A	A	A	
（6）矿工噪声性听力损失的病理与预防技术研究	A	A	A	
（7）矿工累积性肌肉骨骼损伤的预防技术研究	A	A	A	
（8）矿工外伤性损伤的预防技术研究	A	A	A	
（9）露天矿凿岩与爆破粉尘控制新技术与装备研究	A	A	A	
（10）井下作业面粉尘控制新技术与装备研究	A	A	A	
（11）矿井空气净化新技术与装备研究	A	A	A	
（12）矿井高温环境对人的生理和心理及行为危害评价研究	A	A	A	
（13）矿井作业面降温关键技术与装备研究	A	A	A	
（14）矿井通风智能化技术与装备研究	A	A	A	
（15）矿井重要污染源密闭与净化技术和装备研究	A	A	A	
（16）矿山事故与人的不安全行为关系及其测量方法研究	A	A	A	
（17）矿山事故与人的心理因素关系及其测量技术研究	A	A	A	
（18）矿山安全系统自组织和安全文化建设机制研究	A	A	A	
（19）矿山人群行为安全的虚拟现实训练方法研究	A	A	A	
1.6 矿山重大装备器材安全检测技术				
（1）矿用危险化学品事故监控与应急救援关键技术研究	A	A	B	
（2）矿用大型高参数高危险性成套装置长周期运行安全保障关键技术研究	A	A	B	
（3）矿用大型机电类特种设备安全保障关键技术研究	A	A	A	
（4）矿井救灾救援危险作业机器人技术	A	A	A	
（5）露天矿雷电信息管理系统的开发研究	A	A	A	
（6）露天矿防汛决策支持平台研制	A	A	B	
（7）露天矿重大设施防雷电仿真系统开发	A	A	B	
（8）矿山现场灾情监控与救援装备研究	A	A	A	
（9）高硫矿石自燃倾向性鉴定与检测预报关键技术研究	A	A	A	
1.7 矿山安全检测检验技术与装备				
（1）矿山安全生产检测检验体系与技术规范研究	A	A	A	
（2）矿震立体观测技术研究	A	A	A	
（3）矿山地质灾害监测光纤传感技术应用研究	A	A	A	
（4）矿山灾害事故调查和物证分析关键技术与规范研究	A	A	A	
（5）矿山在用设备安全检测检验关键技术与规范研究	A	A	A	

研 究 课 题	迫切性分类	重要性分类	相关性分类	备注
（6）极地矿山采暖电站锅炉长周期运行安全保障关键技术研究	C	A	B	
（7）矿用高精度地震数字采集系统研究	A	A	B	
（8）金属矿产资源开发信息管理与决策支持系统研究	A	A	A	
（9）井下灾区探测与灾害抑控技术与装备研究	A	A	A	
（10）矿井老空区与构造弹性波探测关键技术与装备研究	A	A	A	
（11）矿井老空区与灾害水源电磁法探测关键技术与装备研究	A	A	A	
（12）矿井灾害监测、预警与管理信息系统研究	A	A	A	
（13）矿区雷电监测及临近预报技术研究和应用系统研究	A	A	C	
（14）矿区强震综合预测方法与预警技术研究	A	A	B	
（15）矿区强震动力动态图像预测技术研究	B	A	C	
（16）人员遇险区域定位及救灾通信关键技术与装备研究	A	A	A	
（17）矿区特高压输变电关键问题研究	B	A	B	
（18）尾矿库地震监测与预测技术研究	A	A	A	
（19）遇险人员快速救护关键技术与装备	A	A	A	
（20）矿山爆破物品安全生产检测检验关键技术与规范研究	A	A	A	
（21）矿山原地溶浸有毒溶剂在线监测技术与设备研究	B	A	A	
（22）矿山生产安全与环境物联网技术研究	A	A	A	
2 金属矿山环保类课题				
2.1 矿山地表土污染防治技术				
（1）低污染溶浸采矿新技术新工艺研究	A	A	A	
（2）矿山铬渣污染场地土壤修复技术设备研究	A	A	A	
（3）矿山有机物污染场地土壤修复技术和设备研究	A	A	B	
（4）金属矿区及周边重金属污染土壤联合修复技术	A	A	A	
（5）矿区微生物复垦关键技术研究	A	A	A	
（6）矿山沉陷区土地复垦与农业生态再塑研究	A	A	A	
（7）矿区耕地保护监控与预警关键技术研究	A	A	A	
（8）矿区土地集约利用与节地关键技术研究	B	A	A	
（9）矿区土地利用协同耦合与规划关键技术研究	B	A	A	
（10）矿区土地综合承载能力评价方法与技术研究	A	A	A	
（11）矿区及周边土壤污染控制与修复技术	A	A	A	
（12）氰化物类污染场地土壤修复技术与设备研究	A	A	B	
2.2 矿山大气污染防治技术				
（1）矿区大气多组分污染物及其时空分布连续自动监测技术与设备研究	B	A	B	
（2）袋式除尘高性能滤料研制及应用研究	A	A	A	
（3）矿井空气污染物净化关键技术与设备研究	A	A	A	

研 究 课 题	迫切性分类	重要性分类	相关性分类	备注
（4）钢铁行业二噁英类污染物控制技术研究	A	A	B	
（5）含氨典型废气净化技术与设备研究	A	B	B	
（6）矿用环境污染控制先进功能材料研究	B	A	B	
（7）矿用机动车尾气净化技术研究	A	A	A	
（8）矿山空气细颗粒物和气溶胶健康风险评估技术研究	B	A	B	
（9）露天矿气溶胶－云－辐射反馈过程及其相互作用研究	B	B	B	
（10）矿井气态污染物控制技术研究	A	A	A	
（11）矿车尾气排放控制在线诊断技术研究	B	A	B	
（12）矿井含硫矿石自燃气体排放控制技术研究	B	A	A	
（13）露天矿排土场和尾矿库沙尘数值预报技术研究	B	B	B	
（14）露天矿排土场和尾矿库沙尘的长时间序列遥感数据分析系统研究	B	A	B	
（15）露天矿排土场和尾矿库人居环境安全保障与工程防沙技术研究	B	A	B	
（16）沙尘定量遥感和模式预报技术研究	B	B	B	
2.3 矿山水污染防治技术				
（1）矿山污水生物处理过程污泥减量技术研究	A	B	B	
（2）矿山地下水污染控制与修复技术研究	A	A	A	
（3）矿区流域水环境信息系统及其关键技术研究	A	A	A	
（4）矿区流域水环境综合管理专家决策系统及构建技术研究	A	A	B	
（5）矿山废（污）水处理与回用技术研究	A	A	A	
（6）矿山污水重金属处理技术研究	A	A	A	
（7）浅层地下水石油类污染原位修复技术研究	A	A	B	
（8）尾矿库下游水沙变化趋势研究	A	A	B	
（9）矿区水土资源优化配置与高效利用技术研究	A	A	B	
（10）矿坑水处理新材料制备和应用关键技术研究	B	A	B	
（11）矿山水环境质量与水污染源连续自动监测技术与设备研究	A	A	A	
（12）尾矿库下游防洪的影响研究	A	A	A	
（13）缺水矿区饮用水低浓度有毒物质深度处理技术研究	A	A	A	
（14）缺水矿区饮用水水质安全保障技术研究	A	A	A	
（15）矿区再生水补给地下水的水质安全保障技术研究	A	B	B	
（16）矿区再生水回用的风险控制技术研究	A	B	B	
2.4 矿山固体污染防治技术				
（1）矿区垃圾填埋过程温室气体减排技术研究	A	A	A	
（2）高原矿区人工固沙与植被恢复技术研究	C	A	A	
（3）矿区防沙治沙植物材料筛选与扩繁研究	C	A	A	
（4）干旱矿区绿洲植被修复与绿洲防护体系构建技术研究	C	A	A	

研 究 课 题	迫切性分类	重要性分类	相关性分类	备注
(5) 高寒矿区沙地退化植被恢复技术研究	C	A	A	
(6) 矿山危险废物集中处理处置关键技术研究	A	A	A	
(7) 尾矿库安全运行技术和工艺研究	A	A	A	
(8) 尾矿综合利用技术研究	A	A	A	
(9) 冶金矿山排土场生态恢复与重建集成技术研究	B	A	A	
(10) 有色金属矿山废弃物堆场生态修复技术研究	A	A	A	
2.5 矿山放射性与生物污染防治技术				
(1) 废放射源管理与处置技术方案研究	A	A	C	
(2) 矿区病源性生物污染土壤控制与修复技术研究	A	A	B	
(3) 矿区环境遗传毒性物质暴露和效应评估关键技术研究	C	A	B	
(4) 矿区卫生信息技术和服务模式研究	B	A	B	
(5) 矿山物理和化学有害环境因素的危害机理及防护研究	B	A	B	
2.6 矿山环境管理技术				
(1) 矿山环境风险评价关键技术研究	A	A	A	
(2) 矿山环境污染与人体健康风险评价技术研究	C	A	B	
(3) 土壤污染生态风险评价技术研究	A	A	A	
(4) 矿区生态修复技术软件集成研究	A	A	A	
(5) 矿区建设中生态规划关键技术与方法研究	A	A	A	
(6) 矿区重大环境污染事件风险防范与应急技术系统研究	A	A	A	
(7) 矿区复垦环境安全监测与评价技术研究	A	A	A	
(8) 矿区土地资源安全保障与调控系统技术集成研究	B	A	B	
(9) 矿山重大环境污染事件风险场预警技术研究	A	A	A	
(10) 矿山重大环境污染事件特征污染物现场快速检测技术系统研究	A	A	A	
2.7 极地和海洋采矿安全与环保技术				
(1) 高寒环境条件下复杂铜矿高效提取新技术研究	B	A	A	
(2) 海洋采矿摆式波浪能电站关键技术研究	C	A	B	
(3) 采油废水与油泥污染处理及资源化利用关键技术研究	B	B	A	
(4) 海洋采矿超大型浮式结构物关键技术研究	B	A	A	
(5) 海洋采矿需要的潮流能电站关键技术研究	B	A	A	
(6) 海洋采矿需要的海流能装置关键技术研究	B	A	A	
(7) 海洋开采污染生态风险评估技术研究	B	A	A	
(8) 海洋采矿井筒压力控制技术研究	B	A	A	
(9) 近海采矿生态系统演变及生态安全研究	B	A	A	
(10) 深水海洋采矿平台海上作业模拟操作系统研制	A	A	A	
(11) 用于海洋采矿用电的温差能发电装置研究	B	A	A	

研 究 课 题	迫切性 分类	重要性 分类	相关性 分类	备注
（12）海洋采矿灾害预警及应急技术研究	B	A	A	
（13）海洋气候对海面设施与水下生产系统设备的影响研究	B	A	A	
（14）深水视频和声呐系统在深海采矿系统中的应用研究	B	A	A	
（15）水下激光扫描和测距方法确定海洋地质环境的研究	B	A	A	
（16）海洋开采设备防腐与过程自动控制技术研究	C	A	A	
（17）海底金属矿产资源提取形态与设备安全性	C	A	A	
（18）海洋作业过程中的人机行为特征和心理影响因素研究	C	A	A	
（19）采矿产物在海面或海下排放对海洋坏境影响的评价研究	B	A	B	

参 考 文 献

[1] 中华人民共和国国务院. 国家中长期科学和技术发展规划纲要[R]. 2010.

[2] 国家安全生产监督管理总局. 非煤矿山安全生产"十二五"规划[R]. 2010.

[3] 于润沧. 采矿工程师手册(上)[M]. 北京:冶金工业出版社,2009.

[4] 杨娴,邵燕敏. 中国金属行业发展战略研究[M]. 长沙:湖南大学出版社,2009.

[5] 冯志刚. 略论金融危机背景下中国金属矿产资源开发利用战略[J]. 中国矿业,2010,19(8):15~17.

[6] 余丽秀,孙亚光,尚红卫. 中国含银锰矿资源分布及属性研究[J]. 中国锰业,2009,27(3):1~5.

[7] 邓湘湘. 我国有色金属行业环境污染形势分析与研究[J]. 湖南有色金属,2010,26(3):55~59.

[8] 肖晓牛,喻学惠,杨贵来,等. 滇西沧源铅锌多金属矿集区成矿地球化学特征[J]. 岩石学报,2008,24(3):589~599.

[9] 冯进城. 我国金属矿产资源开发利用战略:基于金融危机背景[J]. 理论月刊,2009,10:160~163.

[10] 吴荣庆,张燕如,张安宁. 我国黄金矿产资源特点及循环经济发展现状与趋势[J]. 中国金属通报,2008,12:32~34.

[11] 刘荣,李事捷,卢才武. 我国金属矿山采矿技术进展及趋势综述[J]. 金属矿山,2007,376(10):14~18.

[12] 卜小平,赵亚利,孟刚等. 对我国优势战略矿产资源出口控制问题的探讨[J]. 中国矿业,2009,18(6):5~8.

[13] 王云山,李佐虎,李浩然. 中国海底锰结核处理技术研究概况[J]. 中国锰业,2006,24(1):17~20.

[14] 葛振华. 中国金属矿产资源开发强度和效率的国际比较研究[J]. 国土资源情报,2008,1:15~32.

[15] 郑骥,王红梅. 中国有色金属再生产业发展现状及趋势[J]. 新材料产业,2008,12:18~23.

[16] 鲍荣华,周进生. 世界镁金属供需形势及应对策略[J]. 中国矿业,2009,18(12):7~9.

[17] 孙铁珩,李培军,周启星,等. 土壤污染形成机理与修复技术[M]. 北京:科学出版社,2005.

[18] 周启星,宋玉芳. 污染土壤修复原理与方法[M]. 北京:科学出版社,2004.

[19] 于润沧. 有色金属矿业科技创新的重要领域[J]. 中国有色金属,2009,3:29~30.

[20] 冯兴隆,贾明涛,王李管. 地下金属矿山开采技术发展趋势[J]. 中国钼业,2008,32(2):9~13.

[21] 王运敏. "十五"金属矿山采矿技术进步与"十一五"发展方向[J]. 金属矿山,2007,378(12):1~10.

[22] 吴爱祥,古德生,余佑林. 我国地下金属矿山连续开采技术研究[J]. 金属矿山,1998(7):1~3.

[23] 徐东升,戴兴国,廖国燕. 金属矿地下连续开采技术探讨[J]. 中国矿山工程,2007,36(2):36~40.

[24] 周爱民. 国内金属矿山地下采矿技术进展[J]. 中国金属通报,2010,27:17~19.

[25] 汪绍元,王杰,杨金林. 我国金属矿山采矿装备现状与趋势[J]. 现代矿业,2010,491(3):16~18.

[26] 周爱民. 我国硬岩矿山凿岩爆破工艺与装备进展[J]. 凿岩机械气动工具,2009(1):50~54.

[27] 徐运群. 湖南有色矿山采矿技术进展与发展展望[J]. 湖南有色金属,2009,25(3):11~14.

[28] 房智恒,王李管,贾明涛. 我国地下金属矿山采矿装备的研究[J]. 中国钼业,2008,32(5):14~17.

[29] 施雄斌,郭忠林,郭朋杰. 我国金属矿山安全生产现状及对策[J]. 铜业工程,2006,4:23~26.

[30] 龙涛,潘斌,余斌. 国内外金属矿山地压控制技术研究发展评述[J]. 采矿技术,2008,8(3):58~60.

[31] 林子淳,邬长福. 关于金属矿山环境安全若干问题分析. 矿业工程,2010,8(3):56~58.

［32］ 张溪,周爱国,甘义群,等.金属矿山土壤重金属污染生物修复研究进展[J].环境科学与技术,2010,33(3):106～112.

［33］ 龙涛,刘太春,高玉宝.我国金属矿山固体废物污染及其对策分析[J].中国矿业,2010,19(6):54～56.

［34］ 陈华君,刘全军.金属矿山固体废物危害及资源化处理[J].金属矿山,2009(4):154～156.

［35］ Natioanl Research Councial and Institute of Medicine of the National Academies. Mining Safety and Health Research at NIOSH-Reviews of Research Programs of the National Institute for Occupational Safety and Health. Washi.

［36］ 雷涯邻.我国矿产资源安全现状与对策[EB/OL] [2006－08－02] http://finance. sina. com. cn/economist/jingjixueren/20060802/19202786570. shtml.

［37］ 胡社荣,戚春前,赵胜利,等.我国深部矿井分类及其临界深度探讨[J].煤炭科学技术,2010,38(7):10～13,43.

［38］ 何满潮,孙晓明.深部岩体力学与工程灾害控制研究现状与展望[R]//中国科学技术协会.2009—2010岩石力学与岩石工程学科发展报告.北京:中国科学技术出版社,2010:125～206.

［39］ 缪协兴.采动岩体的力学行为研究与相关工程技术创新进展综述[J].岩石力学与工程学报,2010,29(10):1988～1998.

［40］ 阿巴林 B H.矿井深部开采非线性力学特点[J].辽宁工程技术大学学报:自然科学版,2009,28(5):785～787.

［41］ 何满潮,谢和平,彭苏萍,等.深部开采岩体力学及工程灾害控制研究[J].煤矿支护,2007(3):1～14.

［42］ 郭超.金属矿山深部开采的若干关键问题[J].中国新技术新产品,2009(6):113.

［43］ 孟中华,卢立松,耿立峰.金属矿山深井开采过程中的顶板事故浅析[J].采矿技术,2010,10(4):63～64,106.

［44］ 刘卫东,李角群,李磊.岩爆研究现状综述[M].黄金,2009,31(1):26～28.

［45］ 谢和平 冯夏庭.灾害环境下重大工程安全性的基础研究[M].北京:科学出版社,2009.

［46］ 刘玉鼎,霍丙杰,辛龙泉.深部开采环境及岩体力学行为研究[J].矿业工程,2009,7(3):14～16.

［47］ 张海军,陈宗林,陈怀利.深部开采面临的技术问题及对策[J].铜业工程,2010,(1):24～28.

［48］ 钱七虎,李树忱.深部岩体工程围岩分区破裂化现象研究综述[J].岩石力学与工程学报,2008,27(6):1278～1284.

［49］ 郑军卫,张志强,赵纪东.21世纪地球科学研究的重大科学问题[J].地球科学进展,2008,23(12):1260～1267.

［50］ 江文武.金川二矿区深部矿体开采效应的研究[D].长沙:中南大学,2009.

［51］ 刘欣.深部开采采场围岩稳定性研究[D].重庆:重庆大学,2009.

［52］ 李丽娟.金川矿山深部岩石岩爆倾向性研究[D].长沙:中南大学,2009.

［53］ 张凯.脆性岩石力学模型与流固耦合机理研究[D].武汉:中国科学院武汉岩土力学研究所,2010.

［54］ 冯巨恩.金属矿深井充填系统的安全评价与失效控制方法研究[D].长沙:中南大学,2005.

［55］ 罗俊财.深部开采引起的地表沉降规律研究[D].重庆:重庆大学,2009.

［56］ 景海河,高红梅,周莉.深部开采工程中渗流－损伤－应力耦合模型[J].辽宁工程技术大学学报:自然科学版,2010,29(4):586～588.

［57］ 田凤楼,姚香.深部开采岩爆及采空区与地应力关系的研究[J].中国矿山工程,2009,38(3):28～32.

[58] 张向阳．金川二矿区深部岩石力学性及岩石流变损伤分析[D]．长沙：中南大学，2010．

[59] 赵辉，熊祖强，王文．矿井深部开采面临的主要问题及对策[J]．煤炭工程，2010，(7)：10～13．

[60] 范鹏贤，王明洋，钱七虎．深部非均匀岩体卸载拉裂的时间效应和主要影响因素[J]．岩石力学与工程学报，2010，29(7)：1389～1396．

[61] 科学技术部基础研究司．我国基础研究发展现状及当前国际科学前沿热点分析——能源领域重大科学问题[J]．中国基础科学，2010(4)：8～10．

[62] 钱七虎．中国岩石工程技术的新进展[J]．中国工程科学，2010，12(8)：37～48．

[63] 於崇文．地质系统的复杂性[M]．北京：地质出版社，2003．

[64] 张杰．凡口矿深部降温研究[J]．采矿技术，2006．9(6)：408～409．

[65] 何满潮，徐敏．HEMS深井降温系统研发及热害控制对策．

[66] 常心坦，等．矿井通风及热害防治[M]．徐州：中国矿业大学出版社，2007．

[67] 余恒昌．矿山地热与热害治理[M]．北京：煤炭工业出版社，1991．

[68] 约阿希姆 福斯．矿井气候[M]．刘从孝译．北京：煤炭工业出版社，1989．

[69] 郭宝德，张荣营，张辉．冰冷降温系统在高温热害矿井的设计简介[J]．山东煤炭科技，2007增刊：29～31．

[70] 舒孝国，肖福坤．深部矿井内热源分析[J]．煤炭技术，2006，25(7)：105～107．

[71] 孟庆财，康虎林．矿井通风的新发展与新观念[J]．煤炭技术，2003，22(11)：65～66．

[72] 胡汉华．金属矿矿井热害控制技术研究[D]．长沙：中南大学，2007．

[73] 张国枢．通风安全学[M]．徐州：中国矿业大学出版社，2000．

[74] 胡汉华．深井高温矿山通风与降温技术研究动态[J]．金属矿山，1999(7)：62～65．

[75] 龚建才．煤矿通风安全管理信息系统[J]．煤矿自动化，1998，(2)：16～18．

[76] 陈安国．矿井热害产生的原因、危害及防治措施[J]．中国安全科学学报，2004，14(8)：2～5．

[77] 岑衍强，侯祺棕．矿内热环境工程[M]，武汉：武汉工业大学出版社，1989．

[78] 胡宗平，傅圣英．浅谈矿井降温技术工作[J]．矿业安全与环保，2004，31(6)：75～77．

[79] 张习军．蚕庄金矿深部开采降温技术研究与应用[D]．青岛：山东科技大学，2007．

[80] 王常鹏，孟鑫，段立群．高温深井降温技术[J]．煤炭技术，2009，2(28)：157～158．

[81] 刘晓明，罗周全，夏长念，等．深井高温矿山热害控制新技术[J]．安全与环境工程，2006，3(13)：85～88．

[82] 何满潮，张毅，郭东明，等．新能源治理深部矿井热害储冷系统研究[J]．中国矿业，2006，9，(15)：62～63．

[83] 张毅，郭东明，何满潮．深井热害控制工艺系统应用研究[J]．中国矿业，2009，1(18)：85～87．

[84] 胡汉华，古德生．矿井移动空调室技术的研究[J]．煤炭学报，2008，3(33)：318～321．

[85] 李敏华，巫江红．空气制冷技术的现状及发展探讨[J]．制冷与空调，2005，4(2)：11～15．

[86] 郭泽锋，张宗伟，黄明发．某高地热深矿井的通风制冷技术[J]．采矿工程，2009，5(30)：20～23．

[87] 王成，杨胜强．矿井降温措施综述[J]．能源技术及管理，2008，1：15～17．

[88] 李艳军，等．高温矿井的热害治理[J]．能源技术与管理，2007(6)：45～47．

[89] 韩建光，蒋宗霖，田颖，等．中国地热资源及开发利用[J]．消费导刊，2008，12：39．

[90] 地底寻宝——地热资源综合利用技术[J]．广东科技，2009，1(203)：85．

[91] 孙颖，刘久荣，韩征，等．北京市地热资源开发利用状况[J]．安徽农业科学，2009，37(16)：7564～7566

[92] 王宏岩，王猛．深部矿井开采问题与发展前景研究[J]．煤炭技术，2008，1(27)：3～5．

[93] 高宗军，曹红，王敏，等．地热水资源开发与环境保护[J]．地下水，2009，1(31)：78～84．

[94] 张杰，程鑫．地热水开采利用过程中产生的危害与防治措施[J]．中国西部科技，2009，5(08)：

36,38.

[95] 郑克椽,潘小平. 中国地热发电开发现状与前景[J]. 中外能源,2009(14):45~48.

[96] 袁晔. 南非矿难为什么比我们低[J]. 中国社会导刊,2006(9):51~52.

[97] 《采矿手册》编辑委员会编. 采矿手册[M]. 北京:冶金工业出版社,1991:278~291.

[98] 吴超,孟廷让. 高硫矿井内因火灾防治理论与技术[M]. 北京:冶金工业出版社,1995.

[99] 李孜军. 硫化矿石自燃机理及其预防关键技术研究[D]. 长沙:中南大学,2007.

[100] 占丰林,蔡关峰. 高硫矿山高温采场的成因及危害与防治措施[J]. 矿业研究与开发,2006,26(1):71~73.

[101] 吴世铨. 硫化矿自燃和药包自爆的预防措施[J]. 云锡科技,1992,19(4):14~23.

[102] 赵国彦,古德生,吴超,硫化矿床内因火灾综合防治措施研究[J]. 矿业研究与开发,2001,21(1):17~19.

[103] 古德生. 现代金属矿开采科学技术[M]. 北京:冶金工业出版社,2006.

[104] 毛丹,陈沅江. 硫化矿石堆氧化自燃全过程特征综述与分析[J]. 化工矿物与加工,2008,(1):34~38.

[105] 胡汉华. 铜山铜矿采场防灭火试验研究[J]. 金属矿山,2001,9:48~52.

[106] 钱柏青. 铜山铜矿井下采场硫化矿石自燃的机理探讨及预防措施[J]. 有色金属,2005,57(3):99~104.

[107] 阳富强. 硫化矿石堆自燃预测预报技术研究[D]. 长沙:中南大学,2007.

[108] 叶红卫,王志国. 高硫矿床开采的特殊灾害及其发生机理[J]. 有色矿冶,1995(4):38~41.

[109] 杨培章. 国内外硫化矿床内因火灾的防治[J]. 化工矿物与加工,1982(4):57~61.

[110] Sasaki Kyuro, Hiroshi, Otsuka, Kazuo. Spontaneous combustion of coal in the low temperature range application of exposure equivalent time of numerical analysis[J]. Journal of the Mining and Metallurgical Institute of Japan,1997,103(11):771~775.

[111] 刘辉,吴超,崔燕,等. 硫化矿石氧化性的分形表征[J]. 安全与环境学报,2009,9(3):113~116.

[112] WU Chao, LI Zijun. A simple method for predicting the spontaneous combustion potential of sulfide ores at ambient[J]. Transaction of Mining and Metallurgy Institute,2005,112(2):125~128.

[113] 刘辉,吴超,潘伟,等. 硫化矿石堆自燃早期指标优选及预测方法[J]. 科技导报,2009,27(3):46~50.

[114] 阳富强,吴超,吴国珉,等. 硫化矿石堆自燃预测预报技术[J]. 中国安全科学学报,2007,17(5):90~95.

[115] 李孜军,吴超,李茂楠. 阻化剂性能评价的氧化增重法研究[J]. 工业安全与防尘,2000,(11):29~32.

[116] 吴超,孟廷让,王坪龙,等. 硫化矿石自燃的化学热力学机理研究[J]. 中南矿冶学院学报,1994,25(2):156~161.

[117] WU Chao, LI Zijun, ZHOU Bo. Correlations among factors of sulfide ores in oxidation process at ambient temperature[J]. Transactions of Nonferrous Metals Society of China (English Edition),2004,14(1):175~179.

[118] WU Chao, LI Zijun. Chemical thermodynamic mechanism of sulfide ores during spontaneous combustion[C]//2007 International Symposium of Mining Science and Safety Technology. April,2007.

[119] 仇勇海,陈白珍. 金属硫化矿体自燃的电化学机理[J]. 中国有色金属学报,1995,5(4):1~4.

[120] YANG Fuqiang, WU Chao, HU Hanhua, et al. Fire-extinguishing techniques research on spontaneous combustion of a sulfide iron ore dump in mining stope[C]//Proceedings of the 2008 International

Symposium on Safety Science and Technology. Beijing, China, Sep:869 ~ 874.

[121]　WU Chao, WANG Pinglong, MENG Tingrang. In situ measurement of breeding-fire of sulphide ore dumps[J]. Transactions of Nonferrous Metals Society of China (English Edition), 1997, 7(1): 33 ~ 37.

[122]　WU Chao, MENG Tingrang. Safety assessment technique for the spontaneous detonation of explosives in the mining of sulphide ore deposits[J]. Mining Technology, 1996, 78(902): 285 ~ 288.

[123]　WU Chao, LI Zijun, ZHOU Bo, et al. Investigation of chemical suppressants for inactivation of sulfide ores[J]. Journal of Central South University of Technology (English Edition), 2001, 8(3): 180 ~ 184.

[124]　程卫民, 王振平, 辛嵩, 等. 矿井煤炭自燃红外探测仪的选择及应用方法[J]. 煤矿安全, 2003, 34(10): 23 ~ 25.

[125]　Ninteman D J. Spontaneous oxidation and combustion of sulfide ores in underground mines[R]. Information Circular 8775, USA: Bureau of Mines, 1978: 1 ~ 40.

[126]　Rosenblum F, Spira P. Evaluation of hazard from self-heating of sulfide rock[J]. CIM Bull, 1995, 88(989): 44 ~ 49.

[127]　吴超. 硫化矿床开采中炸药自爆事故树分析及其试验方法[J]. 矿冶工程, 1995, 15(1): 17 ~ 20.

[128]　许春明, 吴超, 陈沅江. 硫化矿石堆自燃的灰色预测研究[J]. 安全与环境学报, 2008, 8(4): 125 ~ 127.

[129]　李珞铭, 吴超, 阳富强, 等. 红外测温法测定硫化矿石堆自热温度的影响因素研究[J]. 火灾科学, 2008, 17(1): 49 ~ 53.

[130]　刘辉, 吴超. 红外热像技术应用于安全科学的研究进展[J]. 激光与红外, 2009, 39(10): 1022 ~ 1027.

[131]　李冬青, 王李管, 等. 深井硬岩大规模开采理论与技术——冬瓜山铜矿开采研究与实践[M], 北京: 冶金工业出版社, 2009.

[132]　姚敬劬. 矿山环境问题分类[J]. 环境与地质灾害研究, 2003(3): 44 ~ 47.

[133]　王秀明. 矿山环境问题的分析[J]. 采矿技术, 2003, 8(4): 93 ~ 96.

[134]　徐友宁, 等. 西北地区矿产资源开发的环境地质问题及其类型[J]. 西北地质, 2001, 34(2): 28 ~ 33.

[135]　朱五星, 孟红军, 等. 安阳县矿山开发对生态环境的影响及防治对策[J]. 中国水土保持, 2006(9): 45.

[136]　李君浒, 董永观, 董志高. 我国矿山环境的治理现状与前景[J]. 绿色经济, 76 ~ 81.

[137]　葛伟亚, 周洁. 矿山环境管理保护研究进展分析[J]. 西部探矿工程, 2008(11): 128 ~ 130.

[138]　范宏喜. 全国矿山环境现状调查完成[N]. 中国国土资源报, 2008 - 05 - 07(1).

[139]　Ripley E A, et al. Environmental effects of mining. 1st[M]. Delray Beach, Florida, St. Lucie Press, 1996, 1 ~ 356.

[140]　王艳萍. 我国有色金属污染及防治对策[J]. 国土资源, 2004(10): 24 ~ 25.

[141]　许乃政, 陶于祥, 高南华. 金属矿山环境污染及整治对策[J]. 火山地质与矿产, 2001, 22(1): 63 ~ 69.

[142]　吴超, 廖国礼. 有色金属矿山重金属污染评价研究[J]. 采矿技术, 2006, 6(3): 360 ~ 363.

[143]　滕彦国, 倪师军, 等. 攀枝花地区河流沉积物的重金属污染研究[J]. 长江流域资源与环境, 2003, 12(3): 569 ~ 573.

[144]　孙华, 孙波, 张桃林. 江西省贵溪冶炼厂周围蔬菜地重金属污染状况评价研究[J]. 农业环境科

学学报,2003,22(1):70~72.

[145] 张超兰,白厚义. 用模糊综合评判法评价土壤重金属污染程度[J]. 广西农业生物科学,2003,22(1):54~57.

[146] 廖国礼,吴超. 尾矿区重金属污染浓度预测模型及其应用[J]. 中南大学学报,2004,35(6):1009~1013.

[147] 王庆仁,刘秀梅,崔岩山,等. 我国几个工矿与污灌区土壤重金属污染状况及原因探讨[J]. 环境科学学报,2002,22(3):354~359.

[148] 滕彦国,倪师军,等. 应用标准化方法评价攀枝花地区表层土壤的重金属污染[J]. 土壤学报,2003,40(3):374~379.

[149] 王美青,章明奎. 杭州市城郊土壤重金属含量和形态的研究[J]. 环境科学学报,2002,22(5):603~609.

[150] 龙健,黄昌勇,滕应,等. 矿区重金属污染对土壤环境质量微生物学指标的影响[J]. 农业环境科学学报,2003,22(1):60~63.

[151] 尾矿设施设计参考资料编写组. 尾矿设施设计参考资料[M]. 北京:冶金工业出版社,1980.

[152] 武强,刘伏昌. 矿山环境研究理论与实践[M]. 北京:地质出版社,2005.

[153] 陈玉成. 污染环境生物修复工程[M]. 北京:化学工业出版社,2003.

[154] 工信部,科技部,国土资源部. 金属尾矿综合利用专项规划(2010—2015年)[J]. 有色冶金节能,2010,4:4~10.

[155] 曹林卫,彭向和,杨春和. 基于屈服接近度概念的尾矿坝静力稳定性分析及其与强度折减系数法的对比[J]. 西安建筑科技大学学报:自然科学版,2010,42(3):407~414.

[156] 张超,杨春和,徐卫亚. 尾矿坝稳定性的可靠度分析[J]. 岩土力学,2004,25(11):858~862.

[157] 肖慧,盛建龙,姚尧. 基于 GEO-SLOPE 的某尾矿库稳定性分析[J]. 现代矿业,2010,495(7):68~70.

[158] 梅国栋,王云海. 我国尾矿库事故统计分析与对策研究[J]. 中国安全生产科学技术,2010,6(3):211~213.

[159] 陈明全,周广柱,李寅明. 尾矿库土壤-植物系统中的重金属赋存规律[J]. 山东科技大学学报:自然科学版,2010,29(3):64~68.

[160] 秦煜民. 磁选尾矿铁资源回收利用现状与前景[J]. 中国矿业,2010,19(5):47~49.

[161] 杨晓峰,苏兴强,张廷东. 鞍山铁尾矿特性及综合利用前景[J]. 矿业工程,2008,10:47~49.

[162] 赵结斌. 铜山矿业公司尾矿库综合利用研究[J]. 现代矿业,2010,493(5):95~96.

[163] 代宏文. 矿区生态修复技术[J]. 中国矿业,2010,19(8):58~61.

[164] 潘法康. 铁矿尾矿库环境风险分析[J]. 安徽建筑工业学院学报:自然科学版,2009,17(6):76~78.

[165] 苏彩丽,余泳昌,常亚芳. 尾矿库环境风险评价方法探讨[J]. 环境工程,2009,27(1):74~77.

[166] 宁焕生,张彦. RFID 与物联网——射频、中间件、解析与服务[M]. 北京:电子工业出版社,2008:104~105.

[167] 宁焕生,王炳辉. RFID 重大工程与国家物联网[M]. 北京:机械工业出版社,2009:58~62.

[168] 朱煜钰,王增胜. 基于物联网 RFID 的人员定位研究[J]. 科技资讯,2010(22):19~20.

[169] 刘宴兵,胡文平,物联网安全模型及其关键技术[J]. 数字通讯,2010,4(2):7~33.

[170] 古德生. 地下金属矿采矿科学技术的发展趋势[J]. 黄金,2004,25(1):18~22.

[171] 张锋,顾伟. 物联网技术在煤矿物流信息化中的应用[J]. 中国矿业,2010,8:101~104.

[172] 吴功宜. 智慧的物联网[M]. 北京:机械工业出版社,2010:38~44.

[173] 王建新,杨世凤,等. 远程监控技术的发展现状和趋势[J]. 国外电子测量技术,2005,4(2):

9 ~ 12.

[174] 苏维嘉,谢镇祥. 基于 CAN 网络的矿山安全检测系统的研究[J]. 矿业研究,2009(29): 79 ~ 81.

[175] 沐峻丞,檀朝,等. 运用物联网技术构建数字化油田[J]. 中国石油和化工,2009:53 ~ 55.

[176] 刘礼志. 煤矿安全生产监控集成系统研究[J]. 中国安全生产科学技术,2007,3(4):107 ~ 110.

[177] 宋太江. 测绘新技术在矿山安全监测和灾害预警方面的应用[J]. 矿业安全与环保,2004,31 (4):29 ~ 31.

[178] 梅国栋,刘璐,等. 关于我国矿山应急救援体系的探讨[J]. 矿业安全与环保,2006,33(2): 79 ~ 81.

[179] 汪金花,张永彬,等. 基于 GIS 井下人员安全监测的实时查询方法[J]. 辽宁工程技术大学学报,2007,26(4):.505 ~ 508.

[180] 徐钊,郑红党,刘玉东. 基于 CAN 总线的煤矿监测监控系统研究[J]. 中国矿业大学学报,2004 (4):421 ~ 423.

[181] 方建勤. 地下工程开挖灾害预警系统的研究[D]. 长沙:中南大学,2004.

[182] 王大江,张英,等. 构建数字矿山存在的问题与对策[J]. 中国矿业,2004,13(10):70 ~ 72.

[183] 王运敏. 冶金矿山采矿技术的发展趋势及科技发展战略[J]. 金属矿山,2006,1:19 ~ 26.

[184] Gérald Santucci. From Internet of Data to Internet of Things [R]//The International Conference on Future Trends of the Internet. Lux embourg,2009.

[185] 张申,丁恩杰,等. 物联网基本概念及典型应用[J]. 工矿自动化,2010,10:104 ~ 108.

[186] 张申,丁恩杰,等. 感知矿山与数字矿山、矿山综合自动化[J]. 工矿自动化,2010,36(11): 129 ~ 132.

[187] Gregory R Wagner. Screening and Surveillance of Workers Exposed to Mineral Dusts[R]. Genava: WHO,1996.

[188] Jay F Colinet, Andrew B Cecala, Gregory J Chekan, et al. Best Practices for Dust Control in Metal/ Nonmetal Mining[R]. Pittsburgh:NIOSH, 2010.

[189] 工人健康:全球行动计划——第六十届世界卫生大会[R]. 日内瓦:世界卫生组织,2007.

[190] 中国未来 20 年技术预见研究组. 中国未来 20 年技术预见[M]. 北京:科学出版社,2006.

[191] 《技术预见报告》编委会. 技术预见报告 2008[M]. 北京:科学出版社,2008.

[192] 关于 2008 年全国职业卫生监督管理工作情况的通报. 卫办监督发[2009]86 号.

[193] 香山会议网址:http://www.xssc.ac.cn/Web/Introduce/

[194] 张敏,李涛,杜燮祎. 我国职业卫生标准体系建设[J]. 劳动保护,2009,7:13 ~ 15.

[195] 郭雁飞,周建新,陈卫红. 粉尘危害事件调查分析[J]. 中国安全生产科学技术,2009,5(4): 80 ~ 84.

[196] 陈卫红. 尘肺防制的研究进展与展望[J]. 中华劳动卫生职业病杂志,2006,24(9):513.

[197] 崔力争. 噪声对人体的影响不容忽视[J]. 个体防护与防护装备,2005,4:19 ~ 20.

[198] 蒋延超. 封闭空间声场有源噪声控制研究[D]. 哈尔滨:哈尔滨工程大学,2008.

[199] 张淑琴,张彭. 电磁辐射的危害与防护[J]. 工业安全与环保,2008,34(3):30 ~ 32.

[200] 吴超. 化学抑尘[M]. 长沙:中南大学出版社,2003.

[201] 胡国斌,袁世伦,杨承祥. 地下金属矿山爆破毒气及其预防[J]. 采矿技术,2004,4(4):29 ~ 30.

[202] 姜学鹏,叶义华,徐志胜. 程潮铁矿采矿作业场所有毒有害气体污染评价[J]. 金属矿山,2005, 353(11):66 ~ 67.

[203] 梁友信,吴维皑. 我国职业卫生标准与国际发展动态[J]. 中华劳动卫生职业病杂志,2002,20 (2):158 ~ 161.

[204] 刘新霞,郭智解,何坚,等. 个体噪声防护的职业接触人群听力损失的剂量－反应关系研究[J]. 中国职业医学,2008,35(6):477~450.

[205] 丁六怀,高宇清,简曲,等. 中国大洋多金属结核集矿技术研究综述[J]. 矿业研究与开发, 2003,23(4):5~7,27.

[206] 赵松年,刘峰. 德国深海采矿技术的研究[J]. 金属矿山, 1995(6):14~17.

[207] 徐海良,何清华. 深海采矿系统研究[J]. 中国矿业, 2004,13(7):43~47.

[208] 冯雅丽,李浩然. 深海矿产资源开发与利用[M]. 北京:海洋出版社, 2004.

[209] 陈新明,简曲. 深海采矿复合式集矿方法的试验研究[J]. 矿业研究与开发, 1996,16(4): 1~4.

[210] Bath A R. 深海采矿技术近况与展望[J]. 金属矿山, 1991(11):56~59.

[211] 于润沧. 采矿工程师手册(下)[M]. 北京:冶金工业出版社,2009.

[212] 牛京考. 大洋多金属结核开发研究评述[J]. 中国锰业, 2002,20(2):20~26.

[213] 何清华,李爱强,邹湘伏. 大洋富钴结壳调查进展及开采技术[J]. 金属矿山, 2005(5):4~7,43.

[214] 陈新明. 中国多金属结核开采技术的发展[C]//2007年中国机械工程学会年会论文集. 2007.

[215] Jin S Chung. Deep-ocean mining:technologies for manganese nodules and crusts[J]. International Journal of Offshore and Polar Engineering, December 1996, 6(4).

[216] 钟祥,牛京考. 日本大洋多金属结核开采实验的进展[J]. 国外金属矿山. 2000(3):33~38.

[217] 谢龙水. 我国深海开采技术研究的主攻方向和任务[J]. 世界采矿快报, 1995,11(6):10~13.

[218] 秦华伟,陈鹰,顾林怡,等. 海底沉积物保真采样技术研究进展[J]. 热带海洋学报,2009,28 (4):42~48.

[219] 吕东,何将三,刘少军. 深海资源开采的研究现状[J]. 矿山机械, 2004.

[220] 丁六怀,高宇清. 深海采矿集矿机的研究与开发[J]. 矿业研究与开发, 2006 (5):52~56.

[221] 周知进,王贵满. 海底沉积物剪切强度的实验研究[J]. 湖南科技大学学报:自然科学版, 2005, 20(2):15~18.

[222] 简曲,王明和,徐勇. 深海多金属结核集矿技术研究概况[J]. 世界采矿快报, 1996,12(7): 8~11.

[223] 陈新明. 中国深海采矿技术的发展[J]. 矿业研究与开发, 2006(5):40~48.

[224] 邹伟生,黄家桢. 大洋锰结核深海开采扬矿技术[J]. 矿冶工程, 2006,26(3):1~5.

[225] 徐海良,何清华. 深海采矿矿石输送设备理论与实验研究[J]. 有色金属(矿山部分), 2005, 57 (2):41~45.

[226] 唐达生,邹伟生. 深海扬矿硬管系统设备可行性分析[J]. 矿冶工程, 2004,24(5):16~19.

[227] 丁宏达. 海底多金属结核的管道水力输送[J]. 水力采煤与管道运输, 2006(2):1~3.

[228] 金星,李锋. 大洋多金属结核采矿软管输送系统的研究[J]. 矿业研究与开发, 2006,增刊(长沙矿山研究院建院50周年院庆论文集):57~59,104.

[229] 陈新明,高宇清,吴鸿云,等. 海底热液硫化物的开发现状[J]. 矿业研究与开发, 2008,28(5): 1~5,19.

[230] 丁六怀,陈新明,高宇清. 海底热液硫化物——深海采矿前沿探索[J]. 海洋技术, 2009, 28 (1):126~131.

冶金工业出版社部分图书推荐

书　　名	作　者	定价(元)
中国冶金百科全书·安全环保卷	本书编委会	120.00
中国冶金百科全书·采矿卷	本书编委会	180.00
现代金属矿床开采科学技术	古德生	260.00
采矿工程师手册(上、下册)	于润沧	395.00
中国典型爆破工程与技术	汪旭光	260.00
爆破手册	汪旭光	180.00
采矿手册(第6卷)矿山通风与安全	本书编委会	109.00
矿山安全工程(本科国规教材)	陈宝智	30.00
系统安全评价与预测(第2版)(本科国规教材)	陈宝智	26.00
地质学(第4版)(本科国规教材)	徐九华	40.00
矿产资源开发利用与规划(本科教材)	邢立亭	40.00
金属矿床露天开采(本科教材)	陈晓青	28.00
高等硬岩采矿学(第2版)(本科教材)	杨　鹏	32.00
矿山环境工程(本科教材)	韦冠俊	22.00
防火与防爆工程(本科教材)	解立峰	45.00
矿井通风与防尘(高职高专教材)	陈国山	25.00
安全系统工程(高职高专教材)	林　友　王育军	24.00
安全评价(本科教材)	刘双跃	36.00
安全学原理(本科教材)	金龙哲	27.00
矿山充填力学基础(第2版)(本科教材)	蔡嗣经	30.00
工艺矿物学(第2版)(本科教材)	周乐光	32.00
矿石学基础(第2版)(本科教材)	周乐光	32.00
采矿概论(高校教材)	陈国山	28.00
采矿技术	陈国山	49.00
矿山事故分析及系统安全管理	山东招金集团有限公司	28.00
现代矿山企业安全控制创新理论与支撑体系	赵千里	75.00
金属矿山尾矿综合利用与资源化	张锦瑞	16.00
矿山通风与环保(技能培训教材)	陈国山	28.00
矿山测量技术(技能培训教材)	陈步尚	39.00
矿山地质技术(技能培训教材)	陈国山	48.00
露天采矿技术(技能培训教材)	陈国山	36.00
地下采矿技术(技能培训教材)	陈国山	36.00
矿山爆破技术(技能培训教材)	戚文革	38.00
井巷施工技术(技能培训教材)	李长权	26.00